高 等 学 校 教

工程力学

银建中 主编

GONGCHENG LIXUE

化学工业出版社

北京·

全书共由6章组成，第1章为物体的受力分析与平衡条件；第2章为轴向拉伸与压缩；第3章为剪切与圆轴扭转变形；第4章为梁的弯曲；第5章为强度理论与组合变形；第6章为压杆稳定。本书力求叙述简明扼要、概念清晰，例题、习题有针对性。

各章节均安排了适当的例题、一定数量的思考题和习题。书末还附有习题参考答案以供读者练习时参考。附录中还整理了内压薄壁容器应力计算公式推导、型钢几何性质等资料。

本书是非机类专业用工程力学教材，主要面向化工制药类、轻工食品类专业以及环境科学与工程、生物工程、高分子材料等各专业本科生教学，也可以作为工科各专业专科生、成人教育以及工矿企业职业培训用教材。

图书在版编目（CIP）数据

工程力学/银建中主编 .—北京：化学工业出版社，2017.1（2024.2重印）
高等学校教材
ISBN 978-7-122-25740-6

Ⅰ.①工… Ⅱ.①银… Ⅲ.①工程力学-高等学校-教材 Ⅳ.①TB12

中国版本图书馆 CIP 数据核字（2016）第 230354 号

责任编辑：程树珍　　　　　　　　　　　　　装帧设计：张　辉
责任校对：宋　玮

出版发行：化学工业出版社（北京市东城区青年湖南街 13 号　邮政编码 100011）
印　　装：北京科印技术咨询服务有限公司数码印刷分部
787mm×1092mm　1/16　印张 11¾　字数 270 千字　2024 年 2 月北京第 1 版第 3 次印刷

购书咨询：010-64518888　　　　　　　售后服务：010-64518899
网　　址：http://www.cip.com.cn
凡购买本书，如有缺损质量问题，本社销售中心负责调换。

定　　价：40.00 元

前　言

　　本书是非机类专业用工程力学教材，适用于化工制药类、轻工食品类各专业以及环境科学与工程、生物工程、高分子材料等各专业。对上述专业而言，"工程力学"属于专业基础课程，学时数为 32 学时。作者长期担任本门课程教学任务，在多年的教学实践中深感需要一本适合上述各专业特点、少学时、重点突出、便于教学和学生自学的简明教材。作为对教学改革的探索和尝试，结合工艺类专业的特点，编写了本教材。

　　简明、实用、易于教学是我们编写此书时所始终遵循的指导思想和不断追求之目标。全书内容主要包括了：物体的受力分析与平衡条件（静力学中的部分内容）、轴向拉伸与压缩、剪切与圆轴扭转、直梁的弯曲、强度理论与组合变形以及压杆稳定共 6 章内容。在例题和习题的选择上，也力求体现上述专业与"过程机械""过程装备"紧密结合的特色，尽可能地与过程工程实际相结合。通过教学，希望能够培养学生在习惯于从"化学、工艺、过程控制"等的视角认知事物的同时，同样能够自觉地运用力学的、机械的观点来分析过程工程中的实际问题。

　　本书由大连理工大学化工机械学院银建中教授担任主编并负责统稿，李志义教授主审。各章节具体分工如下：银建中（绪论、第 4 章、第 5 章、附录）；夏远景、徐琴琴（第 1 章、第 2 章）；刘学武、银建中（第 3 章）；李岳、徐琴琴（第 6 章）。

　　本书在编写过程中，得到了学校教务处、化工学部及学院等各级领导的关心和支持，化学工业出版社给予了编者很大的支持和帮助，在此一并表示感谢。

　　本书在编写过程中参考、借鉴了许多院校的优秀教材，使我们受益匪浅，特表示衷心感谢。限于编者的学识和水平，书中定有不少不足之处，欢迎广大读者不吝指正。

编者

2016 年 8 月

目　录

绪论

第 1 章　物体的受力分析与平衡条件

第 2 章　轴向拉伸与压缩

第 3 章　剪切与圆轴扭转

第4章 梁的弯曲

第5章 强度理论与组合变形

第6章　压杆稳定

附录

绪论

工程力学所包含的内容十分广泛，既是工程学科的专业基础，也是工程设计的基本知识。本书讨论的"工程力学"只涉及"静力学"和"材料力学"两部分。而且作为面向工艺类专业的力学教材，从实际需要出发，这里仅选取了静力学和材料力学中的最基本内容。对于工艺类专业的学生，"工程力学"是他们在学习"化工设备机械基础"课程之前所必须具备的基本知识，是先修课程。工程设计的任务之一就是要求保证构件在确定的外力作用下能够正常工作而不失效。这就需要掌握工程力学知识并运用到工程实际中去。

0.1 任务与研究方法

工程力学的任务是研究物体在外力作用下的受力特点及其平衡条件以及各种材料及构件在外力作用下所表现出的力学性能，并指出如何从构件的材料、结构及尺寸（几何）等方面，保证其能够满足安全、合用和经济等要求。在工程力学中，研究问题的方法可以归纳为：实验──→假设──→理论分析──→验证等基本步骤。

0.2 研究对象

根据几何形状和尺寸的差别，工程中的构件可分为：杆件、壳体、板、块体等。

当构件在某一方向上的尺寸比另两个方向上的尺寸大很多时，力学上称之为**杆件**。例如：支柱、连杆、传动轴、梁结构等都属于杆件。其横截面中心的连线称为轴线，而轴线为直线的杆件又称为**直杆**。本书主要以等截面直杆为研究对象。

当构件在某一方向上的尺寸比其余两个方向上的尺寸小很多时，力学上称之为**板**或者**壳体**。其中，形状为平面的称为板，形状为曲面的称为壳体。压力容器与化工设备就是典型的壳体结构。

当构件在三个方向上的尺寸具有相同数量级时，力学上称其为**块体**。例如：水电站或者水库中的水坝、房屋的基础等均属于此类构件。

0.3　力的作用效应

自然界的物体都会受到力的作用，而物体受力作用后会产生两种效果：一是运动状态（或运动趋势）的改变；二是变形。把运动状态改变称为力对物体作用的**外效应**，而把变形称为力对物体作用的**内效应**。静力学中主要讨论物体在外力作用下保持平衡时的受力特点和受力分析，主要考虑力对物体作用的外效应。而材料力学中是把物体按照变形体来处理，研究构件在外力作用下的变形特征，所以考虑的是力对物体作用的内效应。也可以说，研究外效应的目的是为研究内效应打下基础。

0.4　刚体与变形体

在静力学部分，为了研究物体受力作用的外效应（平衡与运动等），物体由于微小变形对其运动状态所造成的影响是很小的，是次要因素。所以可以假设物体为**刚体**（抽象化），即在外力作用下不产生任何变形的物体。但当研究外力对物体作用的内效应时，则必须考虑物体受力后会产生变形的客观事实。因为这时尽管微小的变形也成为问题分析的主要因素了。可见，处理不同问题其方法灵活而又不失其科学性。就方法论而言，这正是力学分析的一个特点。

0.5　内力、截面法

物体内某一部分与其他部分间相互作用的力称为内力。物体内部本身就有内力存在着（原子间的相互作用），但当外力使物体变形时，在物体内部还会引起附加内力。而工程力学中所研究的正是这种附加内力，为方便起见，把此附加内力简称为**内力**。力学中在求解物体受外力作用而引起的内力时，通常采用一假想的截面将物体一分为二，取其中一半为研究对象，而把另一半对该部分的作用以截面上的内力来代替，然后通过静力平衡条件求得截面上的内力。我们称这种方法为**截面法**，它是力学上处理问题的最基本方法。

0.6　约束条件与结构模型化

一般来说，工程结构或者构件都是在相互连接或接触中工作的。这种连接就是构件与构件或者构件与基础（支承）间的相互作用，称之为**约束**。根据约束特点，工程力学中把约束分为**柔性约束**、**光滑面约束**、**铰链约束**和**固定端约束**等。将载荷、约束和构件经过适当简化后，以比较直观的图形表示，则可以建立起物体的受力分析模型。建模是力学分析的前提，正确的计算结果依赖于建立正确的力学模型。可见，力学模型的建立非常重要。

0.7　基本变形形式

由于外力的作用，杆件所产生的变形有**拉伸与压缩**、**剪切**、**扭转**和**弯曲**四种基本形式。

作用于杆件上外力的合力作用线与杆件轴线重合，杆件的变形是沿轴线方向的伸长或缩短。杆件的这种变形形式称为轴向拉伸或轴向压缩。作用在构件两侧面上外力的合力大小相等、方向相反、且作用线相距很近。两力作用线间的截面发生相对错动。把构件的这种变形称为剪切变形。如：销钉、铆钉、键、螺栓等的变形多为剪切变形。作用在杆两端的一对力偶其大小相等、方向相反，而且力偶所在的平面与杆件的横截面相平行。在这些外力偶的作用下，杆件的横截面将绕轴线产生相对转动，其轴向直线变成螺旋线。杆的这种变形称之为扭转变形。承受扭转变形的杆件称为轴。杆件在垂直于其轴线的外力或者位于其轴线所在平面内的外力偶作用下，轴线将由直线变成曲线，则这种变形称为弯曲变形。以弯曲变形为主的杆件称为梁。

通常杆件的变形比较复杂，但都可以看成是上述四种基本变形形式的组合，即**组合变形**。本书将首先研究杆件的基本变形特点，然后再讨论组合变形。

0.8　强度、刚度与稳定性

工程力学所要解决的实际问题可以划分为三大类：强度问题、刚度问题和稳定性问题。抵抗破坏的能力就是**强度问题**，抵抗变形的能力则是**刚度问题**，还有一类既不属于强度破坏，也不属于刚度破坏，是**稳定性**问题。

强度是指构件在外力作用下抵抗显著塑性变形或断裂的能力。构件在外力作用下可能断裂，也可能发生不可恢复的塑性变形，这两种情况都属于强度破坏或强度失效。构件正常工作需具备足够的强度，这类条件称为强度条件。

刚度是指构件在外力作用下抵抗发生过大弹性变形或弹性位移的能力。刚度失效是指构件在外力作用下发生过量的弹性变形或弹性位移。很多构件在工作时对弹性变形也有一定的要求，如机床主轴变形过大会降低加工精度，车辆减振器弹簧变形过小起不到缓冲作用等。这类构件除了应满足强度条件外，还应具有一定的刚度，把变形控制在要求范围以内，这类条件称为刚度条件。

稳定性是指构件在外力作用下保持其原有平衡形式的能力。在一定外力作用下，构件突然发生不能保持其原有平衡形式的现象，称为稳定性失效，简称为失稳。构件工作时产生失稳会导致结构或机械的整体或局部坍塌，这在工程实际中是不允许的。确定稳定平衡需要满足的条件，称为稳定性条件。

通常，运用工程力学知识主要可以进行如下设计工作：① 对于给定载荷条件的结构进行尺寸设计；⑪ 对于已有结构进行校核计算；⑩ 求许可载荷。

第1章

物体的受力分析与平衡条件

工程中的结构、构件在外力的作用下如果处于静止状态或者保持匀速直线运动状态，那么称之为处于**平衡状态**。通常，平衡状态只是物体机械运动的一种特殊形式。静力学中，主要研究物体在力系作用下处于平衡状态时所须遵循的基本规律。它包括确定研究对象、进行受力分析、简化力系、建立平衡条件以及求解未知量等。通过本章学习，分析作用于构件上的全部外力（包括外力数目、作用方向和大小），这是对其进行强度计算和刚度计算的前提。

1.1 受力分析、受力图

本节将首先介绍静力学基本概念及静力学基本公理，进而阐述工程中常见约束和约束反力的特点。最后介绍物体的受力分析和受力图。

1.1.1 基本概念

（1）平衡的概念

平衡是指物体相对于地面保持静止或作匀速直线运动的一种状态，是物体机械运动的特殊形式。例如，静止在地面上的房屋、桥梁、水坝等建筑物，化工厂静止在地面上的各种化工设备，在空中沿直线匀速飞行的飞机等物体，都处于平衡状态。运动是物体的固有属性，物体的平衡总是相对的。上述在地面上看来是静止的建筑物、设备或作匀速直线飞行的飞机，实际上还是随着地球的自转和绕太阳的公转而运动着的。因此，平衡是相对于所选的参考物体而言的。一般工程技术问题取固定于地球的坐标系作为参考系来进行研究，实践证明，所得到的结果具有足够的精确度。

（2）力的概念

力的概念来源于人类长期的生活和生产实践。人们在工作和日常生活中推、拉、压、提、举、扛物体时，肌肉有张紧的感觉，便逐渐产生了对力的感性认识。后来，人们进一步观察到物体与物体之间也有这样的相互作用。相互作用的结果会引起物体运动状态的改变，也会引起物体的形状发生变化。例如，人推小车，小车由静止变为运动，运动的速度由慢变快，或者使运动方向有了改变；空中落下的物体，由于地心引力作用而越落越快。上述物体运动状态的变化，是由于物体间的相互作用而产生的，这种作用也称为机械作用。物体间相互的机械作用还能引起物体的变形，如铁匠打铁，由于锻锤对锻件的冲击，使锻件改变了形状；杆件受拉力作用而伸长、受压力作用而缩短等。大量的感性认识经过科学的抽象，并加以概括，逐渐形成了力的概念：**力**是物体间相互的机械作用，这种作用使物体的运动状态发生改变，或使物体产生变形。

由此可见，物体受力后产生的效应有两种：①使物体运动状态发生改变的效应，称为力的**外效应**；Ⅱ使物体变形的效应，称为力的**内效应**。力的作用离不开物体，因此谈到力，必须指明相互作用的两个物体，并且要根据特定的研究对象来确定受力体和施力体。

实践证明，力对物体的作用效应取决于力的大小、方向和作用点，这三个因素称为力的三要素。当这三个要素中有任何一个改变时，力的作用效应也将改变。力的大小表示机械作用的强弱，可以根据力的效应的大小加以测定，在国际单位制中，力的计量单位为牛顿（N）或千牛顿（kN）。工程上曾采用工程单位制，力的单位是千克力（kgf），$1kgf=9.8N$。力的方向是指力作用的方位和指向。力的作用点是指力在物体上的作用位置。一般来说，力的作用位置并非一个点，而是一定的面积。但是，当作用的面积小到可以不计其大小时，就抽象成为一个点，这个点就是力的作用点。而这种集中作用于一点的力则称为**集中力**。通过力的作用点并沿力的作用方位的直线，称为力的**作用线**。

由于力既有大小，又有方向，所以是矢量。因此力可以用一个带箭头的有向线段（矢量）$\overrightarrow{AB}$ 来表示，如图 1-1 所示。矢量长度按照一定比例表示力的大小，矢量方向为力的作用线方向，矢量起始端或末端为力的作用点，如图 1-1 中的 A、B 两点。本章用粗斜体字母 F 表示力矢量，而用斜体字母 F 表示力的大小。作用在同一物体上的一群力（两个或者两个以上）称为**力系**。如果物体在力系作用下处于平衡状态，这样的力系就称为**平衡力系**。如果作用在物体上两个力系的作用效果是相同的，则这两个力系互称为**等**

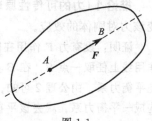

图 1-1

效力系。用一个简单力系等效地替换一个复杂力系的过程称为**力系的简化**。力系简化的目的是简化物体受力，以便于进一步分析和研究。

（3）刚体的概念

所谓**刚体**是指在外力作用下，形状和大小都保持不变的物体。换言之，刚体在外力的作用下，其内部任意两点之间的距离始终保持不变。显然，在自然界中，任何物体受力后总要或多或少地产生一些变形。例如，车辆驶过大桥时，桥墩发生压缩变形，桥梁发生弯曲变形等。可见，刚体在实际中并不存在，它只是实际物体的抽象力学模型。但是，工程实际中的机械零件和构件在正常情况下的变形，一般是很微小的。在许多力学问题的研究中，微小的变形不起主要作用，完全可以忽略，而把物体视为刚体，从而使问题的研究得以简化（例如在分析物体受力作用的外效应时）。本章所涉及的研究对象都按刚体来处理。刚体是依据所研究问题的性质抽象出来的理想化力学模型，当变形在所研究的问题中成为主要因素时，就不能再把物体视为刚体（例如在分析物体受力作用的内效应时），而要按变形体来进行处理，这在后面的章节会逐步接触到。

1.1.2 静力学公理

静力学公理是人们在长期的生活和生产活动中，经过反复观察和实验总结出来的客观规律，它正确地反映了作用于物体上的力的基本性质，是无须证明的正确理论，是静力学的基础。

公理 1（**二力平衡公理**）刚体上仅受两力作用而平衡的充分必要条件是：两个力大小相等、方向相反，且作用于同一直线上（简称等值、反向、共线）。

二力平衡公理表明了作用于刚体上最简单的力系平衡时所满足的条件，是推导力系平衡条件的基础。此公理只适用于刚体，对于变形体来说，它只给出了必要条件，而非充分条件。例如，软绳受大小相等、方向相反的两个拉力作用时可以平衡，但若将拉力改为压力，则软绳不能平衡。

工程中常有一些不计自重，且只受两个力作用而平衡的构件，称为**二力构件**。二力构件的形状可以是直线形的，也可以是其他任何形状的。当构件的形状为杆状时，则称为**二力杆**。根据二力平衡公理，二力构件平衡时，作用于二力构件上的两个力必然等值、反向、共线。在结构中找出二力构件，对整个结构系统的受力分析是至关重要的。

公理 2（**加减平衡力系公理**）在作用于刚体的任一力系中，加上或减去任一平衡力系，并不改变原力系对刚体的效应。

加减平衡力系公理是力系简化的重要依据。利用二力平衡公理和加减平衡力系公理可得到以下推论 1。

推论 1（**力的可传性原理**）作用于刚体上的力可沿其作用线移至刚体内任一点，而不改变该力对刚体的效应。

证明：设有力 F 作用在刚体上的某点 A，如图 1-2 所示，根据加减平衡力系公理，可在力的作用线上任取一点 B，在 B 点加上一对平衡力 F_1 和 F_2，并使 $F_1 = -F_2 = F$。因为（F_1，F_2）是平衡力系，由公理 2 可知，力系（F，F_1，F_2）与力 F 等效。F 与 F_2 二力等值、反向、共线，构成一平衡力系，减去该平衡力系，由公理 2 知，力 F_1 与力系（F，F_1，F_2）等效。从而力 F 与力 F_1 等效。因为力 F_1 的大小、方向均与力 F 相同，且此二力等效，这相当于将力 F 沿其作用线从 A 点移至 B 点，而不改变原力对刚体的效应。

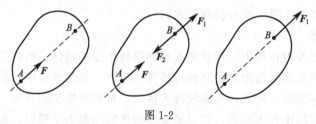

图 1-2

力的可传性原理说明，作用于刚体上的力可沿其作用线任意滑动。因而，对于刚体而言，力是**滑动矢量**，力的三要素变为力的大小、方向、作用线。需要指出的是，公理 2 及其推论 1 只适用于刚体，而不适用于变形体。例如一根直杆受到一对平衡拉力 F 和 F' 作用时，它将沿轴线伸长 [图 1-3（a）]；若将二力沿作用线互相易位，则杆将受压力作用而沿轴向缩短 [图 1-3（b）]。显然，伸长和缩短是两种完全不同的效应。所以在研究力对物体的内效应时，力的可传性原理便不再成立，此时力的作用点是决定力的作用效果的要素，必须将力视为**固定矢量**。

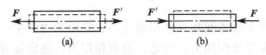

图 1-3

公理 3（力的平行四边形公理） 作用在物体上同一点的两个力可以合成为一个合力，合力也作用于该点，其大小和方向可由以这两个力为邻边所构成的平行四边形的对角线来表示，如图 1-4 所示。

在图 1-4（a）中，设力 F_1 和 F_2 作用于物体的 A 点，以 F_R 表示其合力，则有

$$F_R = F_1 + F_2$$

即合力矢等于两个分力矢的矢量之和。

该公理说明，力矢可按平行四边形法则进行合成与分解。力平行四边形的作图过程可以简化。如图 1-4（b）所示，求合力 F_R 时，实际上不必作出整个平行四边形，只要以力 F_1 的末端 B 作为力 F_2 的始端画出 F_2（即两分力首尾相接），那么矢量 $\overrightarrow{AC}$ 就代表合力 F_R。此种求合力的方法称为力的**三角形法则**。如果一个力与一个力系等效，则称该力为力系的合力，力系中各个力称为合力的分力。由分力求合力的过程称为力系的合成，由合力求分力的过程称为力系的分解。

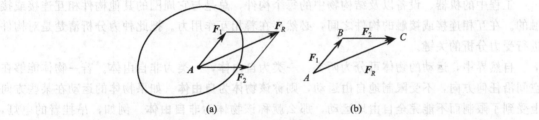

图 1-4

利用力的平行四边形法则，也可以把作用在物体上的一个力分解为相交的两个分力，分力和合力作用于同一点。由于用同一条对角线可以作出无穷多个不同的平行四边形，所以如不附加其他条件，一个力分解为相交的两分力可以有无穷多解。在工程问题中，常遇到的是把一个力分解为方向已知的两个分力，特别有用的是分解为方向已知且互相垂直的两个分力，这种分解称为**正交分解**，所得的两个分力称为**正交分力**。

推论 2（三力平衡汇交定理） 当刚体受三个力作用而平衡时，若其中任何两个力的作用线相交于一点，则此三力必在同一平面内，且第三个力的作用线通过汇交点。

证明：如图 1-5 所示，设互不平行的三个力 F_1、F_2、F_3 分别作用于刚体的 A、B、C 三点，力 F_1、F_2 的作用线相交于 O 点。刚体在此三力的作用下处于平衡状态。将力 F_1、F_2 移至 O 点，合并成为一力 F_R，于是力系（F_1，F_2，F_3）与力系（F_R，F_3）等效。因为力系（F_1，F_2，F_3）是平衡力系，故力系（F_R，F_3）必为平衡力系。根据公理 1，力 F_R 与力 F_3 作用于同一直线上，即力 F_3 的作用线也通过汇交点 O；由力的平行四边形公理可知，力 F_3 与力 F_1，F_2 共面。

当物体受三个互不平行的共面力作用而平衡时，常常利用推论 2 来确定某个未知力的方向。

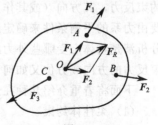

图 1-5

公理 4（作用与反作用定律） 两物体之间的相互作用力总是等值、反向、共线，且分别作用于两个相互作用着的物

体上。

公理4概括了任何两个物体间相互作用的关系。它对于力学中一切相互作用的现象都普遍适用。有作用力，必定有反作用力；反之，没有作用力，必定没有反作用力。两者总是同时存在，又同时消失。可见，力总是成对地出现在两个相互作用的物体之间的。

当分析多个物体组成的物体系统的受力时，根据公理4，可以从一个物体的受力分析过渡到相邻物体的受力分析。还应强调指出的是，作用力与反作用力虽然大小相等、方向相反、沿同一作用线，但并不作用在同一物体上。因此，不能错误地认为这两个力互成平衡。这与二力平衡公理有本质的区别。二力平衡公理中的一对平衡力是作用在同一物体上的。

公理5（刚化原理）变形体在某一力系作用下处于平衡状态，如果将此变形体视为刚体，其平衡状态保持不变。

公理5表明，若已知力系能使变形体平衡，则该变形体刚化为刚体后，该力系仍能确保其平衡。换言之，对已知处于平衡状态的变形体，可以应用刚体静力学的平衡条件。

在研究变形体的平衡时，刚化原理具有特殊重要的意义，用它把刚体静力学与变形体静力学两者相互联系起来，便于把刚体平衡所满足的条件，应用于变形体的平衡。

1.1.3 约束与约束反力

工程中的机器、设备以及结构物中的每个构件，总是与它周围的其他构件相互连接或接触的。在互相连接或接触的构件之间，必然存在着相互作用力。把此种力分析清楚是对构件进行受力分析的关键。

自然界中，运动的物体可分为两类：一类为自由体，一类为非自由体。若一物体能够在空间沿任何方向，不受限制地自由运动，则称该物体为**自由体**。如果物体的运动在某些方向上受到了限制而不能完全自由地运动，那么就称该物体为**非自由体**。例如，吊挂着的电灯，受到电线的限制，不能垂直向下运动；轨道上行驶的火车，受钢轨限制，只能沿轨道运动；电机转子受轴承的限制，只能绕轴线转动，不能沿轴承孔做径向移动等。工程中所遇到的物体，大部分是非自由体。那些限制或阻碍非自由体运动的物体就称为**约束**。如上述电线、钢轨、轴承等都是约束，电灯、火车、电机转子等都是非自由体。约束限制非自由体的运动，能够起到改变物体运动状态的作用。从力学角度来看，约束对非自由体有作用力。约束作用在非自由体上的力称为**约束反力**，简称**反力**。约束反力的方向，总是和该约束所能限制的运动方向相反。这是确定约束反力方向或方位的基本原则。

除约束反力以外，作用在物体上的力还有主动力。凡能主动引起物体运动状态改变或使物体有运动状态改变趋势的力，均称为**主动力**。如物体所受的重力、风力，人们作用于物体上的拉力、推力，化工设备、压力容器等所承受的介质压力等都是主动力（工程上常称主动力为**载荷**）。物体所受的主动力往往是给定的或可测定的，所以是已知外力；而物体所受的约束反力，其方向（或其作用线的方位）需根据约束的性质确定，其大小一般总是未知的，要由力系的平衡条件来确定。所以约束反力通常是未知外力。对物体进行受力分析，就是要分析清楚物体上受哪些外力的作用，其中哪些是已知的主动力，哪些是未知的约束反力，约束反力的方向或方位又如何。这是解决工程力学问题的第一步，也是关键的一步。

下面将着重介绍几种在工程中常见的约束类型和确定约束反力方向（或方位）的方法。

（1）柔性体约束

在工程实际中，一些柔软的物体，如绳索、链条、皮带等产生的约束称为**柔性体约束**。

这种约束只能承受拉力，阻止非自由体沿着柔性体中心线伸直方向的运动，而不能限制其他方向的运动。因此，柔性体约束产生的约束反力总是通过接触点、沿着柔性体中心线而背离被约束的非自由体。如图1-6所示，用绳子悬挂一重物，绳子只能承受拉力，阻止重物向下（即沿绳子伸直的方向）运动，它对重物所产生的约束反力 F'_A 竖直向上。又如图1-7所示，钢链条绕在轮子上，链条对轮子的约束反力沿轮缘切线方向。

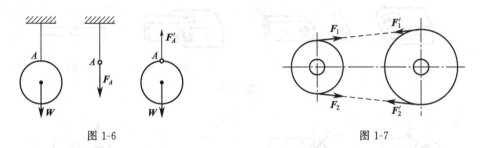

图 1-6   图 1-7

（2）光滑面约束

当两物体的接触表面为可忽略摩擦阻力的光滑平面或曲面时，一物体对另一物体的约束就是**光滑面约束**。这种约束不能阻碍物体沿接触面切线方向的运动，只能限制被约束的非自由体沿接触处的公法线并指向约束物体方向的运动。因此，光滑面约束反力的方向应通过接触点，沿着公法线，并指向被约束的非自由体。当接触面为平面或直线时，约束反力为均匀或非均匀分布的同向平行力系，常用其合力表示，如图1-8所示。

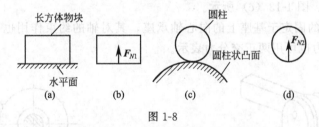

图 1-8

当一物体表面与另一物体尖点光滑接触而形成约束时，可把尖点视为极小的圆弧，则约束反力的方向仍沿接触点的公法线方向并指向被约束的非自由体，如图1-9所示。

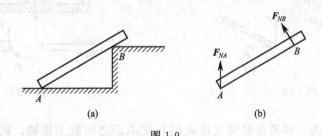

图 1-9

（3）光滑圆柱铰链约束

圆柱铰链结构是将两个构件各钻圆孔，中间用圆柱形销钉连接起来，如图1-10所示。如果忽略摩擦，销钉和圆孔成为光滑接触，于是便构成了光滑圆柱铰链约束。图1-10（c）是这种铰链约束的简化示意图。销钉只能阻止两构件的相对移动，而不能限制两构件的相对转动。销钉的约束作用，是阻止构件在与销钉的轴线相垂直的平面内沿任何方向移动。因此，销钉作用于被约束构件上的约束反力，可在该平面内过销钉（或销孔）中心的任意方向上产生，如图 1-11 所示。也就是说，约束反力一定在与销钉轴线相垂直的平面内，其作用线（即约束反力的方位）通过销孔中心，但其方向需根据其上的主动力的作用而定。为计算方便，通常就用通过圆孔中心的两个正交分力 F_{Cx} 和 F_{Cy} 表示销钉的约束反力，如图 1-12 所示。

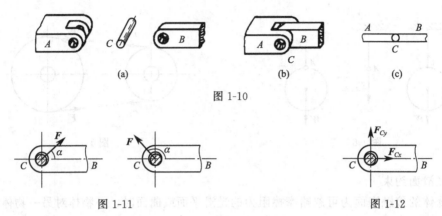

图 1-10

图 1-11   图 1-12

下面介绍两种工程上常见的以铰链约束构成的支座。

① 固定铰链支座　用圆柱形销钉连接的两个构件，若其中一个固定于地面或机器上，则该支座称为**固定铰链支座**，如图 1-13（a）所示。其简化示意图和约束反力的简化表示法分别如图 1-13（b）、图 1-13（c）所示。

如图 1-14 所示的固定于基座上的向心轴承座，其对轴的约束作用也可视为固定铰链支座，对轴的约束反力也可用两正交分力表示。

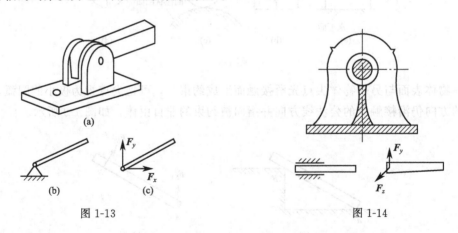

图 1-13   图 1-14

② 可动铰链支座　如果在铰链支座底部和支承面之间装上辊轴，就构成了辊轴支座，也称为可动铰链支座，如图 1-15（a）所示。可动铰链支座的几种简化表示法分别如图 1-15（b）、图 1-15（c）和图 1-15（d）所示。如果接触面是光滑的，可动铰链支座不限制物体沿支承面切线方向上的运动，只限制物体垂直于支承面方向上的运动。由此可知，可动铰链支座的约束反力通过销孔中心，垂直于支承面并指向被约束的非自由体，如图 1-15（e）所示。

铰链支座约束在工程中的应用非常普遍，如卧式压力容器的支座为适应容器热胀冷缩的变化，常常一端用固定鞍座，另一端用滚动鞍座，如图 1-16（a）所示。固定鞍座可简化为

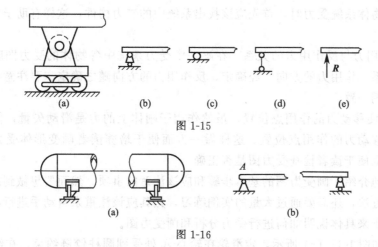

图 1-15

图 1-16

固定铰链支座，而滚动鞍座则可简化为可动铰链支座，如图 1-16（b）所示。再如建筑物中的房梁、桥梁的钢架，以及化工厂、炼油厂中输送流体用管道的支座等均可简化为铰链支座。

除上述几种基本约束类型外，还有固定端约束，将在本章 1.4 节进行介绍。

1.1.4 物体的受力分析和受力图

在求解力学问题时，首先，需要选择研究对象，进而分析其上所受到的全部主动力和约束反力，这一步骤称为对物体**受力分析**；其次，将研究对象上所受到的全部外力用适当的矢量符号画到简图上，称为物体的**受力图**；最后，对研究对象应用静力学平衡条件，由已知力求出所需的未知力。受力分析的主要任务是画受力图，目的是借用一种抽象化的方法，把复杂的工程实际问题简化为简单的力学模型。因此，正确画出受力图是解决工程力学问题的关键。画受力图的主要步骤及其应注意事项如下。

（1）确定研究对象，取分离体

通常研究对象是与其周围的物体（即约束）相互联系在一起的，为了能够清楚地表达出研究对象的受力情况，首先，应把研究对象从周围的约束中分离出来，得到解除约束后的研究对象，称为**分离体**。然后，用尽可能简明的轮廓线将其单独画出。分离体的几何图形应合理简化，要反映实际，分清主次，其形状和方位必须与原物体保持一致。研究对象可以是一个物体或者几个物体的组合，也可以是整个物体系统。

（2）受力分析，画受力图

先画出作用在分离体上的主动力，再依据约束类型在解除约束的位置处正确画出相应的约束反力。必须指出，在画受力图时，切记注意以下几点。

① 不要多画力，也不要漏画力 要注意力是物体之间的相互机械作用，对每个研究对象上所受的每一个力，都应明确地指出它是由哪一个施力体施加给研究对象的。

② 画约束反力时要充分考虑约束的性质 约束反力的方向必须严格按照约束类型来画，不能单凭直观或根据主动力的方向来简单推断；不要错误地认为约束反力的方向总是和主动力的方向相反。若研究对象是整个物体系统，或是几个物体的组合时，由于物体间相互作用的力（内力）成对出现，相互平衡，不必画出。

③ 确定约束反力的方位 注意应用二力平衡公理和三力平衡汇交定理来确定约束反力

的方位。分析物体系统受力时,首先应该找出系统中的二力构件,这样有助于对一些未知力方位的判断。

④ 利用作用力与反作用力的关系 在画一个受力系统中各物体的受力图时,要利用作用与反作用关系,作用力的方向一经确定,反作用力的方向随之确定。要注意作用力与反作用力符号的协调一致。

⑤ 不要随便移动力的作用点位置 虽然作用于刚体上的力是滑动矢量,但在画受力图时,不要随便移动力的作用点位置。这样做一方面便于培养读者画变形体受力图的良好习惯,另一方面也便于读者检查受力图是否正确。

以上简要地介绍了画受力图的基本步骤和应该注意的事项,然而要想做到能够牢固、熟练地掌握这一方法,还需要通过大量的实例练习,尤其应该注重亲自动手进行习题实践。下面通过几个例子来具体说明如何进行受力分析和画受力图。

例 1-1 如图 1-17 (a) 所示,定滑轮在轮心 A 处受到圆柱铰链约束,在绳的一端施加一力 F 将重量为 G 的物体匀速吊起。滑轮本身重量可以忽略不计,滑轮与轴之间的摩擦亦忽略不计。分别画出重物和滑轮的受力图。

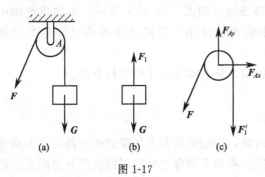

图 1-17

解 (1)画重物的受力图

如图 1-17 (b) 所示,将重物解除约束,取作分离体。作用在它上面的力有重力 G 和绳子的拉力 F_1。

(2)画滑轮的受力图

如图 1-17 (c) 所示,将滑轮解除约束,取作分离体。作用在它上面的力有主动力 F、绳子的拉力 F_1' 和圆柱铰链的约束反力 F_{Ax} 及 F_{Ay}。

此处,F_1 和 F_1' 互为作用力和反作用力,二者大小相等、方向相反,作用在不同的物体上。

例 1-2 重量为 G 的管子放置于支架 ABC 上。支架的水平杆 AC 在 A 处以斜杆 AB 支承,如图 1-18 (a) 所示。连接点 A、B、C 三处均可视为圆柱铰链连接,水平杆和斜杆的重量较小,可忽略不计。画出下列物体的受力图:(1)管子;(2)斜杆;(3)水平杆。

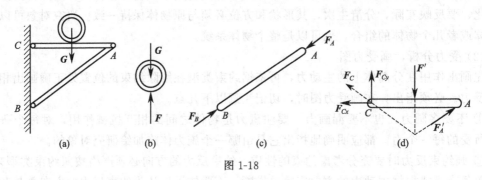

图 1-18

解 (1)管子的受力图

如图 1-18 (b) 所示。作用力有主动力,即重力 G 和 AC 杆对管子的约束反力 F,AC 杆对管子的约束可视为光滑面约束。

（2）斜杆 AB 的受力图

斜杆的 A 端和 B 端均为圆柱铰链连接，在一般情况下，A、B 处所受的约束反力应分别画成一对正交分力，但在斜杆本身重量不计的情况下，斜杆仅受到作用在 A、B 两端的两个力的作用而处于平衡状态，这样斜杆就成为二力杆。根据二力杆的受力特点，A、B 处的约束反力 F_A 和 F_B 的方位必沿 AB 连线。又因为斜杆是处于受压状态，所以反力 F_A 和 F_B 的方向指向斜杆，如图 1-18（c）所示。在画二力构件（包括二力杆）的受力图时，必须注意这一特点。

（3）水平杆的受力图

图 1-18（d）为水平杆的受力图。其中 F' 是管子对水平杆的作用力，它与作用在管子上的约束反力 F 互为作用力和反作用力。不要将 F' 误认为管子的重量 G，F' 是 G 沿其作用线向杆 AC 传递的作用力，二者分别作用在杆 AC 和管子上，是两个不同的力。A 处和 C 处虽然皆为圆柱铰链约束，但作用于 A 端的力 F'_A 是二力杆 AB 对杆 AC 的约束反力，它应与 F_A 互为作用力和反作用力，所以 F'_A 的方位也应沿 AB 连线，并指向水平杆；C 端约束反力的方位一般不能预先确定，因 AC 不是二力杆，故通常以互相垂直的反力 F_{Cx} 和 F_{Cy} 来表示。不过，现在 AC 杆只受到三个力的作用，这三个力又互不平行，则根据三力平衡汇交定理亦可直接定出 C 端约束反力 F_C 的方向，如图 1-18（d）中虚线所示。

例 1-3 如图 1-19（a）所示的三铰拱，由左右两个半拱在 B 点通过圆柱铰链连接而成。各构件自重可忽略不计，在拱 AB 上作用有主动力 F。试分别画出拱 AB、BC 及整体的受力图。

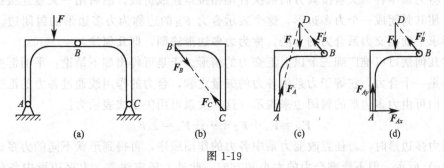

图 1-19

解 （1）画拱 BC 的受力图

将拱 BC 解除约束，取作分离体。由于拱 BC 自重不计，且只在 B、C 两处受到铰链约束，故拱 BC 为二力构件，根据二力构件的受力特点，B、C 处的约束反力 F_B、F_C 的方位必沿 BC 连线，作用在铰链中心，且 $F_B = -F_C$，如图 1-19（b）所示。

（2）画拱 AB 的受力图

将拱 AB 解除约束，取作分离体。由于拱 AB 自重不计，故作用于其上的力只有三个：主动力 F，铰链 B 处的约束反力 F'_B（与 F_B 互为反作用力）以及固定铰链支座 A 处的约束反力 F_A，其方向可用三力平衡汇交定理来确定，如图 1-19（c）所示。A 处的约束反力也可以根据固定铰链支座的约束特征，用两个正交分力 F_{Ax}、F_{Ay} 表示，如图 1-19（d）所示。

1.2 平面汇交力系的简化与平衡条件

掌握了画受力图就可以通过建立力系的平衡条件来求解未知力。确立了力系的平衡条件，就等于找到了构成该力系的各个力之间所存在的关系，有了这个关系才有可能采用数学方法由已知力求出未知力。二力平衡公理、三力平衡汇交定理，实际上是最简单的力系平衡条件。为了寻找平衡条件的一般表达式，必须对复杂力系进行简化，以便于寻找力系的平衡条件。

首先来研究平面汇交力系的简化与平衡。作用于物体上的力系，所有各力的作用线都在同一平面内，且汇交于一点的力系称为**平面汇交力系**。平面汇交力系在工程上是最简单、最基本的力系，是研究一切复杂力系的基础。平面汇交力系简化与平衡的方法有两种，即几何法和解析法。

1.2.1 平面汇交力系简化与平衡的几何法

（1）平面汇交力系简化的几何法

力系的简化实质上就是力系的合成。两个汇交力系的合成，可用前面论述过的平行四边形公理或三角形法则。而多个平面汇交力系的简化问题，只需连续运用力的三角形法则便可求得其合力。因此，许多力都可以被等效地简化成一个合力。

设某物体受一平面汇交力系作用，如图 1-20 （a）所示，应用力三角形法则，先将力 F_1 与 F_2 合成，得到合力 F_{R12}，然后再将力 F_{R12} 与 F_3 合成，得到合力 F_R，如图 1-20 （b）所示。

由图 1-20 （b）可以看出，在实际作图求合力 F_R 时，代表中间合力 F_{R12} 的虚线不必画出，只要将力系中各力矢量按其方向依次首尾相接地连成折线，然后用一矢量连接折线的首尾两点，使其封闭成一个力多边形，这个表示合力 F_R 的边称为力多边形的封闭边。这种用力多边形求平面汇交力系合力的方法，称为**力多边形法则**，即**几何法**。

上述几何法可以推广到三个以上汇交力的情形。于是可得出如下结论：平面汇交力系简化的结果是一个合力，它等于力系中各力的矢量之和，合力的作用线通过各力的汇交点，其大小和方向可由力多边形的封闭边来表示。这一关系可用矢量式表示为：

$$F_R = F_1 + F_2 + \cdots + F_n = \sum F \tag{1-1}$$

在画力多边形时，若任意改变力系中各力的作图顺序，可得到形状不同的力多边形，如图 1-20 （c）所示，但不影响合力的大小和方向。此外，还应注意，力多边形中各分力矢量都是首尾相接，唯独合力矢量与此相反。

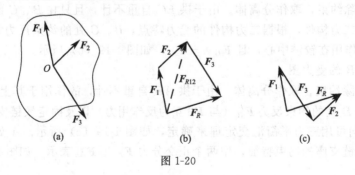

(a)　　　　　　　(b)　　　　　　　(c)

图 1-20

（2）平面汇交力系平衡的几何条件

平面汇交力系使用力多边形合成以后，将力系简化为一个合力。若物体在该力系作用下保持平衡，则该力系的合力应等于零。反之，如果该力系的合力等于零，则物体在该力系作

用下一定保持平衡。因此可得物体在平面汇交力系作用下平衡的充要条件是力系的合力等于零。用矢量表示为

$$\boldsymbol{F}_R = \sum \boldsymbol{F} = 0 \tag{1-2}$$

在几何法中，平面汇交力系的合力 $\boldsymbol{F}_R$ 是用力多边形的封闭边来表示的。当合力 $\boldsymbol{F}_R = 0$ 时，力多边形的封闭边就不存在了，即力多边形中最后一个力的终点恰与第一个力的起点相重合，构成一个自行封闭的力多边形，如图 1-21（c）所示。所以，平面汇交力系平衡的充要条件是：力系中各力构成的力多边形自行封闭。这就是平面汇交力系平衡的几何条件。

平面汇交力系的平衡问题，可应用几何条件来求解。求解时按一定比例先画出闭合的力多边形（或力三角形），然后用直尺和量角器量得所要求的未知量，或用三角公式计算出所要求的未知量。下面举例说明如何用几何法求解平面汇交力系的平衡问题。

例 1-4　如图 1-21（a）所示支架，横梁 AB 与支撑杆 DC 在 D 点以铰链连接，并分别在 A、C 点以铰链连接于铅直墙壁上。已知 $AD = BD$，杆 DC 与水平线成 $45°$ 角，主动力 $F = 10kN$，作用于 B 点。横梁 AB 和支撑杆 DC 自重不计。求铰链 A 处的约束反力和 DC 杆所受的力。

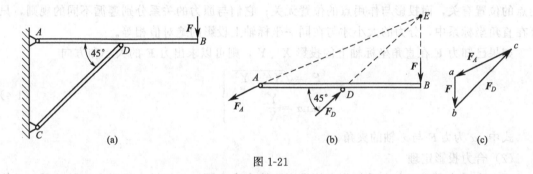

图 1-21

解　以横梁 AB 为研究对象，取分离体。先画主动力 $\boldsymbol{F}$。支撑杆 DC 为二力杆，它对横梁 D 处的约束反力为 $\boldsymbol{F}_D$，其作用线必沿 DC 连线。铰链 A 处的约束反力为 $\boldsymbol{F}_A$，其作用线可根据三力平衡汇交定理确定，即通过另两个力的交点 E。如图 1-21（b）所示。

横梁 AB 在平面汇交力系 $\boldsymbol{F}$、$\boldsymbol{F}_D$、$\boldsymbol{F}_A$ 的作用下处于平衡状态，根据平面汇交力系平衡的几何条件，该力系应构成一个自行封闭的力三角形。因此，可按比例先画出已知力 $\boldsymbol{F}$，以矢量 $\overrightarrow{ab}$ 表示，再由 b 点作直线平行于 $\boldsymbol{F}_D$，由点 a 作直线平行于 $\boldsymbol{F}_A$，这两直线相交于点 c，则矢量 $\overrightarrow{bc}$ 表示力 $\boldsymbol{F}_D$，矢量 $\overrightarrow{ca}$ 表示力 $\boldsymbol{F}_A$，如图 1-21（c）所示。在力三角形中，线段 bc 和 ca 的长度分别表示力 $\boldsymbol{F}_D$ 和 $\boldsymbol{F}_A$ 的大小，量出它们的长度，按比例换算可得，$\boldsymbol{F}_A = 22.4kN$，$\boldsymbol{F}_D = 28.3kN$，方向如图 1-21（c）所示。或者通过三角函数关系求得 $\boldsymbol{F}_A$、$\boldsymbol{F}_D$ 的大小。根据作用与反作用定律，作用于 DC 杆上的力 $\boldsymbol{F}_D'$ 与 $\boldsymbol{F}_D$ 互为反作用力。由此可知，DC 杆受压力作用，大小为 $\boldsymbol{F}_D' = 28.3kN$。

从上述例题中不难发现，用几何法求解平面汇交力系的简化与平衡问题简单明了，对于三力平衡问题还可以应用三角函数关系求出其精确解。但对于多力平衡问题，用几何法就变得复杂，且难以求出其精确解，累积误差较大。所以，在实际应用中多用解析法求解平面汇交力系的简化与平衡问题。

1.2.2　平面汇交力系简化与平衡的解析法

平面汇交力系简化与平衡的解析法，是指用解析方法计算合力的大小，确定合力的方

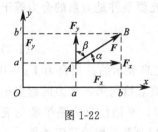

图 1-22

向。解析法是以力在坐标轴上的投影为基础的。为此，需要先介绍力在坐标轴上的投影。

（1）力在坐标轴上的投影

如图 1-22 所示，力 F 作用于物体的 A 点，其大小为 F，在力 F 作用平面内选取直角坐标系 Oxy，F 与 x 轴的夹角为 α，则 F 在 x、y 轴上的投影分别为

$$\left.\begin{array}{l} X = F\cos\alpha \\ Y = F\sin\alpha \end{array}\right\} \tag{1-3}$$

力在坐标轴上的投影是代数量，其正负号规定如下：当力 F 投影的指向（即从 a 到 b 或从 a' 到 b' 的指向）与坐标轴的正向一致时，力的投影为正，反之为负。当力 F 与坐标轴平行或重合时，力在坐标轴上投影的绝对值等于力的大小；当力与坐标轴垂直时，力在坐标轴上的投影为零。力在坐标轴上的投影与力的大小和方向有关，而与力的作用点或作用线的位置无关。

需要特别注意，投影和分力是两个不同的概念。分力是矢量，投影是代数量；分力与作用点的位置有关，而投影与作用点的位置无关；它们与原力的关系分别遵循不同的规则，只有在直角坐标系中，分力的大小才与在同一坐标轴上投影的绝对值相等。

如果已知力 F 在直角坐标轴上的投影 X、Y，则可以求出力 F 的大小和方向

$$\left.\begin{array}{l} F = \sqrt{X^2 + Y^2} \\ \tan\alpha = \dfrac{Y}{X} \end{array}\right\} \tag{1-4}$$

式中，α 为力 F 与 x 轴的夹角。

（2）合力投影定理

现在来讨论平面汇交力系各分力的投影与该合力在同一坐标轴上投影之间的关系。设物体在 A 点受一平面汇交力系 F_1、F_2、F_3 的作用，如图 1-23（a）所示，其合力 F_R 可用力多边形法则求出，如图 1-23（b）所示。在力多边形所在平面内取直角坐标系 Oxy，将力系的合力 F_R 及各分力 F_1、F_2、F_3 分别向 x、y 轴上投影，得 F_{Rx}、F_{Ry}；X_1、Y_1；X_2、Y_2；X_3、Y_3。从图中可以看出

$$\left.\begin{array}{l} F_{Rx} = X_1 + X_2 + X_3 \\ F_{Ry} = Y_1 + Y_2 + Y_3 \end{array}\right\} \tag{1-5}$$

式中，各力的投影包含正负号。

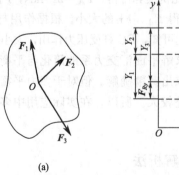

| (a) | (b) |

图 1-23

推广到三个以上的汇交力系，上述分力投影与合力投影的关系仍然成立。由此可知，当物体受 F_1、F_2、…、F_n 构成的汇交力系作用时，其合力投影和分力投影有如下关系：

$$\left.\begin{array}{l} F_{Rx}=X_1+X_2+\cdots+X_n=\sum X \\ F_{Ry}=Y_1+Y_2+\cdots+Y_n=\sum Y \end{array}\right\} \tag{1-6}$$

式（1-6）表明，合力在任一轴上的投影，等于力系中各分力在同一轴上投影的代数和。这就是**合力投影定理**。由于合力投影与分力投影之间的关系对于任意坐标轴都成立，所以在应用合力投影定理时要注意坐标轴的选取，应该使得尽可能多的力与投影轴垂直或者平行，这样可以简化运算。

（3）平面汇交力系简化的解析法

根据合力投影定理，可以把矢量求和问题转化为代数和问题，从而可以方便地求出力系合成的结果，达到将力系进行简化的目的。具体来说，当用解析法求平面汇交力系的合力时，可先求出各分力在两坐标轴上的投影，再根据合力投影定理求出力系的合力 F_R 在两个坐标轴上的投影 F_{Rx}、F_{Ry}，由图 1-24 可知，合力 F_R 的大小为

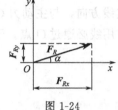

图 1-24

$$F_R=\sqrt{F_{Rx}^2+F_{Ry}^2}=\sqrt{(\sum X)^2+(\sum Y)^2} \tag{1-7}$$

合力 F_R 的方向可由合力矢量与 x 轴的夹角 α 确定

$$\tan\alpha=\frac{F_{Ry}}{F_{Rx}}=\frac{\sum Y}{\sum X} \tag{1-8}$$

（4）平面汇交力系平衡的解析条件

平面汇交力系平衡的充分必要条件是汇交力系的合力等于零。由式（1-7）可知，当合力为零时，则有

$$F_R=\sqrt{(\sum X)^2+(\sum Y)^2}=0$$

欲使上式成立，必须同时满足

$$\left.\begin{array}{l} \sum X=0 \\ \sum Y=0 \end{array}\right\} \tag{1-9}$$

则平面汇交力系平衡的解析条件是：力系中所有各力在两个坐标轴上投影的代数和分别都等于零。式（1-9）又称为**平面汇交力系的平衡方程**。

由式（1-9）可知，平面汇交力系有两个独立的平衡方程，能且只能求解两个未知量，通常是约束反力的大小或方位，但一般不以力的指向作为未知量，在力的指向不好确定时，可先任意假定，然后根据平衡方程进行计算，若求出的力为正值，则表示假定的指向与实际指向一致；反之，表示力的假定指向与实际指向相反。

例 1-5 图 1-25（a）所示为一钢结构三角托架，其上放置一重为 G 的小型储罐。已知托架 AC 长为 l，角度 $\alpha=45°$，A、B、D 三点处均为光滑圆柱铰链约束。求托架 A、B 处的约束反力。

解（1）确定研究对象

将储罐与托架 AC 一起作为研究对象，如图 1-25（b）所示。

（2）画受力图

先画出主动力 G。由于 BD 杆为二力杆，它对托架 AD 的约束反力 F_B 必沿 D、B 两点

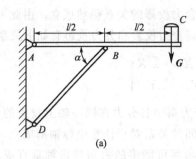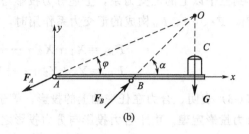

图 1-25

连线方向，与主动力 G 的作用线交于 O 点，根据三力平衡汇交定理，A 处的约束反力 F_A 的作用线必通过 O 点。于是作出受力图如图 1-25（b）所示。由几何关系可以得到：

$$\sin\alpha = \cos\alpha = \frac{1}{\sqrt{2}}$$

$$\sin\varphi = \frac{1}{\sqrt{5}} , \cos\varphi = \frac{2}{\sqrt{5}}$$

（3）列平衡方程

建立如图 1-25（b）所示坐标系 Axy，根据平衡条件，有：

$$\sum X = 0, \quad F_B\cos\alpha - F_A\cos\varphi = 0$$
$$\sum Y = 0, \quad F_B\sin\alpha - F_A\sin\varphi - G = 0$$

（4）解方程组

求解以上方程组可得：

$$F_B = 2\sqrt{2}G$$

$$F_A = \sqrt{5}G$$

以上为托架 AC 在 A、B 处所受约束反力的大小，方向如图 1-25（b）所示。

例 1-6　如图 1-26 所示，重为 $G = 20\text{kN}$ 的物体，用绳子悬挂在支架上，绳子的另一端缠绕在绞车 D 上，支架在 A、B、C 三点处均为光滑铰链连接。AB、BC 两杆和滑轮的重量不计，并忽略摩擦与滑轮的大小。求系统平衡时杆 AB、BC 上所受的力。

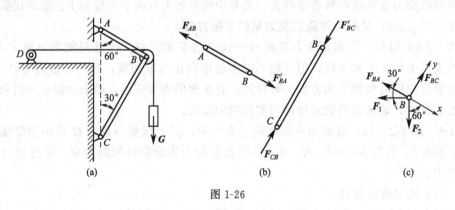

图 1-26

解　（1）确定研究对象

在不计自重的情况下，杆 AB、BC 均为二力杆。假设 AB 杆承受拉力，BC 杆承受压力，如图 1-26（b）所示。两杆所受的力可通过求两杆对滑轮的约束反力来求得。因此，选择滑轮 B 为研究对象。

（2）画受力图

滑轮受到绳子的拉力 F_1 和 F_2（$F_1=F_2=G$）作用，由于滑轮的大小可以忽略不计，可以认为 F_1、F_2 均作用在滑轮中心圆柱销钉上。此外，还有 AB、BC 两杆作用在滑轮上的力 F_{BA}、F_{BC}。于是，作用在滑轮上的四个力 F_1、F_2、F_{BA}、F_{BC} 构成了平面汇交力系，如图 1-26（c）所示。

（3）列平衡方程

为简化计算起见，坐标轴应尽量与未知力作用线相垂直，所以选取如图 1-26（c）所示坐标系 Bxy。这样，每一个平衡方程中只有一个未知量，列如下方程

$$\sum X=0，-F_1\cos30°+F_2\cos60°-F_{BA}=0$$
$$\sum Y=0，-F_1\sin30°-F_2\sin60°+F_{BC}=0$$

其中，$F_1=F_2=G$。

（4）解方程组

求解以上方程组，可得：

$$F_{BA}=-7.32\text{kN}$$
$$F_{BC}=27.32\text{kN}$$

计算结果中，F_{BA} 为负值，表示该力的实际方向与假设方向相反，即 AB 杆受压力作用；F_{BC} 为正值，表示该力的实际方向与假设方向相同，即 BC 杆受压力作用。

为了便于读者掌握这种方法的要领，现将求解平面汇交力系平衡问题的方法归纳总结如下。

ⅰ．选择分离体。分离体上应作用有已知的主动力和待求的未知力。

ⅱ．画受力图。读者应该注意的是，由约束性质确定约束反力的方向（不便确定的可先假设一个方向）；作用力与反作用力的关系；正确判断二力杆；合理运用三力平衡定理。

ⅲ．列平衡方程，求未知力。坐标系的选取原则应该使力的投影尽可能少。

1.3 力的平移定理

上一节研究了比较简单的平面汇交力系的简化与平衡，找到了求解平面汇交力系平衡问题的方法。本节将讨论工程实际中最常见的平面一般力系的简化与平衡。平面一般力系除了有力以外，还有力学中的另一基本要素——力偶。物体运动的基本形式有移动和转动两种，物体的移动效应可以用力矢来度量，而物体的转动效应则用力矩和力偶来度量。本节介绍力矩、力偶的概念以及力与力偶间的一个重要定理——力的平移定理。

1.3.1 力对点之矩、汇交力系的合力矩定理

（1）力对点之矩

如图 1-27 所示，用扳手拧紧螺母，作用在扳手上的力 F 使扳手绕着螺母的轴线转动，即绕螺母的中心 O 转动。由经验知道，扳手转动的效应取决于力 F 的大小和点 O 到该力作用线的垂直距离 d 的大小。显然，转动效应随 F 和 d 的增大而增强，而且转动效应越强，

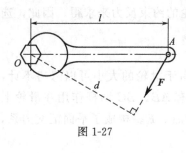

图 1-27

螺母被拧得越紧。另外，如果力 F 使扳手绕 O 点转动的方向不同，转动效应就不同，螺母将被松开。由此可见，力 F 使扳手绕 O 点转动的效应，取决于以下两个因素：① 力的大小与点 O 到该力作用线的垂直距离；② 力使扳手绕 O 点转动的方向。这两个因素可以用乘积 Fd，并加上正负号来表示概括，作为度量力 F 使物体绕 O 点转动效应的一个基本物理量，称为**力对点之矩**，简称为**力矩**，用公式表示为

$$M_O(\boldsymbol{F}) = \pm Fd \tag{1-10}$$

点 O 称为**力矩中心**，简称**矩心**；距离 d 称为**力臂**。

在平面问题中，力对点之矩是一个代数量，其绝对值等于力的大小与力臂的乘积，其正负规定为：力使物体绕矩心逆时针旋转时为正，反之为负。在国际单位制中，力矩的常用单位为牛顿·米（N·m）、牛顿·毫米（N·mm）或千牛顿·米（kN·m）。

由力对点之矩的定义可知，力矩具有如下特点：

ⅰ. 力矩的大小和转向与矩心的位置有关，同一力对不同矩心的矩不同；

ⅱ. 力作用点沿其作用线移动时，力对点之矩不变，因为此时力的大小、方向都没发生变化，力臂长度也没变；

ⅲ. 当力的作用线通过矩心时，力臂长度为零，力矩也为零；

ⅳ. 互成平衡的两个力对于同一点之矩的代数和等于零。

必须指出，求力矩时，矩心的位置可任意选定，即力可以对其作用平面内的任意点取力矩，但是矩心不同，所求力矩的大小和转向就可能不同。这并不说明刚体在某一外力作用下可以产生绕任意点的转动。反之，一个具有固定轴或固定支点的刚体，显然只能绕轴心和支点转动，但是不能就此认为对于不是轴心或支点的其他各点，外力对其就不能取力矩。力对作用平面内的任意一点均可取矩，这是由力矩定义决定的。刚体在力的作用下究竟绕哪一点转动，这是由转轴或支点的位置决定的。如果没有转轴或支点，刚体在外力作用下将绕其质心转动或有转动趋势。

（2）汇交力系的合力矩定理

若力 F_R 是平面汇交力系（F_1，F_2，…，F_n）的合力，由于合力 F_R 与力系等效，则合力对任一点 O 之矩等于力系中各分力对同一点之矩的代数和，即

$$M_O(\boldsymbol{F}_R) = M_O(\boldsymbol{F}_1) + M_O(\boldsymbol{F}_2) + \cdots M_O(\boldsymbol{F}_n) = \sum M_O(\boldsymbol{F}_i) \tag{1-11}$$

式（1-11）称为**合力矩定理**。如果求一个力对力系所在平面内一点的矩，而力臂不易确定时，常将力分解为两个容易确定力臂的分力（通常是正交分解），分别求分力对矩心之矩，然后用合力矩定理计算原力对矩心之矩。

1.3.2 平面力偶系的简化与平衡

（1）力偶与力偶矩

所谓**力偶**就是作用在物体上大小相等、方向相反、作用线相互平行且不共线的两个力组成的特殊力系，记作（F，F'）。构成力偶的两个力所在的平面称为**力偶的作用面**；力偶中两个力作用线之间的垂直距离 h 称为**力偶臂**。

在工程实际和日常生活中，钳工用双手转动丝锥攻螺纹，司机用双手转动汽车方向盘，人用手拧水龙头时，所施加的都是力偶，如图 1-28 所示。

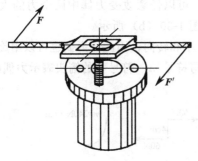

图 1-28

实践表明，物体受力偶作用时产生转动效应，该转动效应与力偶中力的大小及力偶臂 h 的大小成正比，力 F 与 h 愈大，转动效应就愈显著。因此，与力矩类似，在平面问题中，以乘积 Fh 再加上相应的正负号作为力偶对物体转动效应的度量，这个物理量就称为**力偶矩**，记作 $M(F, F')$，或简写为 M，即

$$M = M(F, F') = \pm Fh \tag{1-12}$$

在平面力系中，力偶矩与力矩一样，为代数量，用正负号表示力偶的旋转方向，通常规定：力偶使物体作逆时针方向转动时，力偶矩为正，反之为负。力偶矩的单位与力矩的单位相同，为牛顿·米（N·m）、牛顿·毫米（N·mm）或千牛顿·米（kN·m）。

由力偶的定义可知，构成力偶的两个力虽然等值、反向，但不共线，所以不满足二力平衡条件，并不构成平衡力系。另外，它们在其作用面内任一坐标轴上投影的代数和为零，因而根据合力投影定理可知，力偶没有合力。所以，力偶不能用一个力来代替，也不能用一个力来平衡，力偶只能用力偶来平衡。由此可见，力偶是一个不平衡的、无法再加以简化的特殊力系。因此，力偶和力一样，是静力学中最基本的物理量。

（2）力偶的性质

ⅰ. 力偶的两个力对其作用面内任一点之矩的代数和恒等于该力偶的力偶矩，而与矩心的位置无关。

证明： 设有一力偶 (F, F')，其力偶臂为 h，如图 1-29 所示。在力偶的作用面内任取一点 O 作为矩心，设 O 与 F 作用线之间的距离为 x。显然，力偶使物体绕 O 点的转动效应可以用力偶中的两个力使物体绕 O 点转动效应之和来度量，即

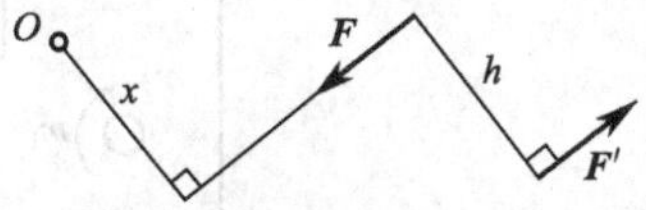

图 1-29

$$M_O(F, F') = M_O(F) + M_O(F') = -Fx + F'(x+h) = F'h = Fh = M$$

也就是说，对力偶中单独一个力而言，矩心位置不同，力矩也不同，但力偶矩则与矩心的位置无关。因此，力偶对物体的转动效应只取决于力偶矩的大小和转向，而与矩心的位置无关。这是力偶矩与力矩的显著区别。

ⅱ. 如果两个力偶的力偶矩大小相等且转向相同，则这两个力偶对物体必定有相同的转动效应，称之为**等效力偶**。力偶的这种性质称为力偶的等效性。

定理 1（力偶等效定理） 作用于同一刚体上的两个力偶等效的条件是两力偶的力偶矩相等。

推论 1 力偶可以在其作用面内任意平移、旋转，而不改变力偶对刚体的作用效应。如图 1-30（a）所示。

推论 2 力偶作用面可以任意平移，而不会改变力偶对刚体的作用效应。

推论 3 只要保持力偶矩的大小和转向不变，可以任意改变力偶中两个力的大小和力偶臂的值，而不会改变力偶对刚体的作用效应。如图 1-30 (b) 所示。

由于力偶对物体的作用完全取决于力偶矩的大小和转向，因此，力偶也可以用旋转符号表示，如图 1-30 (b) 所示，符号旁边注明力偶的简写符号 m，符号中的箭头表示力偶的转向。

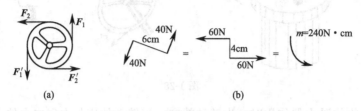

图 1-30

（3）平面力偶系的简化与平衡

把作用在物体同一平面内的两个或两个以上的力偶称为**平面力偶系**。平面力偶系中各力偶对物体的转动效应可以用一个力偶来等效代替，这个力偶就是平面力偶系的合力偶。可以证明，合力偶的力偶矩等于由它等效代替的各分力偶的力偶矩的代数和，即

$$M = M_1 + M_2 + \cdots + M_n = \sum M_i \tag{1-13}$$

式中，M 为**合力偶的力偶矩**，简称**合力偶矩**。

若物体在平面力偶系作用下处于平衡状态，则合力偶矩等于零。因此，平面力偶系平衡的充要条件是所有各分力偶矩的代数和等于零，即

$$\sum M_i = 0 \tag{1-14}$$

下面举例说明如何求解平面力偶系的平衡问题。

例 1-7 用三轴钻床在水平工件上钻孔时，作用在工件上的三个力偶如图 1-31 (a) 所示。已知三个力偶的力偶矩分别为 $M_1 = M_2 = M_3 = 10\text{N} \cdot \text{m}$，固定工件的两个螺栓 A 和 B 与工件成光滑面接触，两螺栓的中心距 $l = 0.2\text{m}$。求两螺栓受到的横向力。

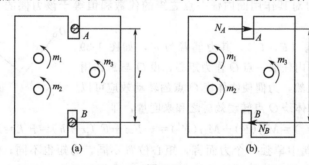

图 1-31

解 以工件为研究对象，画受力图，如图 1-31 (b) 所示。工件在水平面内受三个力偶和两个螺栓的水平反力作用。根据平面力偶系的合成结果，三个力偶合成后仍为一力偶，因为工件处于平衡状态，则一定有一相应力偶与其平衡。所以两螺栓的水平反力必构成一力偶，即 $F_A = F_B$，方向如图 1-31 (b) 所示。由力偶系的平衡条件可得

$$\sum M_i = 0 \quad M_1 + M_2 + M_3 - F_A l = 0$$

代入已知数后求解可得

$$F_A = \frac{M_1 + M_2 + M_3}{l} = \frac{30}{0.2} = 150(\text{N})$$

F_A 为正值，说明图中假设方向是正确的，螺栓 A、B 所受的力与 F_A、F_B 互为反作用力。

例 1-8 图 1-32 (a) 为某化工厂一座塔设备上设置的吊柱，常用来起吊顶盖。吊柱由支承板 A 和支承板 B 共同支承，并可以绕轴在其中转动，尺寸如图所示（单位为 mm）。若已知被起吊的顶盖重为 1600N，试求：起吊顶盖时，吊柱在 A、B 两支承处受到的约束反力。

解 选取吊柱为研究对象，画其结构简图，如图 1-32 (b) 所示。支承板 A 对吊柱的作用可简化为径向轴承，它只能阻止吊柱沿水平方向的移动，故该处只有一个水平方向的反力 F_{Ax}，方向未知；支承板 B（托架）可以简化为向心推力轴承，它能阻止吊柱沿垂直向下和水平两个方向的移动，所以该处有一个垂直向上的反力 F_{By}，一个水平反力 F_{Bx}，F_{Bx} 的方向也未知。首先将这两个约束解除，以约束反力替代其作用效果，则分离体吊柱的受力图就可以表示成图 1-32(c) 所示的情形（即力学模型）。

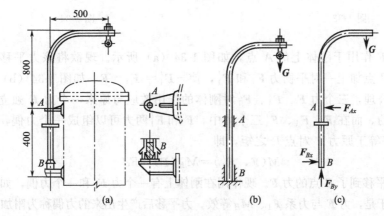

图 1-32

作用在吊柱上的力共有四个，其中 G 和 F_{By} 是两个垂直的平行力，F_{Ax} 和 F_{Bx} 是两个水平的平行力。由于吊柱处于平衡状态，所以力偶 (G，F_{By}) 和力偶 (F_{Ax}，F_{Bx}) 必然是互相平衡的两个力偶。由力偶 (G，F_{By}) 可知，F_{By} 的大小为

$$F_{By} = G = 1600\text{N}$$

由于力偶 (F_{Ax}，F_{Bx}) 与力偶 (G，F_{By}) 平衡，它们的力偶矩之代数和必为零，故

$$-G \times 500 + F_{Ax} \times 400 = 0$$

可得：

$$F_{Ax} = \frac{1600 \times 500}{400} = 2000(\text{N})$$

$$F_{Bx} = F_{Ax} = 2000\text{N}$$

因为力偶 (F_{Ax}，F_{Bx}) 的转向是逆时针的，故 F_{Ax} 的指向应该水平向左，F_{Bx} 的指向应该水平向右。

1.3.3 力的平移定理

在静力学分析中，经常需要对力做平行移动（即平移）。顾名思义，就是要把作用在刚体上的某个力，从其原来的位置上平行移动到该刚体上的其他位置。稍后即将讨论平面一般

力系的简化，就需要对各个分力进行适当的平移。由力的可传性原理知，力可沿其作用线移动而不改变它对刚体的作用效应。然而，此处所述力的平移则是要把力平移到其原来的作用线之外，那么这样的移动必将改变其对刚体的作用效果。如图 1-33（a）所示，当力 **F** 作用于轮子的 A 点时，其作用线通过轴心 O，轮子不会转动。现在将力的作用线平行移动到点 B，如图 1-33（b）所示，此时，轮子就会转动。显然，力的作用线平移后，改变了其对刚体的作用效果。因此，既要方便问题求解而对力平移，又要保持原力的作用效应不变，肯定需要附加条件。这就是力的平移定理所要讨论的问题。

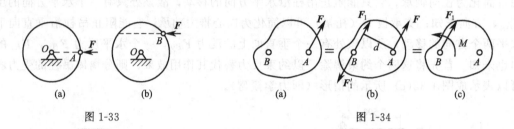

图 1-33   图 1-34

设有一力 **F** 作用于刚体上的 A 点，如图 1-34（a）所示。现欲将该力平移到任意一点 B，为此，在 B 点加上一对平衡力 F_1 和 F_1'，使 $-F_1' = F_1 = F$，如图 1-34（b）所示。根据加减平衡力系公理，三个力 **F**、F_1、F_1' 对刚体的作用效应与原来一个力 **F** 独立对刚体的作用效应是等效的。而在 **F**、F_1、F_1' 三个力中，**F** 和 F_1' 两力可以组成一个力偶，其力偶臂为 d，力偶矩恰好等于原力 **F** 对点 B 之矩，即

$$M(F, F_1') = M_B(F) = Fd$$

力 F_1 即为平移到了 B 点的力 **F**。现作用在刚体上有一个力 F_1 和一个力偶，如图 1-34（b）、图（c）所示。于是，力 **F** 与力系 F_1、M_B 等效。力平移后产生出来的力偶称为**附加力偶**。

定理 2（**力的平移定理**）作用在刚体上的力，可以平移到刚体内任意指定点，要使原力对刚体的作用效果不变，必须同时附加一个力偶，此附加力偶的力偶矩等于原力对指定点之矩。

力的平移定理不仅是力系简化的基础，而且可以直接用来分析和解决工程实际中的力学问题。例如，用丝锥攻螺纹时，必须两手同时用力，且用力等值、反向。若仅在丝锥的一端作用力 **F**［图 1-35（a）］，根据力的平移定理，将力 **F** 向丝锥中心平移，可得到力 **F′** 和附加力偶（力偶矩大小为 M）［图 1-35（b）］，该力偶使丝锥转动，实现攻丝，而力 **F′** 却往往使攻丝不正，严重时会使丝锥折断。

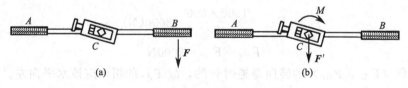

图 1-35

1.4 平面一般力系的简化与平衡

所谓**平面一般力系**是指作用于物体上的力系，其中各力作用线都在同一个平面内，作用

线并不汇交于一点，也不全都互相平行，而是任意分布的。它是平面力系中最一般的形式。平面汇交力系，平面力偶系均是它的特殊形式。在工程实际中，大部分力学问题属于平面一般力系，因此研究平面一般力系的受力分析问题具有普遍性和重要意义。前面的论述是遵循了从特殊到一般的方法，故平面一般力系同样存在"力系的简化"与"力系的平衡"两个基本问题。

1.4.1　平面一般力系的简化

平面一般力系的简化所遵循的理论基础是如下三条力学规律：

ⅰ.平面汇交力系可以用一个合力等效代替；

ⅱ.平面力偶系可以用一个合力偶等效代替；

ⅲ.作用在刚体上的力，可以平移到刚体内任意指定点，但必须同时附加一个力偶，平移后的力和由平移而产生的附加力偶，可以等效代替原来的力。

根据力的平移定理，先将平面一般力系中的各力全部平移到作用面内任意一点 O，从而将原力系转化为一个平面汇交力系和一个平面力偶系；然后，再分别求得平面汇交力系的合力和平面力偶系的合力偶；最后，按照力平移的逆过程将所得之合力和合力偶合成为一个力。上述这种简化平面一般力系的方法称为平面一般力系向作用面内任一点 O 的**简化**，点 O 称为**简化中心**。

现将平面一般力系的简化方法讨论如下。

设刚体上作用一平面一般力系 F_1，F_2，…，F_n，如图 1-36 （a）所示。在该力系作用面内任意选一点 O 作为简化中心，根据力的平移定理，将力系中各力都平移到 O 点，同时附加相应的力偶。这样，原力系就被等效地简化为两个基本力系：作用于 O 点的平面汇交力系 F_1'，F_2'，…，F_n' 和平面力偶系 M_1，M_2，…，M_n，如图 1-36 （b）所示。其中 $F_1' = F_1$，$F_2' = F_2$，…，$F_n' = F_n$；$M_1 = M_O(F_1)$，$M_2 = M_O(F_2)$，…，$M_n = M_O(F_n)$。

由平面汇交力系简化结果可知，这个平面汇交力系可合成为一个力，作用线通过简化中心 O，这个合力称为原力系的**主矢**，记作 F_R'，则

$$F_R' = F_1' + F_2' + \cdots + F_n' = \sum F_i'$$

其大小和方向可用解析法求得：

$$F_R' = \sqrt{F_{Rx}'^2 + F_{Ry}'^2} = \sqrt{(\sum X)^2 + (\sum Y)^2} \tag{1-15}$$

$$\tan\alpha = \frac{F_{Ry}'}{F_{Rx}'} = \frac{\sum Y}{\sum X} \tag{1-16}$$

式中，α 为 F_R' 与 x 轴之夹角。主矢 F_R' 代表原力系的矢量和，只取决于原力系中各力的大小和方向，而与简化中心 O 的位置无关。注意，主矢不是原力系的合力。

由平面力偶系的简化结果可知，力偶矩为 M_1，M_2，…，M_n 的平面力偶系可合成为一个力偶，该力偶之矩称为原力系对简化中心的**主矩**，记作 M_O，则

$$M_O = M_1 + M_2 + \cdots + M_n = M_O(F_1) + M_O(F_2) + \cdots + M_O(F_n) \tag{1-17}$$

显然，主矩的大小和转向均与简化中心 O 的位置有关。简化后所得的主矢 F_R' 和主矩 M_O，如图 1-36 （c）所示。

归纳总结：平面一般力系向其作用面内任意一点简化，可得到一个主矢和一个主矩。主矢等于原力系中各力的矢量和，作用线通过简化中心，其大小、方向与简化中心的位置无关。主

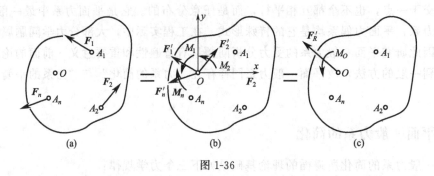

图 1-36

矩等于原力系中各力对简化中心之矩的代数和，其取值与简化中心的位置有关。

1.4.2 固定端约束

平面一般力系向某点简化的结论，可以用来说明固定端约束反力的表示方法。当物体的一端受到另一物体的固结作用，不允许其在约束处发生任何相对移动或转动时，称这种约束为**固定端约束**。固定端约束是工程上常见的一种约束类型，如车刀夹在刀架上［图 1-37（a）］，工件夹在卡盘上［图 1-37（b）］，以及管架插入墙里、塔器固定于基础上等都是固定端约束的实例。

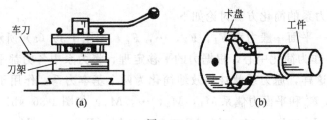

图 1-37

现在应用平面一般力系向一点简化的结论来分析固定端约束的约束反力。如图 1-38（a）所示，AB 杆的 A 端插入墙内，则插入墙内部分上每一个与墙接触的点，都将受到来自墙体的约束反力之作用，如图 1-38（b）所示，不论这些约束反力如何分布，当主动力为一平面力系时，这些反力也为平面力系。根据平面力系简化的理论，可将力系向某一点简化，得到一个力和力偶，如图 1-38（c）所示。为了便于表示，约束反力可以用两个正交分力表示，如图 1-38（d）所示。显然，约束反力 F_x 和 F_y 分别限制物体左右、上下移动，约束反力偶

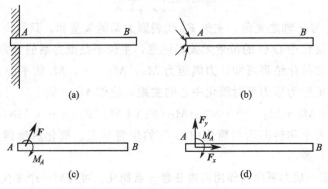

图 1-38

限制物体的转动。

1.4.3　简化结果的讨论

平面一般力系向一点简化，可得到一个主矢和一个主矩，进一步分析有可能出现以下四种情况。

（1）$F'_R \neq 0$，$M_O \neq 0$，即主矢和主矩都不等于零

根据力的平移定理的逆过程，可以将其进一步简化为一个力 F_R。简化过程如图 1-39 所示。先将力偶矩为 M_O 的力偶用两个力 F_R 和 F''_R 来表示，使 $F_R = -F''_R = F'_R$，F''_R 作用在简化中心 O，如图 1-39（a）、图（b）所示，力偶臂 d 可按下式计算：

$$d = \frac{M_O}{F_R} \tag{1-18}$$

此时，F''_R 和 F'_R 构成一对平衡力，可从力系中去掉，这样就剩下作用于 A 点的一个力 F_R，如图 1-39（c）所示，该力与原力系对刚体的作用等效，就是原力系的合力。

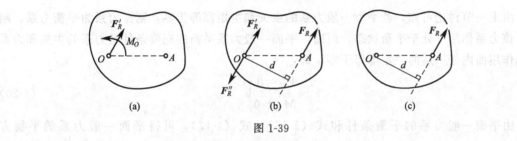

图 1-39

综上所述，当主矢和主矩都不等于零时，平面一般力系最后可简化为一个合力，其大小和方向与主矢相同，按式（1-15）和式（1-16）计算。其作用线到简化中心的距离 d 按式（1-18）计算。合力作用线在 O 点的哪一侧，可按如下方法确定：合力对 O 点之矩与主矩有相同的转向。

由图 1-39（c）可知，合力对简化中心 O 点之矩为

$$M_O(F_R) = F_R d$$

将 $d = \dfrac{M_O}{F_R}$ 代入上式，得

$$M_O = M_O(F_R)$$

再将 $M_O = \sum M_O(F)$ 代入上式，得

$$M_O(F_R) = \sum M_O(F) \tag{1-19}$$

因为点 O 具有任意性，所以式（1-19）具有普遍意义，于是得到了平面一般力系的**合力矩定理**。

定理 3（合力矩定理）　平面一般力系的合力对其作用面内任一点之矩，等于力系中各分力对同点之矩的代数和。

利用合力矩定理，有时可以使力对点之矩的计算得到简化。如图 1-40 所示，力 F 作用于 A 点，已知其大小、方向及 A 点的坐标（x，y），求该力对 O 点之矩。因为力 F 的作用线到 O 点的距离是未知的，不能

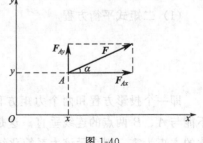

图 1-40

直接求矩。但可将力 F 分解为 F_{Ax}，F_{Ay} 两个正交分力，分别求两分力对 O 点之矩，再用合力矩定理求 F 对 O 点之矩，即：

$$M_O(\boldsymbol{F})=M_O(\boldsymbol{F}_{Ax})+M_O(\boldsymbol{F}_{Ay})=F_{Ay}x-F_{Ax}y=F\sin\alpha\ x-F\cos\alpha\ y$$

（2）$\boldsymbol{F}'_R=0$，$M_O\neq0$，即主矢等于零，主矩不等于零

表示原力系简化结果为一个合力偶，该合力偶矩等于主矩，根据力偶的性质，力偶对任一点之矩恒等于力偶矩，所以，在主矢为零的情况下，主矩就与简化中心的位置无关。

（3）$\boldsymbol{F}'_R\neq0$，$M_O=0$，即主矢不等于零，主矩等于零

表示原力系简化结果为一个合力，就是作用在简化中心的主矢。

（4）$\boldsymbol{F}'_R=0$，$M_O=0$，即主矢和主矩都等于零

表示与原力系等效的两个基本力系（平面汇交力系和平面力偶系），都分别是平衡力系，则原力系也必然是平衡力系。下面将着重来讨论平衡问题。

1.4.4　平衡条件与平衡方程

由上一节讨论可知，若平面一般力系的主矢和主矩都等于零，则原力系为平衡力系，刚体在该力系作用下处于平衡状态。所以，平面一般力系平衡的充要条件是力系的主矢和力系对其作用面内任一点的主矩都等于零，即：

$$\left.\begin{array}{l}\boldsymbol{F}'_R=0\\M_O=0\end{array}\right\}\tag{1-20}$$

由平面一般力系的平衡条件和式（1-15）、式（1-17），可得平面一般力系的平衡方程为：

$$\left.\begin{array}{l}\sum X=0\\\sum Y=0\\\sum M_O(\boldsymbol{F})=0\end{array}\right\}\tag{1-21}$$

其中，第三式常可简写为 $\sum M_O=0$。

平面一般力系平衡的解析条件是：力系中所有各力在力系作用面内任意两个直角坐标轴上投影的代数和分别等于零，所有各力对力系作用面内任意一点之矩的代数和也等于零。式（1-21）称为平面一般力系平衡方程的基本形式，它有两个投影方程和一个力矩方程，所以又称为**一矩式平衡方程**。

应当指出，投影轴和矩心是可以任意选取的。在进行平衡问题求解时，选择适当的矩心和坐标轴，可以简化计算过程。一般情况下，矩心应取在未知力的汇交点上，坐标轴应当与尽可能多的未知力的作用线相平行或垂直。

平面一般力系的平衡方程除了式（1-21）所表示的基本形式外，还有其他两种形式。

（1）二矩式平衡方程

$$\left.\begin{array}{l}\sum X=0\\\sum M_A(\boldsymbol{F})=0\\\sum M_B(\boldsymbol{F})=0\end{array}\right\}\tag{1-22}$$

即一个投影方程和两个力矩方程，其中 A、B 是力系作用面内任意两点，但坐标轴 x 不能与 A、B 两点的连线垂直。这是因为力系只要满足 $\sum M_A(\boldsymbol{F})=0$，即该力系向 A 点简化的主矩为零，则表示该力系简化结果只能是作用线通过 A 点的一个力或处于平衡。同理，

如果该力系也满足 $\sum M_B(\boldsymbol{F})=0$，则该力系简化结果只能是通过 A、B 点连线的一个力或处于平衡。若该力系又同时满足 $\sum X=0$，而 x 轴又不与 A、B 连线垂直，则该力系就不可能简化为合力，只能处于平衡。

（2）三矩式平衡方程

$$\left.\begin{array}{l}\sum M_A(\boldsymbol{F})=0\\[2pt]\sum M_B(\boldsymbol{F})=0\\[2pt]\sum M_C(\boldsymbol{F})=0\end{array}\right\}\tag{1-23}$$

该方程组的应用条件为：A、B、C 分别为某力系作用面内不共线的三点。作为练习，这一结论读者可参照上述对二矩式方程的论证过程自行证明，此处不再赘述。

以上三组平衡方程式（1-21）～式（1-23）都可以用来求解平面一般力系的平衡问题，通过选择适当的平衡方程形式，可以使计算过程得以简化。

需要注意的是，平面一般力系平衡时，力系中各力对其作用面内任意坐标轴投影的代数和以及对任意点之矩的代数和都等于零，即可以列出无限多个方程，但是其中只有三个是独立的平衡方程，因此只能求解三个未知量。任何第四个方程都不是独立的，但可以用来校核计算结果。

用平面一般力系的平衡方程可以推导出平面汇交系、平面力偶系、平面平行力系等平面特殊系的平衡方程，读者可自行练习推导。

下面通过实例分析来进一步说明求解平面一般力系平衡问题的方法与步骤。

例 1-9　用平面一般力系的平衡方程求解例 1-5。

解　（1）确定研究对象，画受力图

将储罐与托架 AC 一起作为研究对象，如图 1-41 所示。与例 1-5 不同，A 处之约束反力用一对垂直的正交分力 $\boldsymbol{F}_{Ax}$、$\boldsymbol{F}_{Ay}$ 来表示。这样，本题中有三个未知量 $\boldsymbol{F}_{Ax}$、$\boldsymbol{F}_{Ay}$、$\boldsymbol{F}_B$，可用平面一般力系的三个平衡方程求解。

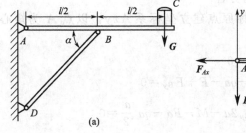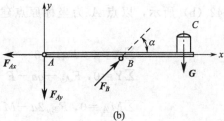

图 1-41

（2）建立坐标系，选取矩心，列平衡方程

如图 1-41（b）所示，以 A 点为原点建立一直角坐标系，使 y 轴竖直向上，与较多的力平行；以 A 点为矩心，以消除较多的未知量，使力矩方程简单。三个平衡方程如下：

$$\sum M_A=0,\ F_B\sin\alpha\times\frac{l}{2}-Gl=0$$

$$\sum X=0,\ F_B\cos\alpha-F_{Ax}=0$$

$$\sum Y=0,\ F_B\sin\alpha-F_{Ay}-G=0$$

由几何关系可得：

$$\sin\alpha = \cos\alpha = \frac{1}{\sqrt{2}}$$

（3）解方程组

求解以上方程组，并考虑到几何关系，可得

$$F_B = 2\sqrt{2}G, \ F_{Ax} = 2G, \ F_{Ay} = G$$

在工程问题中，A 处反力只需求出 F_{Ax}、F_{Ay} 即可，不需要求其合力。可以验证，其合力与例 1-5 中相同。

例 1-10 图 1-42（a）所示的水平横梁 AB，B 端为可动铰链支座，A 端为固定铰链支座。梁的跨距为 $2a = 4m$，在 AB 中点作用集中力 $F = 2kN$，在梁的 BC 段上受矩为 $M = 4kN \cdot m$ 的力偶作用，在 AC 段上受均布载荷 $q = 2kN/m$ 作用。求支座 A、B 处的约束反力。

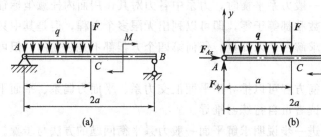

图 1-42

解 （1）确定研究对象，画受力图

以横梁 AB 为研究对象，作用在梁上的主动力有集中力 F，均布载荷 q 和矩为 M 的力偶；约束反力有支座 A 处的两个正交分力 F_{Ax}、F_{Ay}，支座 B 处垂直向上的约束反力 F_{By}。受力图如图 1-42（b）所示。

（2）建立坐标系，选取矩心，列平衡方程

如图 1-42（b）所示，以点 A 为坐标原点建立坐标系 Axy，以点 A 为矩心，列平衡方程：

$$\sum X = 0, \ F_{Ax} = 0$$

$$\sum Y = 0, \ F_{Ay} - qa - F + F_{By} = 0$$

$$\sum M_A = 0, \ F_{By} 2a - M - Fa - qa\frac{a}{2} = 0$$

（3）解上述方程组，可得

$$F_{Ax} = 0, \ F_{Ay} = 3kN, \ F_{By} = 3kN$$

方向如图 1-42（b）所示。

例 1-11 图 1-43（a）所示的升降操作台，自重 $G_1 = 10kN$，工作载荷 $F = 6kN$。软绳绕过滑轮 E 在 O 点与操作台连接，其末端挂有重为 G 的重物。装在操作台边上的两轮 A、B 可以使操作台沿轨道上下滚动。在不计摩擦的情况下，求软绳的拉力和作用在 A、B 两轮上的约束反力。

解 （1）确定研究对象，画受力图

取操作台为研究对象，受力图如图 1-43（b）所示，作用在操作台上的主动力即已知力有操作台的自重 G_1 和工作载荷 F，约束反力有软绳的拉力 F_1、A 轮约束反力 F_A 和 B 轮约

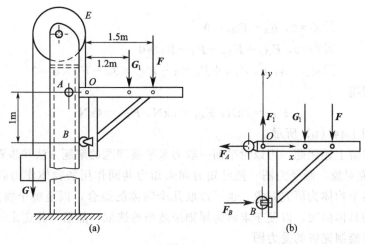

图 1-43

束反力 F_B。

（2）建立坐标系，选取矩心，列平衡方程

如图 1-43（b）所示，以点 O 为坐标原点建立坐标系 Oxy，以点 O 为矩心，列平衡方程：

$$\sum Y = 0,\ F_1 - F - G_1 = 0$$

$$\sum X = 0,\ F_B - F_A = 0$$

$$\sum M_O = 0,\ F_B \times 1 - G_1 \times 1.2 - F \times 1.5 = 0$$

（3）解上述方程组，可得

$$F_1 = 16\text{kN},\ F_A = F_B = 21\text{kN}$$

各力的方向如图 1-43（b）所示。

例 1-12 图 1-44（a）所示为某减速器齿轮轴的结构。其中，轴 A 端用径向轴承支承，B 端用止推轴承支承。作用在齿轮轴上的主动力有圆柱齿轮上的垂直作用力 F_1，伞形齿轮（即圆锥齿轮）上的水平力作用 F_2 和垂直作用力 F_3。已知，$F_1 = F_2 = 2\text{kN}$，$F_3 = 4\text{kN}$。试求 A、B 两支座的约束反力。

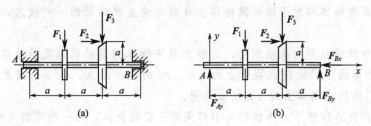

图 1-44

解 （1）确定研究对象，画受力图

取齿轮及齿轮轴为研究对象，轴 A 端的径向轴承只约束其垂直方向的移动，简化为可动铰链支座；轴 B 端的止推轴承能够约束其水平和垂直两个方向的移动，可简化为固定铰链支座，其受力图如图 1-44（b）所示。

（2）建立坐标系，选取矩心，列平衡方程

如图 1-44（b）所示，以点 A 为坐标原点建立坐标系 Axy，以点 B 为矩心，列平衡方程：

$$\sum X = 0, \ F_2 - F_{Bx} = 0$$
$$\sum Y = 0, \ F_{Ay} + F_{By} - F_1 - F_3 = 0$$
$$\sum M_B = 0, \ F_1 \times 2a + F_3 \times a - F_{Ay} \times 3a - F_2 \times a = 0$$

（3）解方程组

$$F_{Ay} = 2\text{kN}, \ F_{Bx} = 2\text{kN}, \ F_{By} = 4\text{kN}$$

各力的方向如图 1-44（b）所示。

通过分析求解上述例题，可以对平面一般力系平衡问题的解题方法和步骤小结如下。

① 确定研究对象，画受力图　把已知力和未知力共同作用的物体作为研究对象，既可以取物系中的某个物体为研究对象，也可以取几个物体的组合，以至整个物系为研究对象，这要根据问题的具体情况，以便于求解为原则来适当地选取。然后，将选定的研究对象从物系中分离出来并绘制完整的受力图。

② 建立坐标系，选取矩心，列平衡方程　在列平衡方程之前，首先要确定力的投影坐标系和矩心的位置。在建立坐标系时应使坐标轴的方位尽量与较多的力平行或垂直；在选取矩心时，应尽量选在几个未知力作用线的交点上。这样做可使单个方程中未知量的个数减少，便于求解。同时要注意在计算力矩时，如果某个力的力臂不容易计算，而它的正交分力的力臂容易求得，则可以利用合力矩定理计算。在解具体问题时，应根据已知条件和便于解题的原则，选用平衡方程的一种形式。

俗话说，熟能生巧。相信读者按照这些原则，再加以必要的习题训练，定能有更加深刻的认识和体会。这也恰好体现了实践的重要性，希望读者在学习过程中能够引起足够重视！

③ 解平衡方程，求出未知量　解方程时，在可能的情况下，应尽量利用一个方程解一个未知量，以避免解联立方程组。这一点在建立平衡方程时就应预先注意到。

本章小结

（1）静力学是研究物体在力系作用下平衡规律的一门科学

具体包括三个方面：物体的受力分析；力系的简化；力系的平衡条件。

（2）静力学基本概念

① **平衡**　是指物体相对于地面保持静止或做匀速直线运动的一种状态，是物体机械运动的特殊形式。

② **力**　是物体间相互的机械作用，这种作用使物体的运动状态发生改变，或使物体产生变形。力对物体的作用效应取决于力的大小、方向和作用点，这三个因素称为力的三要素。力是矢量，作用在刚体上的力是滑动矢量。

③ **刚体**　在外力作用下，形状和大小都保持不变的物体，是一种理想化的力学模型。

（3）静力学基本公理

ⅰ.二力平衡公理说明了刚体在两个力作用下的平衡条件，是刚体平衡最基本的规律，是一切力系平衡的基础。

ⅱ.加减平衡力系公理说明了力系等效替换的条件，是力系简化的重要理论依据。加减平衡力系公理和力的可传性原理只适用于刚体。

ⅲ.力的平行四边形公理说明了作用在一个物体上两共点力的合成法则，是共点力合成的基本方法，是力系简化的基础。

ⅳ．作用与反作用定律说明了物体间的相互作用关系，说明了力总是成对出现的。

ⅴ．刚化原理提供了把变形体视为刚体模型的条件，把刚体静力学与变形体静力学两者互相联系了起来。

（4）约束与约束反力

限制或阻碍非自由体运动的物体就称为约束。约束对非自由体施加的力称为约束反力。约束反力的方向与非自由体被该约束所限制的运动方向相反。

工程上常见的约束类型：柔性体约束、光滑面约束、光滑圆柱铰链约束、固定端约束。

（5）物体受力分析与受力图

画受力图首先要明确研究对象，解除约束，取分离体，在分离体上画出所有的主动力和约束反力。画受力图的整个过程称为物体的受力分析。

（6）平面汇交力系的简化与平衡

① 几何法　利用力多边形法则求合力，合力作用线通过各分力的汇交点，其矢量和为

$$F_R = F_1 + F_2 + \cdots + F_n = \sum F$$

若该力多边形自行封闭，则该力系平衡。

② 解析法　根据合力投影定理，利用各分力在坐标轴上投影的代数和，求得合力的大小和方向为

$$F_R = \sqrt{F_{Rx}^2 + F_{Ry}^2} = \sqrt{(\sum X)^2 + (\sum Y)^2}$$

$$\tan\alpha = \frac{F_{Ry}}{F_{Rx}} = \frac{\sum Y}{\sum X}$$

平面汇交力系的平衡方程为

$$\sum X = 0, \quad \sum Y = 0$$

（7）力对点之矩

用力的大小与力臂的乘积并加上适当的正负号表示力对点之矩，简称为力矩。力矩是力使物体绕矩心转动效应的度量，其值与矩心的位置及力的大小有关。

力矩可以用以下两种方法求得。

ⅰ．用定义式求：　　　　　　$M_O(F) = \pm Fd$

ⅱ．用合力矩定理求：　　　　$M_O(F_R) = \sum M_O(F)$

（8）平面力偶系的简化与平衡

① 力偶与力偶矩　所谓力偶就是作用在物体上大小相等、方向相反、作用线相互平行且不共线的两个力组成的特殊力系。力偶对物体只有转动效应而无移动效应。力偶中力的大小与力偶臂的乘积并加上适当的正负号称为力偶矩，它是力偶对物体转动效应的度量，其大小与矩心的位置无关。作用于同一刚体上的两个力偶等效的条件是两个力偶的力偶矩相等。

② 平面力偶系的简化与平衡　平面力偶系简化的结果为一合力偶，合力偶矩等于各分力偶矩的代数和

$$M = M_1 + M_2 + \cdots + M_n = \sum M_i$$

平面力偶系平衡的充要条件是所有各分力偶矩的代数和等于零，即

$$\sum M_i = 0$$

（9）力的平移定理

作用在刚体上的力，可以平移到刚体内任意指定点，要使原力对刚体的作用效果不变，必须同时附加一个力偶，此附加力偶的力偶矩等于原力对指定点之矩。

（10）平面一般力系的简化与平衡

平面一般力系向其作用面内任意一点简化，可得到一个主矢和一个主矩。主矢等于原力系中各力的矢量和，作用线通过简化中心，其大小、方向与简化中心的位置无关。主矩等于原力系中各力对简化中心之矩的代数和，其取值与简化中心的位置有关。

平面一般力系的平衡方程

$$基本形式\begin{cases}\sum X=0\\\sum Y=0\\\sum M_O(F)=0\end{cases}\qquad 二矩式\begin{cases}\sum X=0\\\sum M_A(F)=0\\\sum M_B(F)=0\end{cases}\qquad 三矩式\begin{cases}\sum M_A(F)=0\\\sum M_B(F)=0\\\sum M_C(F)=0\end{cases}$$

其中，二矩式中坐标轴 x 不能与 A、B 两点的连线垂直；三矩式中 A、B、C 为力系作用面内不共线的三点。

思 考 题

（1）试举例分析说明力的属性（或者要素），并说明其物理意义。另外，为什么要把力按矢量处理呢？

（2）比较"作用力-反作用力"和"二力平衡"概念的异同点，并指出其本质上的差别是什么？

（3）谈谈你对力学中刚体概念的认识。什么情况下可以将物体按照刚体来对待？什么情况下则不可以？

（4）如何正确理解：在刚体上力是滑动矢量，而在变形体上则是固定矢量？

（5）何为力的内效应？什么又是它的外效应？

（6）由平面一般力系的平衡条件可否推断出平面汇交力系、平面力偶系等的平衡方程？试自行练习。

习 题

1-1 两钢球重量分别为 G_1 和 G_2，用软绳将其挂在天花板上，如图 1-45 所示。试分别画出以下物体的受力图：（1）小球；（2）大球；（3）大球、小球合在一起。

1-2 如图 1-46 所示梯子，在 B 点处以光滑铰链连接，在 D、E 两点用水平绳连接。梯子放在光滑的水平面上，自重不计。在 H 点处作用一主动力 F。分别画出绳子 DE、梯子 AB、BC 两部分及整个系统的受力图。

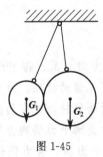

图 1-45

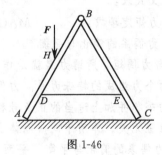

图 1-46

1-3 画出图 1-47 中各个物体的受力图，所有接触处均为光滑接触。没有画出重力 G 的物体自重不计。

1-4 画出图 1-48 所示组合梁中各段梁及其整体的受力图。

1-5 如图 1-49 所示，某炼油厂塔器在安装时竖起的过程中，下端放置在基础上，C 处以钢丝绳拉住，B 处也系以钢丝绳，并通过定滑 D 轮连接到卷扬机 E 上，设塔重为 G，试画出塔器处于图示位置时的受力图。

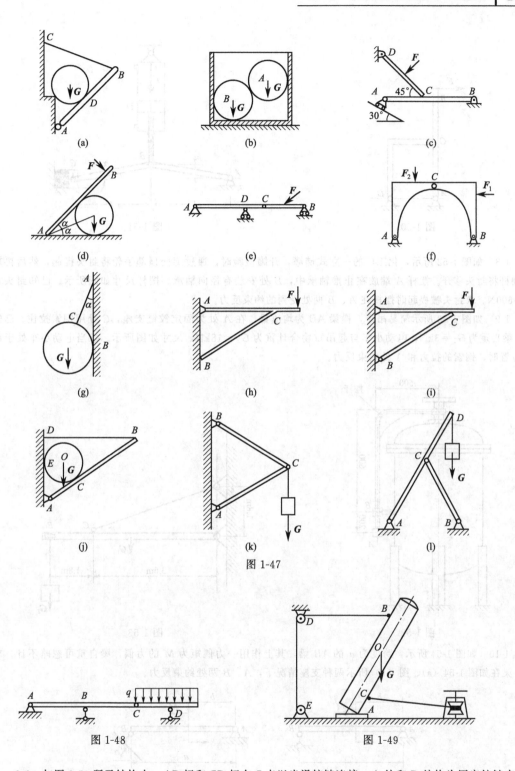

图 1-47

图 1-48

图 1-49

1-6 如图 1-50 所示结构中，AB 杆和 CD 杆在 C 点以光滑铰链连接，A 处和 D 处均为固定铰链支座。杆 AB 在 B 点受主动力 **F** 作用，两杆自重不计。试画出 AB、CD 杆及整个系统的受力图。

1-7 如图 1-51 所示压榨机构中，AB 杆和 BC 杆的长度相等，且两杆自重不计。已知 A、B、C 三处均为光滑铰链连接，活塞 D 上所受油缸内液体总压力为 F＝5kN，h＝200mm，l＝1500mm。求 AB 杆所受的压力及压块 C 对工件与地面的压力。

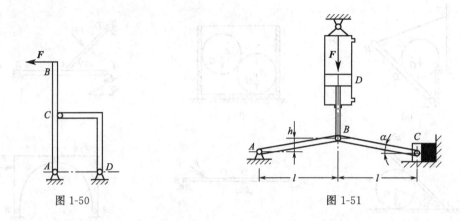

图 1-50　　　　　　　　　　　图 1-51

1-8　如图 1-52 所示，化工厂的一立式储罐，开罐检验时，通过旋松顶部手轮将封头提起，然后再旋转摆杆将封头移开。摆杆 A 端放在止推轴承中，B 处安装有径向轴承。摆杆尺寸如图所示。已知封头重 $G=600$N。求封头被提起时摆杆在 A、B 两处受到的约束反力。

1-9　如图 1-53 所示简易吊车，横梁 AB 为均质梁，在 A 处为固定铰链支座，C 处用钢索拉住。已知 AB 梁自重为 $G_1=3$kN，电动小车与起吊重物合计重为 $G_2=18$kN，尺寸如图所示。求当电动小车处于图示位置时，钢索的拉力和 A 处约束反力。

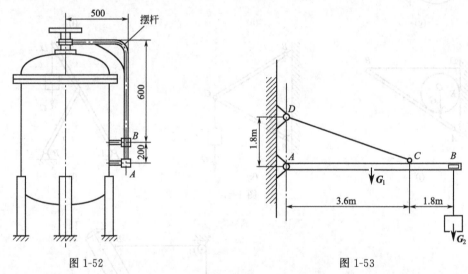

图 1-52　　　　　　　　　　　图 1-53

1-10　如图 1-54 所示，跨度为 a 的 AB 梁，其上作用一力偶矩为 M 的力偶，梁自重可忽略不计。求 AB 梁在如图 1-54（a）、图（b）所示两种支座情况下，A、B 两处约束反力。

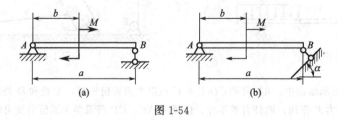

图 1-54

1-11　如图 1-55 所示，运料小车由钢丝绳牵引，沿斜面轨道匀速上升，已知小车重 $G=10$kN，钢丝绳与斜面轨道平行，夹角 $\alpha=30°$，$a=1$m，$b=0.3$m，摩擦力可以忽略不计。求钢丝绳的拉力及轨道对车轮的约束反力。

1-12　如图 1-56 所示为某石化厂在起吊中的一台反应器，为了不破坏栏杆，在 O 点处施加一水平力 F。已知反应器重 $G=40$kN，求反应器处于图示位置时水平力 F 的大小和绳子的拉力 F_1。

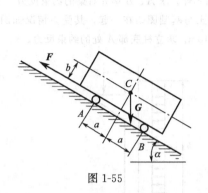

图 1-55

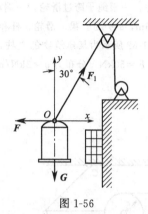

图 1-56

1-13　求图 1-57（a）、图（b）两种约束及受力情况下 AB 梁的支座反力。已知 $F=4$kN，$M=2$kN·m，$q=4$kN/m，$a=0.5$m。

1-14　如图 1-58 所示为一建筑工地上常用的简易起吊装置，已知被起吊重物重 $G=50$kN，$AB=1$m，$CD=4$m，支架自重可忽略不计。求 A、B 处约束反力。

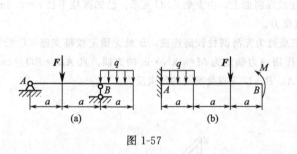

图 1-57

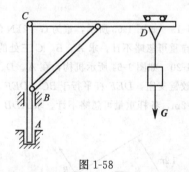

图 1-58

1-15　如图 1-59 所示的受力钢架 AB，在 A 处为固定端约束。已知主动力 $F=4\sqrt{2}$kN，$q=2$kN/m，$M=8$kN·m，钢架自重可忽略不计。试求 A 处约束反力。

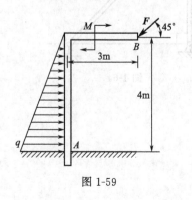

图 1-59

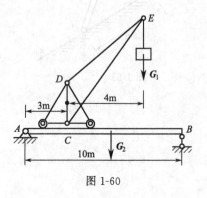

图 1-60

1-16　均质梁 AB 上铺设有起重机轨道，如图 1-60 所示。已知起重机重 40kN，重心在垂直线 CD 上，

欲起吊货物重 $G_1=15$kN，梁自重 $G_2=20$kN，尺寸如图所示。当起重机处于图示位置作业时，起重机悬臂和梁 AB 位于同一铅垂面内（共面）。求支座 A、B 处的约束反力。

1-17　如图 1-61 所示，水平梁 AB 由固定铰链支座和 BC 杆支撑。在梁上 D 点用圆柱销钉安装一半径 $r=0.15$m 的滑轮。一根绳子跨过滑轮，一端水平系于墙上，另一端悬挂重为 $G=2$kN 的重物。已知 $AD=0.3$m，$BD=0.6$m，$\alpha=45°$。梁、滑轮、杆和绳子的自重可忽略不计。求 A、B 两处对梁的约束反力。

1-18　如图 1-62 所示为某建筑物的立柱，立柱底部用混凝土与基础固结在一起，其受力情况如图所示。已知铅垂力 $F=50$kN，分布力 $q=2$kN/m，$e=0.8$m，$h=10$m。求立柱底部 A 处的约束反力。

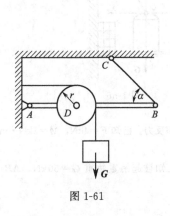

图 1-61

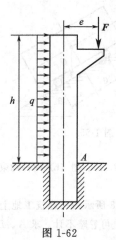

图 1-62

1-19　如图 1-63 所示，重为 $G=2$kN 的圆柱放在斜面上，由支架 ABC 支承。已知圆柱半径 $r=0.5$m，支架自重可忽略不计。求 A、B、C 三处的约束反力。

1-20　如图 1-64 所示机构，在 A、D、E 三点处为光滑圆柱铰链连接，B 处为固定铰链支座，C 处为可动铰链支座，DEF 杆平行于 BC。DEF 杆上作用一力偶矩为 $M=1$kN·m 的力偶，且 $AD=BD=1$m，$BC=2$m，各杆重量可忽略不计。求 ADB 杆在 A、B、D 三点处所受的约束反力。

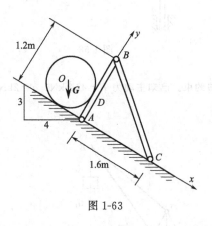

图 1-63

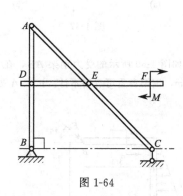

图 1-64

第2章

轴向拉伸与压缩

2.1 引言

前已述及，研究力对物体作用的外效应是分析其对物体作用内效应的基础。第1章着重介绍了静力学的基本内容，研究构件的受力分析及其平衡规律，进而掌握了构件平衡时外力（载荷与约束反力）的求解方法。本章将在静力分析的基础上深入讨论构件在外力作用下产生的内效应，即研究构件在外力作用下导致其产生变形甚至破坏的力学规律。主要内容可概括为三个方面：构件的强度、刚度和稳定性。主要的变形形式包括：**拉伸、压缩变形；剪切、扭转变形；弯曲变形**以及上述基本变形的**组合变形**。这些问题均属于材料力学研究的范畴。

固体力学中，将工程机械、结构物、机器或设备中的每一个基本组成部分称为构件。当这些机器或设备工作时，每个构件都将承受一定的外力，即受到载荷的作用。构件所能承受的外力是有限度的，超过一定的限度，构件就会丧失正常功能，这种构件在外力作用下丧失正常功能的现象称为**失效**或**破坏**。构件的失效形式很多，但工程力学范围内的失效通常可分为三类：强度失效、刚度失效和稳定性失效。

强度是指构件在外力作用下抵抗显著塑性变形或断裂的能力。构件在外力作用下可能断裂，也可能发生不可恢复的塑性变形，这两种情况都属于**强度破坏**或**强度失效**。构件正常工作需具备足够的强度，这类条件称为**强度条件**。

刚度是指构件在外力作用下抵抗发生过大弹性变形或弹性位移的能力。**刚度失效**是指构件在外力作用下发生过量的弹性变形或弹性位移。

在静力学中，把构件视为刚体，而在工程实际中，刚体是不存在的，构件在外力作用下会发生变形。构件的变形分为两种：一种是除去外力后可自行消失的变形，称为**弹性变形**；另一种是除去外力后不能消失的变形，称为**塑性变形**。构件在正常工作时是不允许发生塑性变形的。很多构件在工作时对弹性变形也有一定的要求，如机床主轴变形过大会降低加工精度，车辆减振器弹簧变形过小起不到缓冲作用等。这类构件除了应满足强度条件外，还应具有一定的刚度，把变形控制在要求范围以内，这类条件称为**刚度条件**。

稳定性是指构件在外力作用下保持其原有平衡形式的能力。在一定外力作用下，构件突然发生不能保持其原有平衡形式的现象，称为**稳定性失效**，简称为**失稳**。构件工作时产生失稳会导致结构或设备的整体或局部坍塌，这在工程实际中是不允许的。保证构件维持稳定平衡需要满足的条件，称为**稳定性条件**。

设计构件时，首先必须保证构件的安全性，即保证构件具有足够的强度、刚度和稳定性。同时，要充分考虑到技术经济性，应该以最经济、合理的方案保证构件的使用、运行安全可靠。因此，材料力学的任务是：研究构件受力、变形的规律以及材料的力学性能，从而建立使构件满足强度、刚度和稳定性要求所需的条件，在保证构件具有足够强度、刚度和稳定性前提下，为设计既安全可靠又经济适用的构件提供必要的理论基础和科学的计算方法。

化工、石化、炼油等流程型工业中常用的压力容器和化工设备以及其他工程结构中，组成这些容器、设备或者结构物的构件，其基本形式可归纳为杆、板、壳三类，其中最简单、最常见的形式是杆件。所谓**杆件**，就是长度尺寸远大于横截面尺寸的构件。如传动轴、梁、立柱等。如果杆的轴线为直线，且各横截面尺寸都相等，称这种杆件为**等截面直杆**。由于等截面直杆在工程实际中应用最为广泛，所以它是材料力学研究的主要对象，也是这里的主要研究对象。

构件在不同外力的作用下，会产生相应的变形。其基本变形形式有轴向拉伸与压缩、剪切、扭转和弯曲四种。复杂的变形可以看作是上述四种基本变形的组合，称为组合变形。本章首先讨论轴向拉伸与压缩问题。

2.2　拉伸与压缩的基本概念

在工程实际中，有很多构件在外力作用下产生轴向拉伸或压缩变形。例如图 2-1（a）所示的悬臂吊车中，杆 AB 是承受拉伸的构件，杆 AC 是承受压缩的构件。又如图 2-1（b）所示的化工厂常见立式压力容器或储罐支座的立柱，图 2-1（c）所示空气压缩机或发动机曲柄连杆机构中的连杆，图 2-1（d）所示法兰连接中紧固法兰用的螺栓，图 2-1（e）所示油压千斤顶的顶杆，图 2-1（f）所示液压传动机构中油缸的活塞杆等，都可以看作是受轴向拉伸或压缩的直杆。

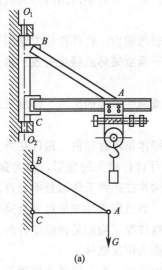

(a)

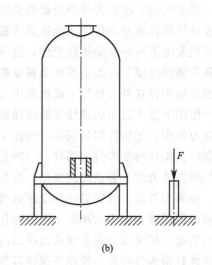

(b)

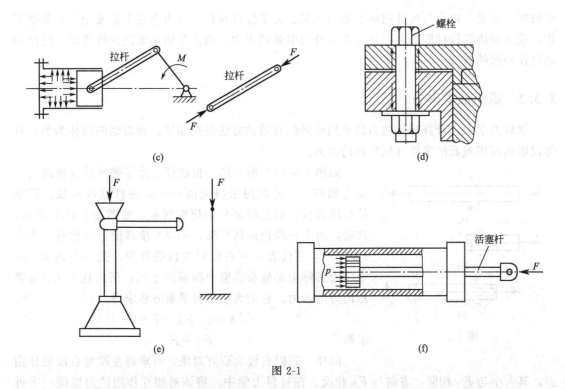

图 2-1

这些受拉伸或受压缩的杆件虽然外形各有差异，加载方式也不尽相同，但它们的共同特点是：作用于杆件上外力合力的作用线与杆件轴线重合，杆件的变形是沿轴线方向的伸长或缩短。杆件的这种变形形式称为**轴向拉伸**或**轴向压缩**。受轴向拉伸或轴向压缩的杆件都可以简化为如图 2-2 所示的力学模型，以此作为计算简图来进行研究。图中虚轮廓线表示杆件变形前的形状。通常将承受轴向拉伸的杆称为**拉杆**，轴向压缩的杆称为**压杆**。

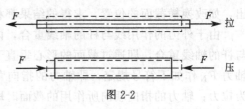

图 2-2

2.3 物体的内力 截面法

2.3.1 内力的概念

为了对拉压杆进行强度计算，首先介绍内力的概念及其计算方法。构件在不受外力作用时，其内部各质点之间就有相互作用的力，也就是构件内部原本就存在内力（原始内力）。当构件在外力作用下发生变形时，其内部各质点之间的相对位置要发生改变（即质点被迫离开其原来的平衡位置），伴随这种改变，各质点之间原有的相互作用力也必然跟着发生变化。这种由于外力作用而引起的各质点之间相互作用力的改变量，称为"附加内力"，简称**内力**。工程力学中的内力专指由外力引起的构件内部的相互作用力。

显然，内力总是伴随着构件的变形而产生，同时也具有抵抗外力、阻止其使构件进一步变形，而且在外力去除后使构件变形消失的特性。构件的内力是由外力引起的，并随外力的增加而增加。对某一材料来说，内力的增大是有一定限度的，如果超过了这个限度，构件就要破坏，可见，内力与构件的强度密切相关。为了保证构件在外力作用下能安全、正常地工作，就必须研究构件的内力，并计算由外力引起的内力。内力分析是解决构件强度、刚度和稳定性问题的基础。

2.3.2 截面法求内力

材料力学中，计算杆件内力最常用也是最有效的方法是截面法。现以轴向拉伸为例，具体说明如何用截面法求拉（压）杆的内力。

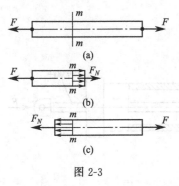

图 2-3

如图 2-3（a）所示的一根拉杆。为了确定其横截面 m—m 上的内力，可假想沿横截面 m—m 将杆截成两段。若拿掉右段部分，取左段部分为研究对象，如图 2-3（b）所示。这时，由于左段仍保持平衡，所以在横截面上必然有一个力 F_N 作用，它代表了杆右段对左段的作用，是一个内力。由于内力实际上是分布在整个横截面上的，所以这个力 F_N 表示内力的合力。它的大小可由平衡方程求得：

$$\sum X = 0, \quad F_N - F = 0$$

求得：

$$F_N = F$$

同样，若以右段为研究对象，可求得左段对右段的作用力，其大小与 F_N 相同，方向与 F_N 相反。在材料力学中，将该对相互作用的力以同一字母命名，如图 2-3（c）所示。因此在求内力时，可取截面两侧的任一段来研究。同时不难看出，如改换横截面的位置，求得的结果都相同，可见此杆各横截面上的内力是相同的。

由于外力的作用线与杆的轴线重合，内力与外力平衡，所以内力的合力 F_N 的作用线也与杆的轴线重合，即通过截面的形心垂直于横截面，称其为**轴力**。为了区别拉伸和压缩，对轴力 F_N 作如下符号规定，即轴力的指向背向所作用的截面时取正号（外法线方向），也称为拉力；轴力的指向朝向所作用的截面时取负号（内法线方向），也称为压力。

上述这种求内力的方法称为**截面法**，它是求内力的普遍方法，在其他各种基本变形中也可应用截面法来求内力。为便于读者掌握其要领，现将截面法求内力的主要步骤归纳如下：

ⅰ. 在欲求内力的截面处，用一假想平面（即截面）将杆件一分为二；

ⅱ. 取其中任一段做为研究对象，而把另一段对该段的作用以内力代替并画在截面上，使其与作用在该段上的外力相平衡；

ⅲ. 列静力平衡方程求内力。

以上讨论的是杆件在沿轴线方向仅有两个外力作用时的情形，两外力作用点之间的各横截面上轴力是处处相等的，即轴力不随横截面位置的变化而变化，是常量。当杆件沿轴线上作用的外力多于两个时，轴力的求解应分段进行，在不同段内，轴力是不同的。为了形象地表示杆件轴力与横截面位置的关系，可选定一个力的比例尺，用平行于杆轴线的坐标表示其横截面的位置，用垂直于杆轴线的坐标表示横截面上轴力的数值，从而画出表示轴力与横截面位置关系的图，称此图为**轴力图**。下面举例说明轴力的具体求法及轴力图的绘制方法。

例 2-1 如图 2-4（a）所示为一厂房的立柱，其上作用有屋顶传来的力 $F_1 = 200\text{kN}$，以及两边吊车梁传来的力 $F_2 = 100\text{kN}$。求立柱在横截面 1—1、2—2 上的轴力，并作立柱的轴力图。

解 （1）用截面法求 1—1、2—2 截面上的轴力

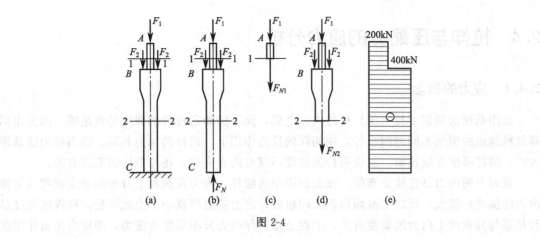

图 2-4

先求横截面 1—1 上的轴力。为此，用截面法将立柱沿 1—1 横截面截成两段。取上段为分离体，受力图如图 2-4 (c) 所示，由平衡方程 $\sum Y=0$，得

$$-F_{N1}-F_1=0$$

即

$$F_{N1}=-F_1=-200\text{kN}$$

显然，在立柱的 AB 段各截面上的内力都相同，均为 -200kN，为压力。

同理，求横截面 2—2 上的轴力，用截面将立柱沿 2—2 横截面截开，仍取上段为研究对象，受力图如图 2-4 (d) 所示，由平衡方程 $\sum Y=0$，得

$$-F_{N2}-F_1-2F_2=0$$

则

$$F_{N2}=-F_1-2F_2=-400\text{kN}$$

在立柱 BC 段各横截面上的内力都相同，均为 -400kN，为压力。其实，也可以从图 2-4 (b)所示的立柱的底段求取轴力。不过，这样的话就须先把整个立柱作为分离体，解除基础对其的约束，求出立柱的约束反力 F，再分别按规定截面取分离体逐步求解对应的轴力。显然，这种思路相对来说比较复杂，但结果是一致的。

(2) 画轴力图

选取一个坐标系，其横坐标表示横截面的位置，纵坐标表示轴力的大小，于是得到如图 2-4 (e) 所示的轴力图。由图可见，绝对值最大的轴力在 BC 段内，其值为

$$F_{N\text{max}}=400\text{kN}$$

此处需要提醒的是，读者在画轴力图时，建议将其与原计算简图上下（左右）相对应一致（比如就画在原力学模型图的正下方适当位置），这样便于使杆件横截面上轴力的大小一目了然。另外，在轴力图中，将拉力画在 x 轴的上侧（y 轴的左侧），压力画在 x 轴的下侧（y 轴的右侧），这样，轴力图不仅显示出杆件各段轴力的大小，而且还可以表示出各段内的变形是拉伸还是压缩。

由例 2-1 不难看出，在应用截面法求内力时，将未知轴力均假设为拉力，这样可使计算结果中的正负号具有双重含义，既表明该轴力所设指向是否正确，又表明该轴力是拉力还是压力。

2.4 拉伸与压缩时的应力分析

2.4.1 应力的概念

在用截面法确定了拉（压）杆的内力之后，尚不能断定杆件的强度是否足够。因为用同样材料制成的粗细不同的两根杆，在相同的拉力作用下，两杆的轴力相同。但当拉力逐渐增大时，细杆必然先被拉断。这说明杆的强度不仅与内力有关，还与截面的面积有关。

截面上的内力是连续分布的。截面面积小的细杆，内力在截面上分布的密集程度（简称内力的**集度**）就大；反之，截面面积大的粗杆，内力的集度就小。由此可见，杆件的强度是否足够与其截面上内力的集度有关。工程上通常称内力分布集度为**应力**，即应力是指作用在单位面积上的内力值。

通常情况下，杆件横截面上的应力不一定是均匀分布的，为了表示截面上某点 C 处的应力，围绕点 C 取一微元面积为 ΔA，设 ΔF 是作用在微面积 ΔA 上的内力，如图 2-5（a）所示。则 ΔF 与 ΔA 的比值称为作用在 ΔA 面积上的**平均应力**，用 p_m 表示，即

$$p_m = \frac{\Delta F}{\Delta A} \tag{2-1}$$

当内力在截面上均匀分布时，则点 C 处的应力即为 p_m；当内力分布不均匀时，平均应力 p_m 的值将随 ΔA 的变化而变化，它不能确切地反映点 C 处内力的集度。只有当 ΔA 无限地缩小并趋近于零时，p_m 的极限 p 才能代表点 C 处的内力集度，故称 p 为截面上点 C 处的应力。用公式表示为

$$p = \lim_{\Delta A \to 0} \frac{\Delta F}{\Delta A} \tag{2-2}$$

显然，准确地说，应力是单位面积上的内力，它表示内力在某点的集度。知道了截面上各点的应力，那么，整个截面上应力的分布状况便可一目了然。

在式（2-2）中，ΔF 是矢量，而且不一定与截面垂直。所以 p 也是矢量，也不一定与截面垂直。p 称为截面在点 C 处的总应力，它可以分解为垂直于横截面的应力 σ 和平行于横截面的应力 τ，如图 2-5（b）所示。力学中将 σ 称为正应力，将 τ 称为切应力。在国际单位制中，应力的单位为牛顿/米^2（N/m^2），又称为帕斯卡（简称帕 Pa）。在实际应用中 Pa 这个单位太小，往往取 10^6 Pa 即 1MPa（兆帕）为应力单位，其物理含义可以理解为在每平方毫米面积上作用 1 牛顿力时所产生的应力之大小。即 $1MPa = 10^6 Pa = 1N/mm^2$。

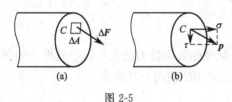

图 2-5

在工程单位制中应力的单位是千克力/厘米^2（kgf/cm^2）。两种单位制中应力的换算关系为

$$1kgf/cm^2 = \frac{9.8N}{100mm^2} \approx 0.1MPa$$

2.4.2 轴向拉压时横截面上的应力

为了确定拉压杆横截面上的应力，必须了解内力在其横截面上的分布规律。由于内力与

变形是相关联的，因此，可由杆件的变形来研究内力分布规律。下面通过实验观察来研究轴向拉伸与压缩时杆件的变形，从而得出其内力分布规律。

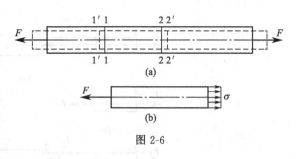

图 2-6

现以等直杆拉伸为例。为了便于观察杆件受拉时的变形现象，拉伸前，在图 2-6（a）所示的杆上画出两条垂直于杆轴线的横向线 1—1 和 2—2 以代表两个横截面。当杆受到拉力 F 作用而产生轴向拉伸变形时，可以看到横向线 1—1 与 2—2 仍为直线，且仍然垂直于杆件轴线，只是间距增大，分别平移至图示 $1'—1'$ 与 $2'—2'$ 位置。

根据以上试验中观察到的现象，可以作出一个重要的假设：杆件变形前为平面的横截面在变形后仍为平面，且仍然垂直于变形后的轴线，这个假设称为**平面假设**。平面假设是材料力学分析问题的一个重要假设。

进一步设想杆件是由许多纵向纤维组成的。那么，根据平面假设可以推断：当杆件受到轴向拉伸（压缩）时，自杆件表面到内部所有纵向纤维的伸长（缩短）都相同。由此可以得出以下结论：应力在横截面上是均匀分布的（即横截面上各点的应力大小相等），应力的方向与横截面垂直，即为正应力 σ，如图 2-6（b）所示。其大小为

$$\sigma = \frac{F_N}{A} \tag{2-3}$$

式中，F_N 为横截面上的轴力；A 为横截面面积。正应力的符号与轴力的符号相对应，拉应力为正，压应力为负。

需要说明的是，在杆两端力作用点附近的横截面上的变形比较复杂，平面假设不再成立，应力分布并不是均匀的，所以式（2-3）在力的作用点附近不适用。但**圣维南原理**指出"力作用于杆端方式的不同，不会使与杆端距离相当远处各点的应力受到影响"。也就是说，图 2-7 中只有杆端虚线范围内（大约是杆的横向尺寸）横截面上的正应力不是均匀分布的，而其余横截面上的正应力仍然均匀分布，式（2-3）仍然适用。

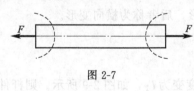

图 2-7

上述求杆件截面上应力的方法可以归纳为四个基本步骤："实验→假设→推论→结论"，这是由分析变形特点出发来研究截面上应力分布的普遍手段，以后几章在研究其他几种基本变形的应力分布规律时还会使用这个方法，读者应该牢固掌握。

例 2-2 如图 2-8（a）所示为右端固定的阶梯形圆截面直杆，承受 $F_1 = 30\text{kN}$，$F_2 = 70\text{kN}$ 作用。已知杆件 AB 段和 BC 段的直径分别为 $d_1 = 20\text{mm}$，$d_2 = 25\text{mm}$。试计算杆的轴力与横截面上的正应力。

解 （1）计算杆件上的轴力

由于在截面 B 处有外力作用，AB 段和 BC 段轴力不同，所以需要分段利用截面法计算轴力。

首先求 AB 段任一截面上的轴力。应用截面法，将杆沿 AB 段内任一截面 1—1 截开，以左段为研究对象，画受力图如图 2-8（b）所示。由平衡方程

$$\sum X = 0, \quad F_{N1} - F_1 = 0$$

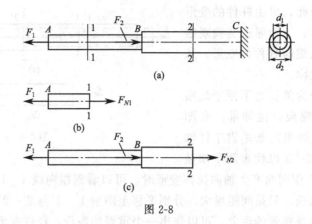

图 2-8

得
$$F_{N1} = F_1 = 30\text{kN}$$

同理，可以求得 BC 段内任一截面上的轴力

$$F_{N2} = F_1 - F_2 = -40\text{kN}$$

如图 2-8（c）所示。

（2）计算杆件横截面上的正应力

由式（2-3）可知，AB 段内任一横截面 1—1 上的正应力为

$$\sigma_{1-1} = \frac{F_{N1}}{A_1} = \frac{4F_{N1}}{\pi d_1^2} = \frac{4 \times 30 \times 10^3}{\pi \times 0.02^2} = 95.5 \text{(MPa)(拉应力)}$$

同理，可以求得 BC 段内任一横截面 2—2 上的正应力为

$$\sigma_{2-2} = \frac{F_{N2}}{A_2} = \frac{4F_{N2}}{\pi d_2^2} = \frac{4 \times (-40 \times 10^3)}{\pi \times 0.025^2} = -81.5 \text{(kN)(压应力)}$$

2.5 拉伸与压缩变形 胡克定律

通过试验观察发现，直杆在轴向拉力或压力的作用下，所产生的变形表现为轴向尺寸的伸长或缩短以及横向尺寸的缩小或增大。前者称为纵向变形，后者称为横向变形。

2.5.1 纵向变形

设一等直杆的原长为 l，在轴向拉力 F 的作用下其长度变为 l_1，如图 2-9 所示。则杆件在轴线方向的伸长为 $\Delta l = l_1 - l$。Δl 称为杆件的绝对变形，反映了杆件的总变形量，但不能说明杆件的变形程度。由于杆各段的变形是均匀的，因此，为了消除杆件原长的影响，反映杆的变形程度，常采用杆的单位长度上的变形量来度量其纵向变形，即用

$$\varepsilon = \frac{\Delta l}{l} \tag{2-4}$$

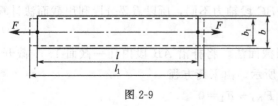

图 2-9

来表示单位长度杆件的变形大小，ε 称为杆件的相对变形（相对伸长或相对缩短），也称为纵向应变或线应变，或简称应变。ε 是量纲为一的量，在工程中也常用原长的百分数来表示。其符号规定，拉伸

时为正值，压缩时为负值。

2.5.2　横向变形

通过实验观察还发现，当杆件受轴向拉伸或压缩时，杆件不但有纵向变形，同时，在垂直于轴线方向上也会发生横向变形。当纵向伸长时，横向就缩小；而在纵向压缩时，横向就增大。

如图 2-9 所示，杆件变形前的横向尺寸为 b，变形后为 b_1，则横向应变为

$$\varepsilon' = \frac{\Delta b}{b} = \frac{b_1 - b}{b} \tag{2-5}$$

实验证明，在弹性范围内，横向应变与纵向应变之比的绝对值为一常数，即

$$\mu = \left| \frac{\varepsilon'}{\varepsilon} \right| \tag{2-6}$$

μ 称为**横向变形系数**或**泊松系数**，也称为**泊松比**。因为拉伸时 $\varepsilon > 0$，$\varepsilon' < 0$；压缩时则相反，$\varepsilon < 0$，$\varepsilon' > 0$。ε 与 ε' 的符号总是相反的，所以上式又可写成

$$\varepsilon' = -\mu\varepsilon \tag{2-7}$$

泊松比 μ 是量纲为一的量，为表示材料力学性质的一个重要弹性常数。μ 的数值在 $0.5 \sim 0$ 之间，随材料而异，具体由实验测定，也可从材料手册中查得。表 2-1 中给出了几种常用材料的 μ 值供读者学习时参考。

表 2-1　几种常用材料的 E、μ 和 G 的取值范围

材料名称	$E/10^5 \text{MPa}$	μ	$G/10^4 \text{MPa}$
碳钢	$1.96 \sim 2.16$	$0.25 \sim 0.33$	$7.85 \sim 7.95$
合金钢	$1.86 \sim 2.16$	$0.24 \sim 0.33$	7.95
灰铸铁	$1.13 \sim 1.57$	$0.23 \sim 0.27$	4.41
铜及其合金	$0.73 \sim 1.28$	$0.31 \sim 0.42$	$3.92 \sim 4.51$
铝及其合金	0.71	0.33	$2.55 \sim 2.65$
混凝土	$0.143 \sim 0.358$	$0.16 \sim 0.18$	
橡胶	0.000785	0.47	—

2.5.3　胡克定律

通过上述分析，分别研究了杆件在轴向拉伸或压缩时，横截面上的正应力 σ、纵向应变 ε、横向应变 ε'，以及材料常数——泊松比 μ。下面，进一步研究应力与应变之间的定量关系。

大量的材料力学实验研究表明，当杆件受轴向拉伸或压缩时，若应力未超过某一限度时（即材料在弹性变形范围内），则纵向应变与正应力成正比，即

$$\varepsilon = \frac{\sigma}{E} \quad \text{或} \quad \sigma = E\varepsilon \tag{2-8}$$

式（2-8）称为**胡克定律**（Hooke's law）。

将式（2-3）、式（2-4），即 $\sigma = \dfrac{F_N}{A}$ 和 $\varepsilon = \dfrac{\Delta l}{l}$ 代入式（2-8），整理后可得到胡克定律的另一种表达形式

$$\Delta l = \frac{F_N l}{EA} \tag{2-9}$$

为便于理解，式（2-9）也可以用文字描述为：轴向拉伸或压缩时，当杆件所受外力未超过某一限度时，则杆件的绝对变形（绝对伸长或绝对缩短）Δl 与轴力 F_N 及杆件原始长度 l 成正比，与其横截面面积 A 成反比。

式（2-8）、式（2-9）中的比例常数 E，称为拉伸或压缩时材料的**弹性模量**，它表示在拉（压）时材料抵抗弹性变形的能力。若其他条件相同，则 E 越大，材料抵抗弹性变形的能力越大，杆件的伸长或缩短就越小。这说明 E 也是表征材料刚性大小的量。由式（2-9）亦可看出，对长度相同，受力相等的杆件，EA 越大，杆件的绝对变形 Δl 就越小，故 EA 称为杆件的**抗拉（或抗压）刚度**。它反映了杆件抵抗拉（压）变形的能力。

由于纵向应变 ε 是量纲为一的量，所以 E 和 σ 的量纲相同，常用单位是 N/m^2（Pa）或 N/mm^2（MPa）。不同材料 E 的数值，也是通过实验测定的。表 2-1 中给出了几种常用材料弹性模量 E 的取值范围。

胡克定律揭示了应力与应变之间的内在联系（力学上称之为材料的物理方程或者叫做材料的本构关系），为研究构件的强度、刚度和稳定性提供了理论基础。于是可从受力构件外部的应变测量，得知构件内部的应力状况，为构件的强度计算提供依据。

但应该注意，胡克定律是有一定适用范围的，即应力要在某一限度以内，应力的这个限度称为**比例极限**。各种材料的比例极限是不同的，可由实验测得。以该定律为基础的许多结论和公式，在实际应用中均应受此限制。此外还应注意，胡克定律是一个近似的实验定律，可以近似地反映客观现象的规律，并非绝对准确。如对于一般钢材，应用胡克定律的误差很小；但是对于铸铁、混凝土、石料等材料，应用胡克定律就有些误差，但在实际工程计算中，这些误差是可以忽略的。

例 2-3 利用胡克定律，由应变测量推估结构内的应力是实验力学的常用方法。今利用精密仪器测得桥梁上某钢杆在长度 $l=80mm$ 一段内的绝对伸长量为 $0.04mm$。试计算此时该钢杆内的应力（这是工程实际中测量应力的实用方法之一，可以避免计算外加载荷）。

解 杆的纵向应变为

$$\varepsilon = \frac{\Delta l}{l} = \frac{0.04}{80} = 0.05\%$$

由表 2-1 查得碳钢的弹性模量 $E=2\times10^5 MPa$，因此杆内应力

$$\sigma = E\varepsilon = 2\times10^5\times0.0005 = 100(MPa)$$

可见，要将长度为 80mm 直杆拉长 0.04mm，则其横截面上的应力（拉应力）为 100MPa。

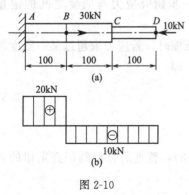

图 2-10

例 2-4 阶梯形钢杆如图 2-10（a）所示，AC 段横截面面积 $A_1=400mm^2$，CD 段横截面面积 $A_2=200mm^2$，材料的弹性模量 $E=2\times10^5 MPa$。求该阶梯形钢杆在图示外力作用下的总变形量。

解 用截面法计算各段轴力，画轴力图如图 2-10（b）所示。

用式（2-9）计算各段杆的绝对变形，再求各段绝对变形的代数和。根据轴力和截面的变化情况，应分 AB、BC、CD 三段进行计算。则杆的总变形为

$$\Delta l = \Delta l_{AB} + \Delta l_{BC} + \Delta l_{CD} = \frac{F_{NAB}l_{AB}}{EA_1} + \frac{F_{NBC}l_{BC}}{EA_1} + \frac{F_{NCD}l_{CD}}{EA_2}$$

$$= \frac{1}{2.0 \times 10^{11}} \left(\frac{20 \times 10^3 \times 0.1}{400 \times 10^{-6}} - \frac{10 \times 10^3 \times 0.1}{400 \times 10^{-6}} - \frac{10 \times 10^3 \times 0.1}{200 \times 10^{-6}} \right)$$

$$= -0.0125 \times 10^{-3}(\text{m}) = -0.0125(\text{mm})$$

计算结果为负值，说明杆的总长度缩短了0.0125mm。

2.6 材料受拉伸与压缩时的力学性能

生活常识告诉我们，两根粗细相同的钢丝和铜丝，钢丝不易拉断，而铜丝容易拉断，这说明不同材料其抵抗破坏的能力是不同的。此外，在相同的拉力作用下，粗细、长短都相同的钢丝和铜丝，它们的伸长量也是不同的。由此可见，构件的强度和变形不仅与应力有关，还与材料本身的力学性能有关。做力学试验时，材料从开始承受载荷直到最终破坏的全过程中，在强度和变形方面所表现出来的性能，就称为材料的**力学性能**。显然，必须首先对材料的力学性能有足够的认识，才可能在结构设计时做到选材科学，物尽其用。从而最大限度地保证工程结构能够既经济高效，又安全可靠。

应该指出，材料的力学性能是其固有特性，可以通过试验的方法进行测定。它与很多因素有关，如：化学成分、冶金工艺、加工以及热处理方法等。此外，还同载荷的性质（如加载速度）、变形形式和试验温度等有着密切的关系。其中，常温、静载条件下的拉伸试验是研究材料（主要是金属材料）力学性能最常用和最基本的试验方法。所谓常温是指室温，静载就是加载的速度要平稳缓慢。材料的许多性能指标都是通过这一试验测得的。

2.6.1 材料在拉伸时的力学性能

由于材料的某些性质与试件的形状、尺寸有关，为了使不同材料的试验结果具有可比性，国家标准《金属拉力试验法》规定了标准试件的形状和尺寸，如图2-11所示。试件中段为等截面直杆，其截面形状有圆形和矩形两种，用来测量变形的长度l称为**标距**。

对圆截面标准试件，取$l = 10d$（称为10倍试件），或$l = 5d$（称为5倍试件）。式中d为试件直径。对矩形截面的平板试件，则取

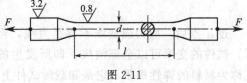

图2-11

$l = 11.3\sqrt{A}$或$l = 5.65\sqrt{A}$，式中A为试件中段的横截面面积。此外，在国家标准中，对试验时的加载速度、试件表面的粗糙度、试验温度及标距部分的尺寸偏差也都有明确规定。试验所用的主要设备是对试件加载的万能材料试验机和测量试件变形的引伸仪。

工程中常用的材料很多，一般分为塑性材料和脆性材料两大类。下面主要介绍两种典型的塑性材料（低碳钢，如Q235·A）和脆性材料（如铸铁）的力学性能，其力学性能具有一定代表性。

(1) 低碳钢在拉伸时的力学性能

试验时，将试件两端安装在试验机的夹具中，然后缓慢加载，试件逐渐变形伸长，直到拉断为止。在试验中，注意观察出现的各种现象，并记录一系列载荷F值和与其对应的试件

标距的伸长量 Δl 值。根据试验数据便能画出 F 与 Δl 的关系曲线，称为材料的**拉伸图**或 F-Δl 曲线。图 2-12 为低碳钢的拉伸图。拉伸图也可以通过试验机自动绘图装置得到。

拉伸图中拉力 F 和伸长 Δl 的对应关系与试件的尺寸有关，当试件尺寸不同时，其拉伸图也不同。为了消除试件尺寸的影响，以反映材料本身的性质，将 F-Δl 曲线的纵坐标 F 除以试件横截面的原始面积 A，将横坐标 Δl 除以试件的标距 l，即可得到以应力 σ 为纵坐标和以应变 ε 为横坐标的 σ-ε 曲线，称为**应力-应变图**，如图 2-13 所示。其形状与图 2-12 所示的拉伸图相似，只是两者的横、纵坐标的比例尺不同。

下面以应力-应变曲线为基础，并结合试验过程中所观察到的现象，介绍低碳钢的力学性能。

① 弹性阶段　在 σ-ε 曲线上，Oa 为直线，该段内应力 σ 与应变 ε 成正比关系，即胡克定律 $\sigma = E\varepsilon$ 成立。过 a 点后，应力与应变不再保持正比关系。所以，对应于 a 点的应力，是应力与应变保持正比关系的最大应力，称为**比例极限**，以 σ_p 表示。图 2-13 中直线 Oa 的斜率为

$$\tan = \frac{\sigma}{\varepsilon} = E \tag{2-10}$$

即直线 Oa 的斜率等于材料的拉（压）弹性模量。

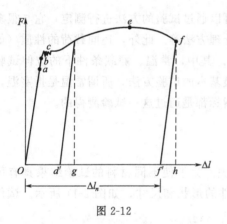

图 2-12

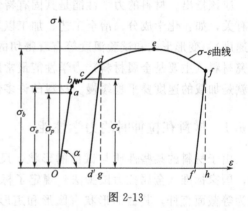

图 2-13

过 a 点后，应力应变线不再是直线，但存在一个特征点 b，在 b 点之前，当载荷卸除后，试件的变形可以全部消失，即所发生的变形是弹性变形。这样，b 点对应的应力值 σ_e 就称为材料的**弹性极限**，它是卸载后试件上无残余塑性变形的最大应力。

弹性极限与比例极限意义虽然不同，但两者数值非常接近，故在工程应用中通常不做区分，当应力不超过弹性极限 σ_e 时，都可以认为材料遵循胡克定律，可用胡克定律进行计算。

② 屈服阶段　过了 b 点，应力应变线不再是单调增加的曲线，而是呈现出小幅度波动且近似于水平线的小锯齿线段，这表明，材料所受的应力几乎不增加，但应变却迅速增加，材料失去抵抗变形的能力，这种现象称为材料的屈服或流动。在此阶段内的最低应力称为材料的**屈服极限**，也称为**屈服点**或**屈服强度**，用 σ_s 表示。这一阶段材料的变形主要是塑性变形，而构件的塑性变形会影响其正常工作，因此屈服强度是衡量材料强度的重要指标。

微观而言，材料的屈服现象是晶体内部晶格滑移的表现，表面光滑的试件屈服时，其表面会出现许多与轴线大致成45°倾角的细微条纹，如图 2-14 所示，称为**滑移线**。这是因为在该斜截面上，切应力为最大值。可见，屈服现象的出现与最大切应力有关。

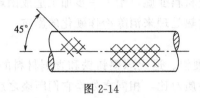

图 2-14

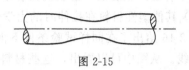

图 2-15

③ **强化阶段**　过了屈服阶段后，要使试件继续发生变形必须增加载荷，即材料又恢复了抵抗变形的能力，这种现象称为材料的强化。在图 2-13 中，强化阶段的最高点 e 所对应的应力，是材料所能承受的最大应力，称为材料的**强度极限**或**抗拉强度**，用 σ_b 表示，是衡量材料强度的另一重要指标。强化阶段的变形大部分也是塑性变形，同时试件的横向尺寸明显缩小。

④ **局部颈缩阶段**　过 e 点后，在试件的某一局部范围内，横截面尺寸迅速减小，形成颈缩现象，如图 2-15 所示。因局部横截面面积迅速缩小，使试件继续变形所需的载荷也越来越小，过 e 点后，曲线呈下降趋势，直至 f 点试件被拉断，试验结束。

试件被拉断后，弹性变形消失了，而塑性变形依然保留。试件的长度由原始长度 l 变为 l_1。用百分比表示的比值

$$\delta = \frac{l_1 - l}{l} \times 100\% \tag{2-11}$$

称为**延伸率**。δ 表示材料在拉断前能发生的最大塑性变形程度，δ 值越大，说明材料在拉断前能经受的塑性变形量越大，也就是说材料的塑性越好。所以，延伸率是衡量材料塑性好坏的一个重要指标。一般将 $\delta > 5\%$ 的材料称为塑性材料，如钢材、铜、铝等；将 $\delta < 5\%$ 的材料称为脆性材料，如铸铁、玻璃、混凝土等。低碳钢的 δ 值约为 $20\% \sim 30\%$，是典型的塑性材料，而铸铁的 δ 值约为 $0.5\% \sim 0.6\%$，被认为是典型的脆性材料。

衡量材料塑性的另一个指标是试件断裂处的横截面面积的缩减程度。如用 A 代表试件的原始横截面面积，A_1 代表拉断后在断裂处的最小横截面面积，则

$$\psi = \frac{A - A_1}{A} \times 100\% \tag{2-12}$$

称为**截面收缩率**。ψ 越大，说明材料的塑性越好，低碳钢的 ψ 值约为 60%。

⑤ **卸载定律及冷作硬化**　在试验过程中，若在强化阶段某点 d 停止加载，并将载荷逐渐减小至零（称为卸载），应力-应变曲线将沿着与 Oa 几乎平行的斜直线 dd' 回到 d' 点。这说明材料在卸载过程中应力与应变成直线关系，此种性质称为**卸载定律**。卸载后，在应力-应变曲线中，$d'g$ 表示消失了的弹性变形，而 Od' 表示未消失的塑性变形。

如果卸载后再缓慢加载，则应力-应变关系大致上沿卸载的斜直线 $d'd$ 变化，到 d 点后，又沿 def 变化。可见在再次加载过程中，直到 d 点以前，材料的变形是弹性的，过了 d 点才开始出现塑性变形。可以认为 d 点对应的应力值是材料卸载后又重新加载时的比例极限，它显然比原来的比例极限提高了。但塑性变形却比原来少了 Od' 这一段。这种在常温下经过塑性变形后材料比例极限提高、塑性降低的现象称为**冷作硬化**。冷作硬化现象经退火后可以消除。

工程上常利用冷作硬化来提高某些构件在弹性阶段的承载能力，如起重用的钢丝绳和建筑用的钢筋，常用冷拉、冷轧工艺以提高强度，使它们在使用过程中能承受更大的载荷，并

且不致产生过大的变形。另一方面，冷作硬化又会使材料变脆，给下一步加工造成困难，加工过程中容易产生裂纹，这就需要在适当工序间通过热处理来消除冷作硬化的影响。

（2）其他塑性材料在拉伸时的力学性能

图 2-16 给出了在同样试验条件下得到的锰钢、硬铝、退火球墨铸铁和青铜材料的应力-应变曲线。从图中可以看出，这些材料与低碳钢的性质对比，相同之处是它们断裂之后都有较大的塑性变形，故同属于塑性材料；不同之处是这些材料都没有明显的屈服阶段。

对于没有明显屈服阶段的塑性材料，按国家标准规定，取对应于试件产生 0.2% 塑性应变时的应力值作为材料的屈服极限，称为**名义屈服极限**，以 $\sigma_{0.2}$ 表示，同屈服极限一样，名义屈服极限也是衡量材料强度的一个重要指标。确定 $\sigma_{0.2}$ 数值的方法如图 2-17 所示。

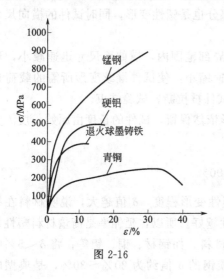

图 2-16

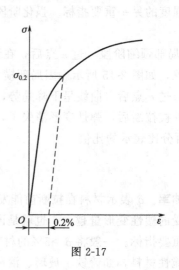

图 2-17

（3）铸铁在拉伸时的力学性能

灰口铸铁拉伸时的应力-应变曲线如图 2-18 所示，它是一条微弯的曲线，没有明显的直线部分，也没有屈服阶段和颈缩现象，直到拉断时应变都很小，而且拉断时应力不高。因此，通常近似地用一条割线（图 2-18 中的虚线）来代替原来的曲线，并认为在这一段内材料服从胡克定律，并可求得其弹性模量 E。铸铁拉伸时的强度指标只有强度极限 σ_b，它的延伸率约为 $0.5\% \sim 0.6\%$，是典型的脆性材料。

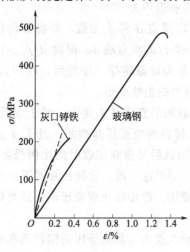

图 2-18

图 2-18 中所示的另一种脆性材料——玻璃钢的应力-应变曲线，其 δ 值虽小，而 σ_b 值却相当高，所以它是一种塑性差的高强度非金属材料，常用来制造化工设备。强度极限 σ_b 是衡量脆性材料强度的唯一指标。

2.6.2 材料在压缩时的力学性能

金属材料的压缩试件常做成圆柱形，高度为直径的 $1.5 \sim 3.0$ 倍，高度不能太大，否则试件容易被压弯。对于混凝土、石料及木材等非金属材料，常用立方块形试件。

低碳钢在压缩时的应力-应变曲线如图 2-19 所示。

图中虚线为低碳钢拉伸时的应力-应变曲线。从图中可以看出，低碳钢压缩时的弹性模量 E、比例极限 σ_p 和屈服极限 σ_s 都与拉伸时大致相同。屈服阶段以后，试件越压越扁，直到压成薄块状也不断裂，因而得不到抗压强度极限。由于试件两端面与压头间摩擦力的影响，试件两端的横向变形受到阻碍，因而试件被压成鼓形。

由上述对低碳钢压缩试验的观察、对比和分析可知，对于这类塑性材料，可直接从拉伸试验了解它在压缩时的重要力学性能，而不必再做压缩试验。

图 2-20 是铸铁压缩时的应力-应变曲线。与拉伸时一样，没有明显的直线部分，也没有屈服极限，但与拉伸时的应力-应变曲线（图中虚线）相比，其强度极限是拉伸时的数倍，所以铸铁宜作承压构件。一般脆性材料的抗压强度都明显高于其抗拉强度。铸铁压缩时，其破坏断面与试样轴线成45°角，这是由斜截面上作用的最大切应力引起的。

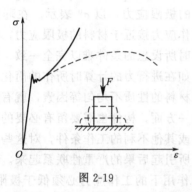

图 2-19

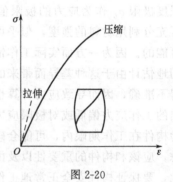

图 2-20

表 2-2 中列出了几种常用工程材料的主要力学性能。

表 2-2 常用工程材料的主要力学性能

材料名称	牌号	屈服强度 σ_s / MPa	抗拉强度 σ_b / MPa	延伸率 δ_5 / %
普通碳素钢	Q216	186～216	333～412	31
	Q235	216～235	373～461	25～27
	Q274	255～274	490～608	19～21
优质碳素结构钢	15	225	373	27
	40	333	569	19
	45	353	598	16
普通低合金结构钢	Q295	274～294	432～441	19～21
	Q345	274～343	471～510	19～21
	Q390	333～412	490～549	17～19
	18MnMoNb	441～510	588～637	16～17
合金结构钢	40Cr	785	981	9
	50Mn2	785	932	9
碳素铸钢	KZD 450-05	200	400	25
	KZD 700-02	270	500	18
可锻铸铁	KDZ45-5	270	450	6
	KDZ70-2	530	700	2
球墨铸铁	QT 400-15	250	400	15
	QT 450-10	310	450	10
	QT 600-3	370	600	3
灰铸铁	HT150	98.1～274(压)	98.1～274(压)	—
	HT300	255～294(压)	255～294(压)	—

2.7 轴向拉伸与压缩时的强度计算

前面研究了杆件轴向拉伸和压缩时横截面上的应力以及材料在拉伸和压缩时的力学性能，在此基础上来研究拉伸和压缩时杆件的强度计算以及计算中涉及的许用应力、安全系数等概念。

2.7.1 许用应力与安全系数

为了保证构件在外力作用下能正常工作，一般不允许构件产生较大的塑性变形或断裂，否则就认为构件丧失了正常工作的能力。因此，把塑性材料的屈服极限 σ_s（或 $\sigma_{0.2}$）和脆性材料的强度极限 σ_b 作为应力的极限值，统称为材料的极限应力，以 σ^0 表示。在理想情况下，为了充分利用材料的强度，似乎可以使构件的工作应力接近于材料的极限应力，但实际上是不可能的。因为一方面实际工作情况与设计计算时所设想的条件难以完全一致，而且也不能确切地估计由于这种差异而带来的不安全因素。如在进行力的计算时所作的简化，使载荷估计得不准确，因而导致应力计算也不准确，加之材料的性质不均匀等因素，就有可能造成计算出的工作应力偏低或对极限应力估计过高。另一方面，构件也需要留有必要的强度储备。因为构件在工作期限内，可能会碰到意外的载荷或其他不利的工作条件，对这些意外因素的考虑，应该和构件的重要性以及由于它们的损坏所引起后果的严重性联系起来。

因此，要保证构件安全正常地工作，构件在外力作用下的工作应力必须低于极限应力。强度计算中，把极限应力除以大于 1 的系数作为设计时工作应力的最大允许值，称为材料的许用应力，用 $[\sigma]$ 表示，即

$$[\sigma] = \frac{\sigma^0}{n} \tag{2-13}$$

式中，n 为大于 1 的系数，称为安全系数。

对于塑性材料，其失效形式为屈服，极限应力为屈服极限，故许用应力为

$$[\sigma] = \frac{\sigma_s(\sigma_{0.2})}{n_s} \tag{2-14}$$

对于脆性材料，其失效形式为断裂，极限应力为强度极限，则许用应力为

$$[\sigma] = \frac{\sigma_b}{n_b} \tag{2-15}$$

式（2-14）中的 n_s 和式（2-15）中的 n_b 分别为对应于屈服极限和强度极限的安全系数。n_s 称为屈服安全系数，n_b 称为断裂安全系数。从构件的安全程度来看，断裂比屈服更为危险，所以 n_b 取值比 n_s 大。应该指出，对同一种脆性材料，因其抗拉和抗压强度极限不同，故此核定的许用拉应力和许用压应力的数值也不同。

安全系数是由多种因素决定的，其选取是否科学合理，将直接涉及构件的安全可靠性与技术经济性。各种材料在不同工作条件下的安全系数或许用应力，可从相关规范标准或设计手册中查得。在一般强度计算中：对于塑性材料 $n_s = 1.5 \sim 2.0$；对于脆性材料 $n_b = 2.0 \sim 4.5$。

2.7.2 轴向拉伸和压缩时的强度条件

根据以上分析，为了保证拉压杆在工作时不会因为强度不够而破坏，杆内的最大工作应

力 σ_{max} 应满足如下条件

$$\sigma_{max} = \frac{F_N}{A} \leqslant [\sigma] \tag{2-16}$$

式（2-16）称为杆件受轴向拉伸或压缩时的**强度条件**。式中的 F_N 和 A 分别为杆件上危险截面的轴力与横截面面积。对于等截面直杆，当受到几个外力作用时，必有一段轴力最大，轴力最大的横截面上正应力最大。所以轴力最大的截面就是危险截面。

上述强度条件常用来解决工程设计中普遍遇到的三类强度计算问题。

（1）强度校核

对已有结构是否合用进行评判。实际问题：已知杆件的材料、截面尺寸及所受载荷（即已知 $[\sigma]$、F_N 和 A），用强度条件式（2-16）来判断杆件工作时是否安全可靠。如 $\sigma \leqslant [\sigma]$，则强度足够；如 $\sigma > [\sigma]$，则强度不足。

（2）截面尺寸设计

按照工程需求设计构件。实际问题：已知杆件所受载荷及所用材料（即已知 F_N 和 $[\sigma]$），确定其几何尺寸。可将式（2-16）改写成

$$A \geqslant \frac{F_N}{[\sigma]} \tag{2-17}$$

由式（2-17）可确定所需的横截面面积，然后再依据截面几何形状确定其尺寸。

（3）许可载荷确定

确定已有结构的承载能力。实际问题是已知杆件的材料及截面尺寸（即已知 $[\sigma]$ 及 A），计算其所能承受的外力。首先用式（2-18）计算出杆件所能承受的最大轴力

$$F_N \leqslant A[\sigma] \tag{2-18}$$

然后，根据杆件的受力情况，确定杆件所能承担的载荷，即许可载荷（工作能力）。

例 2-5 等直杆受力如图 2-21（a）所示，杆的材料为铸铁，其许用拉应力 $[\sigma_t] = 40\text{MPa}$，许用压应力 $[\sigma_c] = 100\text{MPa}$，杆的横截面面积 $A = 40\text{mm}^2$。试校核该直杆的强度。若强度不满足要求，则设计杆横截面面积使其满足强度要求。

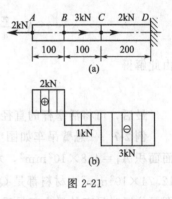

图 2-21

解 对脆性材料制成的杆件进行强度计算时，应使其最大拉应力和最大压应力分别不超过材料的许用拉应力和许用压应力，才能保证杆件可以安全可靠地使用。

首先，通过受力分析计算杆件各段上的轴力并作轴力图，如图 2-21（b）所示。由图可见，最大拉应力出现在 AB 段，而最大压应力出现在 CD 段有，分别校核这两段强度如下：

$$\sigma_{t\,max} = \frac{F_{NAB}}{A} = \frac{2 \times 10^3}{40 \times 10^{-6}} = 50(\text{MPa}) > [\sigma_t]$$

$$\sigma_{c\,max} = \frac{F_{NCD}}{A} = \frac{3 \times 10^3}{40 \times 10^{-6}} = 75(\text{MPa}) < [\sigma_c]$$

故该杆强度不满足要求。

由以上计算可知，AB 段不满足强度要求，需要进行重新设计。根据强度条件，当

$$A \geqslant \frac{F_{NAB}}{[\sigma_t]} = \frac{2 \times 10^3}{40 \times 10^6} = 50 \ (\text{mm}^2)$$

时，该直杆方可同时满足拉压强度要求，因而横截面面积比初始值需要增加至少12.5%。

例 2-6 气动夹具简图如图 2-22（a）所示，已知气缸直径 $D=150\text{mm}$，缸内气压 $p=1.0\text{MPa}$，活塞杆材料的许用应力 $[\sigma]=100\text{MPa}$。试设计活塞杆的直径。

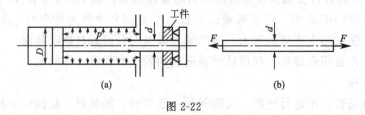

图 2-22

解 （1）计算轴力

活塞杆左端承受活塞上的气体压力，右端承受工件的反作用力，将发生轴向拉伸变形，如图 2-22（b）所示。拉力 F 可由缸内气压 p 乘以活塞受压面积求出。但在活塞杆直径 d 未确定之前，计算活塞的受压面积时，可将活塞杆横截面面积略去不计，这样的计算是偏于安全的。活塞杆外力

$$F=p\times\frac{\pi}{4}D^2=1.0\times10^6\times\frac{\pi}{4}\times0.15^2=17.66(\text{kN})$$

则活塞杆的轴力为

$$F_N=F=17.66\text{kN}$$

（2）确定活塞杆直径

根据强度条件，活塞杆的横截面面积应满足

$$A=\frac{\pi}{4}d^2\geqslant\frac{F_N}{[\sigma]}=\frac{17.66\times10^3}{100\times10^6}=176.6(\text{mm}^2)$$

由此解得

$$d\geqslant15.0\text{mm}$$

最后，可将活塞杆的直径取为 $d=15\text{mm}$。

例 2-7 一悬臂吊车如图 2-23（a）所示，斜杆由两根等边角钢组成，每根角钢的横截面面积 $A_1=4.8\times10^2\text{mm}^2$，水平杆由两根 10 号槽钢组成，每根槽钢的横截面面积 $A_2=12.74\times10^2\text{mm}^2$。材料都是 Q235B，其许用应力 $[\sigma]=110\text{MPa}$。两杆自重可忽略不计。求图示位置时吊车的最大起吊重量。

解 （1）计算轴力

AB、AC 两杆的两端均可简化为铰链连接，故吊车的计算简图如图 2-23（b）所示。取节点 A 为研究对象，设两杆的轴力分别为 F_{N1} 和 F_{N2}，其受力图如图 2-23（c）所示。建立如图 2-23（c）所示坐标系，列平衡方程式如下

$$\sum X=0,\ F_{N2}-F_{N1}\cos30°=0$$

$$\sum Y=0,\ F_{N1}\sin30°-G=0$$

解得

$$F_{N1}=2G,\ F_{N2}=\sqrt{3}G$$

（2）计算最大吊重

由斜杆 AC 的强度条件，得

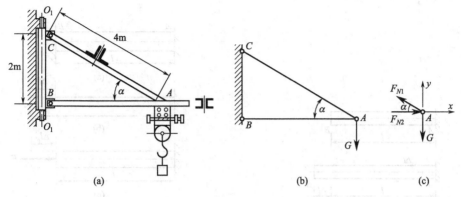

图 2-23

$$\sigma_{AC} = \frac{F_{N1}}{2A_1} = \frac{2G}{2A_1} \leqslant [\sigma]$$

故此 $G \leqslant [\sigma]A_1 = 110 \times 10^6 \times 4.8 \times 10^2 \times 10^{-6} = 52.8(\text{kN})$

由水平杆 AB 的强度条件，可得

$$\sigma_{AB} = \frac{F_{N2}}{2A_2} = \frac{\sqrt{3}\,G}{2A_2} \leqslant [\sigma]$$

故此 $G \leqslant \dfrac{2}{\sqrt{3}}[\sigma]A_2 = \dfrac{2}{\sqrt{3}} \times 110 \times 10^6 \times 12.74 \times 10^2 \times 10^{-6} = 162(\text{kN})$

要使两杆都能安全工作，吊车的最大许可载荷 $[G]$ 应在上述两个 G 的许可值中取较小值，即

$$[G] = 52.8\text{kN}$$

2.8 热应力的概念

自然界中，温度的升高或降低会引起物体的膨胀或收缩。对于长度可以自由伸缩的构件，温度的变化只会引起构件的变形，而不会在构件内产生应力，如图 2-24 所示。然而，工程实际中的许多机器、设备或结构物，其中一些构件会因为受到某种限制而不能自由伸缩时，那么温度的改变就将在这种构件内部产生应力。由于温度改变而引起的应力称为**热应力**或**温度应力**。

为了讨论温度应力的计算问题，今取如图 2-25（a）所示一长度为 l，两端固定的等直杆 AB 进行分析。其横截面面积为 A，材料的弹性模量为 E，线膨胀系数为 α（如碳钢的 $\alpha = 1.2 \times 10^{-5}\,1/℃$），求温度均匀改变 Δt 后杆内的应力。

根据物理学的线膨胀定律可知，管道的热伸长 [图 2-25（b）] 应为

$$\Delta l_t = \alpha l \Delta t \qquad (2\text{-}19)$$

事实上，由于管道两端被固定，实际并没有伸长。这就相当于在管子的两端各加一个相应的压力 F，把这段热伸长压缩了回去 [图 2-25（c）]。如果管子的变形为弹性变形，那么，根据胡克定律，轴向力 F 引起的压缩变形（绝对缩短）为

$$\Delta l_F = \frac{Fl}{EA} \qquad (2\text{-}20)$$

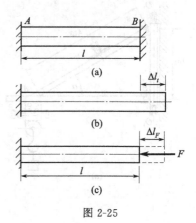

图 2-24   图 2-25

　　显然，由于约束的作用使得管道在轴向力 F 作用下所产生的缩短量必然等于因温度改变而引起的热膨胀量，即

$$\Delta l_t = \Delta l_F \ \text{或} \ \Delta l = \Delta l_t - \Delta l_F = 0 \tag{2-21}$$

　　把式（2-21）称为**变形协调方程**。将受热变形和受力变形的物理方程式（2-19）和式（2-20）代入式（2-21），于是有

$$\alpha l \Delta t - \frac{Fl}{EA} = 0$$

即

$$F_N = F = \alpha E \Delta t A$$

　　式中，F_N 为管道横截面上的轴力。

　　那么，由于温差引起的热应力 σ_t 为

$$\sigma_t = \frac{F_N}{A} = \alpha E \Delta t \tag{2-22}$$

　　分析式（2-22）可以发现，热应力只受材料的线膨胀系数 α 以及弹性模量 E 值之影响，而且还会随温差 Δt 的增大而增加，与管道的原始长度和横截面面积无关。

　　材料的 α 值是随温度的升高而增大，而 E 值是随温度的升高而减小。如果近似地认为温度对 α、E 两个值的影响可以互相抵消，那么，对于低碳钢来说，它的 $E\alpha$ 值大致为

$$E\alpha \approx 2 \times 10^5 \times 1.2 \times 10^{-5} = 2.4 (\text{MPa})$$

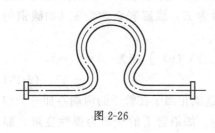

图 2-26

换句话说，构件在两端被固定的情况下便不能自由伸缩，如此，当工作时的温度与其安装时的温度相比，每升高 1℃，构件横截面内将产生 2.4MPa 的温度应力。假如 $\Delta t = 100$℃，那么 $\sigma_t = 240$MPa，已超出了 Q235A 钢的许用应力值。可见，当温差较大时，热应力的数值非常可观，不能忽视。工程中，为避免在构件内部产生过高的热应力，常在化工厂高温输送管道间增加伸缩节，如图 2-26 所示。有时根据实际需要，在石化、化工厂的粗大管道或设备上还设置膨胀节以补偿温度应力。另外，在铁轨间留有伸缩缝也是为了降低热应力。

2.9　应力集中的概念

如前所述，等截面直杆轴向拉伸或压缩时其横截面上的应力是均匀分布的。但是，实际杆件常因需要制成凸肩、阶梯状或在杆上开槽、开孔、车螺纹等，以致截面尺寸剧烈变化。这些杆件在轴向加载时，截面突变处的应力不再均匀分布，而是急剧增大，避开截面突变处一定距离后，应力值又迅速降低而趋于均匀，如图 2-27 所示。这种由于截面尺寸突然改变而引起的局部应力急剧增大的现象称为**应力集中**。

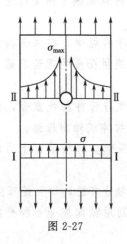

图 2-27

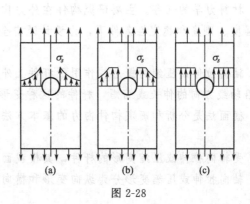

图 2-28

应力集中是个局部现象。实验表明，截面尺寸改变得越急剧，应力集中的程度就越严重。应力集中的程度用理论应力集中系数 K 表示

$$K = \frac{\sigma_{max}}{\sigma} \tag{2-23}$$

式中，σ_{max} 为发生应力集中处的最大应力，σ 为同一截面上的平均应力。K 值与材料无关，其数值可查阅有关的工程手册。各种材料对应力集中的敏感程度并不相同，因此工程设计时有不同的考虑。

对于由脆性材料制成的构件，当由应力集中所形成的最大应力达到材料的强度极限时，首先会引起构件的局部开裂，大大降低其承载能力，进一步发展还将致使整个构件的断裂失效。因此，在设计脆性材料构件时，要考虑应力集中的影响。

对于由塑性材料制成的构件，应力集中对其在静载荷作用下的强度影响很小。因为当最大应力 σ_{max} 达到材料的屈服极限 σ_s 后便停止增长，载荷继续增加只会引起该截面附近点的应力增长，直到达到 σ_s 为止，这样塑性区不断扩大，直至整个截面全部屈服，如图 2-28 所示。由此可见，材料的屈服能够缓和应力集中的作用。因此，在研究塑性材料构件在静载荷作用下的强度问题时，通常可以不考虑应力集中的影响。

对于组织粗糙的脆性材料，如常用的铸铁，因其本身可能存在夹渣、气孔以及内部组织的不均匀性，可以认为处处有应力集中，因而构件外形突变引起的应力集中相比之下已不是主要因素，因此，在静载荷下的强度计算也可不考虑应力集中。

然而，在交变载荷（周期性变化的载荷）作用下的构件，应力集中对各种材料的强度都

有较大的影响，此问题已超越了本书讨论的范畴，有兴趣的读者可以阅读相关书籍和文献资料。

本章小结

本章从认识材料力学行为开始，将受力体作为变形体考虑，讨论在外力（载荷、约束反力等）作用下对其所造成的内效应。重点讨论杆件在受拉伸或者压缩变形作用时的内力（轴力）、分布内力（拉压应力，即正应力）的计算、应力和应变间的物理关系（胡克定律）、以及强度和刚度条件等。由此，可以运用本章知识对工程结构（如杆件）进行尺寸设计、强度校核，或者确定许可载荷等。对温差应力（热应力）和应力集中问题也做了简要讨论。所讨论的一些主要问题可归纳如下。

（1）材料力学的任务。主要研究构件在外力作用下变形与破坏的规律，在保证构件具有足够的强度、刚度和稳定性条件下，为设计既安全又经济的构件提供必要的理论基础和计算方法。

（2）轴向拉伸或压缩的概念。作用于杆件上外力合力的作用线与杆件轴线重合，杆件的变形是沿轴线方向的伸长或缩短，杆件的这种变形形式称为轴向拉伸或轴向压缩。

（3）截面法是分析和确定构件内力的基本方法。轴向拉伸或压缩直杆横截面上的内力为轴力。

（4）受轴向拉伸或压缩变形的杆件，其横截面上的应力是均匀分布的，而且是正应力。

（5）轴向拉伸或压缩变形分为纵向变形和横向变形两种，分别用纵向应变 ε 和横向应变 ε' 表示。

（6）杆件轴向拉伸或压缩时的胡克定律为

$$\sigma = E\varepsilon \quad \text{或} \quad \Delta l = \frac{F_N l}{EA}$$

（7）常温静载拉伸试验是研究材料力学性能最常用和最基本的试验。由材料的应力-应变图可以确定材料的弹性模量 E、比例极限 σ_p、弹性极限 σ_e、屈服极限 σ_s（$\sigma_{0.2}$）、强度极限 σ_b、延伸率 δ 和断面收缩率 ψ 等。

（8）拉压杆的失效形式是断裂或出现较大的塑性变形。对于塑性材料，以其屈服极限作为材料的极限应力；对于脆性材料，以其强度极限作为材料的极限应力。材料的许用应力为

$$[\sigma] = \frac{\sigma^0}{n}$$

（9）杆件轴向拉伸或压缩时的强度条件是杆内最大应力不得超过材料的许用应力，即

$$\sigma_{\max} = \frac{F_N}{A} \leqslant [\sigma]$$

运用该条件可以解决强度校核、设计截面尺寸和确定许用载荷三类强度问题。

（10）由于温度变化和约束存在，在构件内引起的热应力，其计算公式为

$$\sigma_t = \frac{F_N}{A} = \alpha E \Delta t$$

热应力的大小与构件尺寸无关。在工程设计中，应设法减小构件的热应力。

（11）由于构件截面尺寸突然改变而引起局部应力急剧增大的现象称为应力集中。应力集中的程度可以用理论应力集中系数 K 表示

$$K = \frac{\sigma_{max}}{\sigma}$$

不同材料对应力集中的敏感程度不同，脆性材料敏感，设计时要考虑应力集中的影响，塑性材料不敏感，设计时可以不考虑应力集中的影响。

思 考 题

(1) 什么是轴向拉伸和轴向压缩？什么是轴力？

(2) 在轴向拉伸或压缩下，杆件的横截面上的应力如何分布？其数值与外力有何关系？

(3) 简要叙述胡克定律及其适用范围。简要叙述弹性模量及泊松比的物理意义。

(4) 为什么要对材料进行试验研究？

(5) 简述许用应力、安全系数的概念。为什么选择恰当的安全系数很重要？

习 题

2-1 求图 2-29 中各杆的轴力，并画轴力图，求最大轴力。

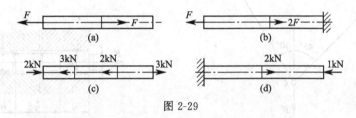

图 2-29

2-2 两段直径不同的阶梯圆钢杆，受力及尺寸如图 2-30 所示。已知材料的弹性模量 $E = 200$GPa。(1) 画出 AC 杆的轴力图；(2) 求各段横截面的正应力和变形；(3) 求 AC 杆轴向变形总量。

2-3 如图 2-31 所示，用一板状试样进行拉伸试验，在试件表面贴上纵向和横向电阻应变片来测定试件的应变。已知 $b = 30$mm，$h = 4$mm。每增加 3kN 的拉力时，测得试件的纵向应变 $\varepsilon = 120 \times 10^{-6}$，横向应变 $\varepsilon' = -38 \times 10^{-6}$。求试件材料的弹性模量 E 和泊松比 μ。

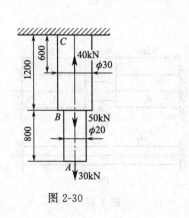

图 2-30

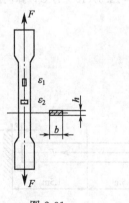

图 2-31

2-4 三角形支架如图 2-32 所示，杆 AB、BC 都是圆截面直杆，直径 $d_{AB} = 20$mm，$d_{BC} = 40$mm。两杆材料相同，其许用应力 $[\sigma] = 150$MPa。重物重量 $G = 20$kN。问支架是否安全？

2-5 一汽缸如图 2-33 所示，其内径 $D = 500$mm，汽缸内的气体压强 $p = 250$N/cm²，活塞杆直径 $d = 100$mm，所用材料的屈服极限 $\sigma_s = 300$MPa。(1) 求活塞杆的正应力和工作的安全系数；(2) 若连接汽缸与汽缸盖的螺栓直径 $d_1 = 30$mm，螺栓材料许用应力 $[\sigma] = 60$MPa，求所需螺栓个数。

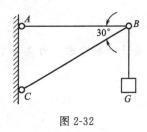

图 2-32

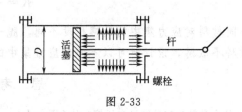

图 2-33

2-6 如图 2-34 所示结构中，AC、BC 均是圆截面直杆，直径相同 $d=30$mm，材料相同，许用应力 $[\sigma]=160$MPa。求该结构的许用载荷 F。

2-7 如图 2-35 所示螺栓，拧紧时产生 $\Delta l=0.1$mm 的轴向变形。试求预紧力 F，并校核螺栓的强度。已知 $d_1=8.0$mm，$d_2=6.8$mm，$d_3=7.0$mm；$l_1=6.0$mm，$l_2=29$mm，$l_3=8$mm；材料的弹性模量 $E=200$GPa，许用应力 $[\sigma]=400$MPa。

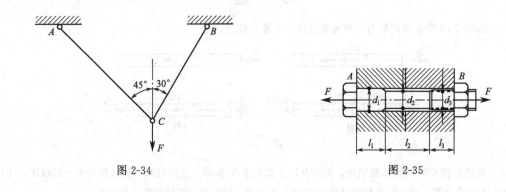

图 2-34

图 2-35

2-8 如图 2-36 所示钢杆，横截面面积 $A=2500$mm^2，材料的弹性模量 $E=210$GPa，轴向载荷 $F=200$kN，试在下列两种情况下确定杆 C 端的支反力：(1) 间隙 $s=0.6$mm；(2) 间隙 $s=0.3$mm。

2-9 两钢杆如图 2-37 所示，已知横截面面积 $A_1=1.2\times10^2$mm^2，$A_2=A_3=2.5\times10^2$mm^2。材料的线膨胀系数 $\alpha=12.5\times10^{-6}$1/℃，弹性模量 $E=200$GPa。试求当温度升高 200℃ 时，各杆横截面上的最大正应力。

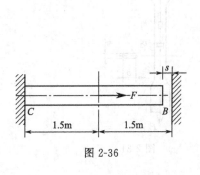

图 2-36

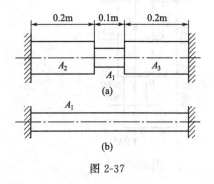

图 2-37

2-10 吊架结构及其受力情况如图 2-38 所示。CA 是钢杆，DB 是铜杆，长度 $l_1=2$m，$l_2=1$m，截面积 $A_1=200$mm^2，$A_2=800$mm^2，弹性模量 $E_1=200$GPa，$E_2=100$GPa。设水平梁 AB 的刚度很大，其变形可以忽略不计，试求：(1) 要使梁 AB 仍保持水平，载荷 F 离 DB 杆的距离 x；(2) 若使梁 AB 保持水平且垂直位移不超过 2mm，则力 F 最大应等于多少？

2-11 图 2-39 所示为一卧式容器，支承在支座 A、B 之上。已知容器总重 $G=500$kN，作用于中点。

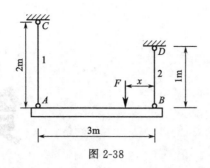

图 2-38

两个支座垫板的截面均为矩形，边长 $a : b = 1 : 4$，若混凝土基础的许用应力 $[\sigma] = 1\text{MPa}$，试求垫板截面所需的尺寸。

2-12　有一立式储罐，如图 2-40 所示，用四根钢管做支承式支脚，钢管外径为 60mm，壁厚为 3.5mm，许用应力 $[\sigma] = 150\text{MPa}$，问此储罐的四根支脚所能承受的最大载荷为多少？

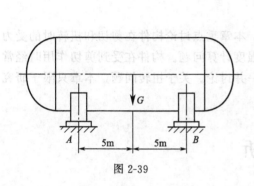

图 2-39

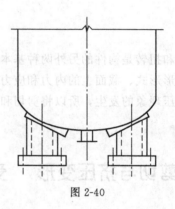

图 2-40

第3章

▶▶ 剪切与圆轴扭转

剪切和扭转是构件的另外两种基本变形形式。本章重点讨论构件在剪切和扭转时的受力特点、变形形式、截面上的内力和应力分布以及强度计算问题。构件在受到剪切作用时经常伴随有挤压现象的发生，所以将剪切和挤压问题一并讨论。关于扭转问题，本章只限于研究圆轴扭转。

3.1 剪切与挤压变形 受力分析

3.1.1 剪切

(1) 剪切的概念

在工程实际中经常会遇到剪切现象。例如，用螺栓［图 3-1 (a)］连接的两个构件、用键连接的齿轮与轴［图 3-2 (a)］、用销钉连接牵引车的挂钩［图 3-3 (a)］以及用剪板机对钢板进行剪切下料［图 3-4 (a)］等，都是工程上很常见的受剪切的实例。

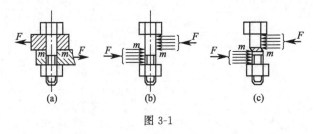

图 3-1

下面以螺栓连接为例，对受剪切作用的构件做受力分析。如图 3-1 (b) 所示，该构件上受到的载荷是一对平行力系，在这个力系作用下构件保持平衡。很显然，由于螺栓长度较短，所以此时的力系可以简化为一对作用线相距很近且方向相反的集中力，在这对集中力的作用下，螺栓发生了变形，其变形方向是沿集中力之间的横截面，变形形式为沿横截面的上下两侧发生相对错动［图 3-1 (c)］。其他受剪切构件（如键、销钉和钢板等）的受力状况及变形情况都和螺栓相类似，其受力分别如图 3-2 (b)、图 3-3 (b) 和图 3-4 (b) 所示。

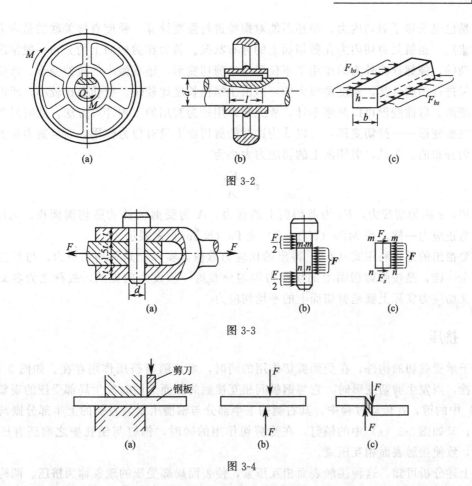

图 3-2

图 3-3

图 3-4

从上述分析不难看出，这些构件的受力和变形具有如下共同特点。受力特点：作用在构件两侧面上外力的合力大小相等、方向相反、且作用线相距很近。变形特点：两力作用线之间的截面发生相对错动。把构件的这种变形称为**剪切变形**，发生相对错动的平面称为**剪切面**。剪切面平行于作用力的方向，是构件易发生损坏的部位，是校核受剪切变形构件的关键部分。继续增大外力，受剪面变形程度增加，当外力增加到一定数值时，受剪构件就会沿剪切面被剪断，从而发生破坏。

(2) 剪力与切应力的计算

首先来讨论剪切面上的内力。当构件受剪切作用时，在剪切面上自然会产生内力，其内力的大小和方向可以用截面法求得。仍然以螺栓受力为例进行分析，如图 3-5 所示。利用截面法将螺栓

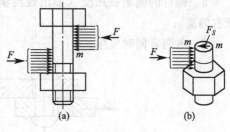

图 3-5

沿剪切面 $m—m$ 截开，取其中的一部分为研究对象（本例取下半部分），由平衡条件可知，螺栓上半部分对下半部分的作用力的合力与外力 F 是一对平衡力，它们大小相等、方向相反、作用线相互平行，该力 F_s 与剪切面 $m—m$ 相切，称之为**剪力**。

根据力的平衡条件可知，为保持下半部分螺栓的受力平衡，作用在剪切面上的内力 F_s 与外力 F 相互平衡，可求出内力的大小

$$F_s = F \tag{3-1}$$

虽然已经求得了剪切内力，但还不能对螺栓进行强度计算，强度直接关联的是内力在截面上的集度，也就是剪切内力在剪切面上的分布状况。剪力在剪切面上的分布一般情况下都是很复杂的，像螺栓在外力的作用下不仅要发生剪切变形，还有微小的拉伸变形、弯曲变形等。如果进行精确计算，难度是很大的，但由于螺栓长度比较短、剪切面比较小，所以发生的拉伸变形、弯曲变形可以忽略不计，故此常采用较为实用的工程计算方法。此时只考虑连接件的主要变形——**剪切变形**，可以认为这时的剪切面上只有剪力作用，而且剪力在剪切面上是均匀分布的。于是，剪切面上的切应力大小为

$$\tau = \frac{Fs}{A} \tag{3-2}$$

式中，τ 称为**切应力**，Fs 为剪切面上的剪力，A 为受剪构件的剪切面面积。切应力 τ 的单位与正应力一样，用 MPa（N/mm^2）或 Pa（N/m^2）来表示。

需要指出的是，利用式（3-2）得出的切应力数值，实际上是平均切应力，与真实的情况不完全一样，是按照剪切面上的切应力均匀分布这一假设为前提的，故称之为**名义切应力**，名义切应力实际上就是剪切面上的平均切应力。

3.1.2 挤压

对于承受剪切的构件，在受到剪切作用的同时，多伴随有挤压作用存在。如图 3-1（a）中的螺栓，当发生剪切变形时，它与钢板间相互接触的侧面上同时发生局部受压的现象；图 3-2（a）中的键，在传动过程中，其右侧的下半部分与轴槽压紧，左侧的上半部分则与轮毂槽压紧；又如图 3-3（a）中的销钉，在受剪切作用的同时，销钉与销孔壁之间还有压力 F 的作用，致使接触表面相互压紧。

由上述分析可知，这种接触表面相互压紧，使表面局部受压的现象称为**挤压**。两构件相互压紧的表面称之为**挤压面**，作用于挤压面上的压力称为**挤压力**，以 F_{bs} 表示；由挤压作用在挤压面上引起的应力，称为**挤压应力**，以 σ_{bs} 记之。若挤压应力过大，就会使接触处的局部表面发生塑性变形，导致构件发生损坏。其中破坏的可能形式有：

ⅰ. 钢板上的圆孔被挤压成长圆孔 [图 3-6（b）]；

ⅱ. 铆钉的侧面被压溃（如出现溃疡状斑痕）[图 3-6（a）中铆钉上半部左侧面，下半部右侧面]；

ⅲ. 前两者同时发生。

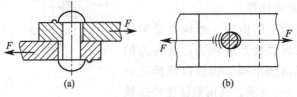

(a)   (b)

图 3-6

挤压应力与压缩应力的作用情况是不同的，挤压应力只分布于两构件相互接触的局部区域内，即只在挤压面的表层内挤压应力才具有较大的数值，如果离挤压面稍远，这个数值就会迅速地减小，再远的区域就可以忽略不计；而前述的压缩应力则是分布在整个构件内部的，在考虑强度校核时要对整个构件进行分析。在工程实际中，往往由于挤压应力过大，挤压面产生过大的塑性变形，使构件连接松动而不能正常工作。

挤压应力在挤压面上的分布情况也比较复杂，与接触方式、接触面的形状等有关，所以在工程计算中也要采用实用的计算方法，即先假定挤压应力在挤压面上是均匀分布的，则有如下公式

$$\sigma_{bs} = \frac{F_{bs}}{A_{bs}} \tag{3-3}$$

式中，σ_{bs} 称为挤压应力；F_{bs} 为挤压面上受到的挤压力；A_{bs} 为挤压面的面积。挤压应力 σ_{bs} 的单位与正应力、切应力一样，用 MPa（N/mm²）或 Pa（N/m²）表示。挤压面面积的计算，要根据具体情况而定。

① 挤压面为平面　此时的接触面就是挤压计算面积。如图 3-2（a）中的平键，其挤压面的面积即为 $A_{bs} = hl/2$。

② 挤压面为圆柱面　如果受挤压的构件是螺栓、销钉、铆钉等圆柱形构件时，挤压面就属于这种情况 [图 3-7（a）]，此时挤压应力的分布如图 3-7（b）所示。如果以受挤压的圆柱面的正投影面积作为 A_{bs}，用它来除挤压压力 F_{bs}，所得的结果与理论分析所得的最大挤压应力值相近。因此，此时挤压面面积可按 $A_{bs} = td$ 来计算，式中，t 为销钉或销孔与连接件的接触高度，d 为销钉或销孔的直径 [如图 3-7（c）中阴影面所示]。

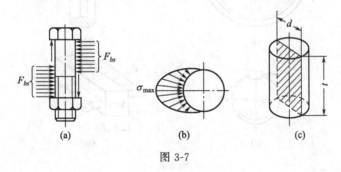

图 3-7

3.1.3 剪切与挤压强度条件

构件受到剪切和挤压作用时是否能够牢固安全地工作，要考虑剪切和挤压的强度是否能够满足要求，因此要进行剪切和挤压的强度计算。当然。由于切应力、挤压应力是以它们在剪切面和挤压面上均匀分布假设为前提的，所以这种计算强度的方法也称为**假定计算**或**实用计算**。只要能够保证具有足够的精度，这样处理问题在工程上是允许的。

一般来说，为了保证构件在剪切和挤压的情况下能安全可靠地工作，就必须将构件的工作应力限制在材料的许用应力范围之内，由此可得构件受剪切和挤压时的强度条件为

$$\tau = \frac{F_S}{A} \leqslant [\tau] \tag{3-4}$$

$$\sigma_{bs} = \frac{F_{bs}}{A_{bs}} \leqslant [\sigma_{bs}] \tag{3-5}$$

式中，$[\tau]$ 为材料的许用切应力，$[\sigma_{bs}]$ 为材料的许用挤压应力。根据材料试验积累的数据，对于钢材，许用切应力 $[\tau]$、许用挤压应力 $[\sigma_{bs}]$ 与许用拉应力 $[\sigma]$ 三者之间有如下近似关系：

塑性材料
$$\begin{cases} [\sigma_{bs}] = (1.7 \sim 2.0)[\sigma] \\ [\tau] = (0.6 \sim 0.8)[\sigma] \end{cases}$$

$$\begin{cases} [\sigma_{bs}]=(0.9\sim1.5)[\sigma] \\ [\tau]=(0.8\sim1.0)[\sigma] \end{cases}$$

脆性材料

需要强调的是，对于受剪切构件的强度计算，一般都应进行剪切和挤压两方面的计算，只有这两方面的强度条件都得到满足，构件才能安全可靠地工作。同时，与拉（压）问题一样，运用上述强度条件，可以解决剪切和挤压的强度验算、设计构件截面尺寸、确定许可载荷三类问题。

例 3-1 皮带轮通过平键与轴相连接，如图 3-8（a）所示，平键与轴都是钢制的。已知轴的直径 $d=70\text{mm}$，平键的尺寸 $b\times h\times l=20\times12\times100$，长度单位为 mm，传递的力偶矩 $M=2\text{kN}\cdot\text{m}$；平键的许用切应力 $[\tau]=60\text{MPa}$，许用挤压应力 $[\sigma_{bs}]=100\text{MPa}$。试校核该键的强度。

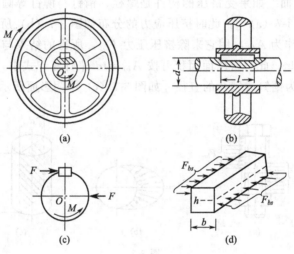

图 3-8

解　（1）键上挤压力的求解

为计算作用于键上的挤压力 F_{bs}，取轴与平键一起作为研究对象。其上作用的外力有：已知传递的力偶矩 M 和皮带轮对键侧面的挤压力 F_{bs}，可以认为 F_{bs} 与轴的圆周相切，如图 3-8（c）所示。由平衡条件 $\sum M_O=0$，得

$$M-F_{bs}\frac{d}{2}=0$$

所以作用于平键上的挤压力 $F_{bs}=2M/d$。平键在力 F_{bs} 的作用下受到剪切和挤压。

（2）校核键的剪切强度

由截面法，得平键剪切面上的剪力为

$$F_S=F_{bs}=2M/d$$

平键的剪切面积为 $A=bl$。所以由式（3-2），得平键剪切面上的切应力

$$\tau=\frac{F_S}{A}=\frac{2M}{bld}=\frac{2\times2\times10^6}{20\times100\times70}=28.57(\text{MPa})<[\tau]=60\text{MPa}$$

满足剪切强度条件式（3-4），故平键的剪切强度是足够的。

（3）校核键的挤压强度

平键的挤压面面积 $A=hl/2$，挤压力 $F_{bs}=2M/d$，则分别代入挤压应力公式（3-3），得

$$\sigma_{bs}=\frac{F_{bs}}{A_{bs}}=\frac{4M}{dhl}=\frac{4\times2\times10^6}{70\times12\times100}=95.23(\mathrm{MPa})<[\sigma_{bs}]=100\mathrm{MPa}$$

也满足挤压强度条件式（3-5），所以平键的挤压强度也是足够的。可见，平键的强度能够满足实际使用的需要。

需要注意，如果皮带轮材料的许用挤压应力比平键的低，则还应该按照式（3-5）校核轮毂材料的挤压强度。另外，利用平键连接构件的形式在工程中应用得非常广泛，并且尺寸已经标准化，在选用时，可直接根据已知轴的直径，从机械设计手册中查出平键的尺寸，再按照式（3-4）和式（3-5）来校核平键的剪切强度和挤压强度。如果平键的强度不够，可适当将键加长（增大平键的受力面积）或更换键的材料（选用较大许用应力的材料），当然，有的时候也可以考虑用两个平键连接构件的形式，使平键的强度条件能够得到满足。

例 3-2 如图 3-9（a）所示为一个电力拖车挂钩，由销钉连接。已知挂钩部分的钢板厚度 $t=10\mathrm{mm}$，销钉的材料为 20 号钢，其许用切应力 $[\tau]=60\mathrm{MPa}$，许用挤压应力 $[\sigma_{bs}]=100\mathrm{MPa}$，又知拖车的拖力 $F=18\mathrm{kN}$。试设计销钉的直径 d。

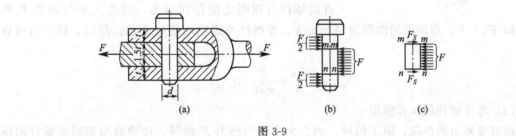

图 3-9

解 销钉的受力如图 3-9（b），根据其受力情况可知，销钉的中间部分相对于上、下两部分是沿图示 $m-m$ 和 $n-n$ 两个面向左侧错动的，所以中间部分存在着两个剪切面。具体分析过程如下。

（1）利用销钉的剪切强度求直径

首先计算销钉剪切面上的剪力。利用截面法将销钉沿 $m-m$ 和 $n-n$ 两个剪切面切开，切开后分为三段，如图 3-9（b）所示。根据静力平衡条件，可求得剪切面上的剪力为

$$F_S=\frac{F}{2}=\frac{18}{2}=9.0\ (\mathrm{kN})$$

再计算此时需要的销钉直径大小。由于销钉的剪切面面积为 $A=\pi d^2/4$，则根据剪切强度条件式（3-4），有

$$\tau=\frac{F_S}{A}=\frac{F_S}{\pi d^2/4}\leqslant[\tau]$$

所以

$$d\geqslant\sqrt{\frac{4F_S}{\pi[\tau]}}=\sqrt{\frac{4\times9000}{3.14\times60}}=13.8(\mathrm{mm})$$

（2）利用销钉的挤压强度求直径

这里需要对销钉中间部分和上下两部分分别考虑：销钉中间部分的挤压力 $F_{bs}=F$；挤压面积 $A_{bs}=1.5td$。销钉上下部分的挤压力 $F_{bs}=F/2$；挤压面积 $A_{bs}=td$。根据挤压强度条件式（3-5）可知，销钉中间部分是危险的，所以需要对这一段进行校核。

$$\sigma_{bs}=\frac{F}{1.5td}\leqslant[\sigma_{bs}]$$

故此

$$d \geqslant \frac{F}{1.5t[\sigma_{bs}]} = \frac{18000}{1.5 \times 10 \times 100} = 12.0(mm)$$

最后，综合考虑剪切和挤压强度的计算结果，并参照设计手册中的标准直径进行圆整处理，决定选取销钉直径为 14mm。

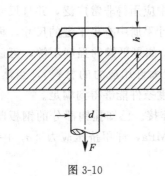

图 3-10

例 3-3 图 3-10 所示螺杆承受拉力 F 的作用，已知材料的许用切应力 $[\tau]$ 与许用拉应力 $[\sigma]$ 的关系为 $[\tau] = 0.7[\sigma]$，试按剪切强度公式求解螺杆直径 d 与螺帽高度 h 之间的合理比值。

解 此类问题在工程实际中常要求构件在满足强度的前提条件下，保证既安全又经济，也就是说当螺杆和螺帽内的应力同时达到各自的许用应力时，所设计的尺寸最合理。

（1）考虑螺杆对螺帽的剪切强度

此时螺杆与螺帽之间存在剪力，剪力大小与外力 F 相等，即 $F_S = F$；剪切面的面积为 $A = \pi dh$，即螺杆与螺帽的接触面积。所以，切应力应该满足

$$\tau = \frac{F_S}{A} = \frac{F}{\pi dh} \leqslant [\tau]$$

（2）考虑螺杆的拉伸强度

螺钉受外力的作用，向下拉伸，内力大小也与外力 F 相等，拉伸面面积即是螺杆的横截面积，所以有

$$\sigma = \frac{F}{\pi d^2/4} \leqslant [\sigma]$$

（3）求螺杆直径与螺帽高度之比

材料的许用切应力 $[\tau]$ 与许用拉应力 $[\sigma]$ 的关系为 $[\tau] = 0.7[\sigma]$，于是

$$\frac{\tau}{\sigma} = \frac{\dfrac{F}{\pi dh}}{4F/\pi d^2} = \frac{d}{4h} = \frac{[\tau]}{[\sigma]} = 0.7$$

所以可求得 $\dfrac{d}{h} = 2.8$，即螺杆直径 d 与螺帽高度 h 之间的合理比值应该为 2.8。

3.1.4 切应变与剪切胡克定律简介

本章在分析剪切变形的特点时曾指出，在两力作用线的截面将会发生相对错动。显然，构件中受到剪切作用的部分，形状由原来的矩形变成了平行四边形 [图 3-11（a）]。为了分析剪切变形，在构件的受剪部位，围绕 A 点取出一直角六面体 [图 3-11（b）]，放大后见图 3-11（c）。剪切变形时，截面发生相对滑动，致使直角六面体变成平行六面体，如图 3-11（c）中的细实线所示。图中线段 ee'（或 ff'）为平行于外力的面 $efgh$ 相对于 $abcd$ 面的滑移量，称为绝对剪切变形。而相对剪切变形为

$$\frac{\overline{ee'}}{dx} = \tan\gamma \approx \gamma$$

是矩形直角的微小改变量，称为**切应变**或者**角应变**，单位为弧度（rad）。角应变 γ 与线应变

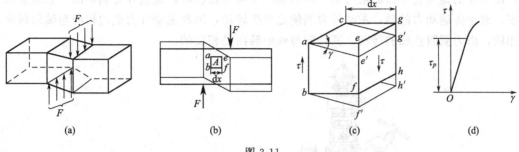

图 3-11

ε 是度量构件变形程度的两个基本物理量。

实验研究表明，当切应力不超过材料的比例极限 τ_p 时，切应力 τ 与切应变 γ 成正比 [图 3-11 (d)]，称为剪切胡克定律，用下面的公式表示

$$\tau = G\gamma$$

式中，比例常数 G 称为材料的剪切弹性模量，用来表征材料抵抗剪切变形能力的强弱。G 值越大，材料抵抗剪切破坏的能力就越强，反之亦然。不同材料的 G 值可以通过实验测定，从手册中查得。碳钢的 $G = 8.0 \times 10^4 \text{MPa}$，铸铁 $G = 4.4 \times 10^4 \text{MPa}$，其他常用材料的 G 值可以查阅表 2-1。

拉压弹性模量 E、泊松比 μ 以及剪切弹性模量 G 都是表征材料弹性性质的常数，都可以通过实验测定。对于各向同性材料，我们还可以证明它们之间具有如下关系：

$$G = \frac{E}{2(1+\mu)} \tag{3-6}$$

3.2 扭转的基本概念及其受力分析

工程实际中，经常能够见到承受扭转的构件，例如图 3-12 (a) 所示的汽车中由方向盘带动的操纵杆，其上端受到从方向盘传来的主动力偶作用，下端受到来自转向器的阻力偶作用，操纵杆受到扭转；化工设备反应釜中常见的搅拌器主轴 [图 3-13 (a)]，其上端受到由减速机输出的传动力偶作用，下端搅拌桨上受到来自物料阻力所形成的阻力偶作用，使搅拌器主轴受到扭转；再如电动机轴和机械传动中常见的传动轴 [图 3-14 (a)]，当它们匀速转动时，其上也分别受到一对大小相等、转向相反的主动力偶和阻力偶作用，使其受到扭转。这类构件受扭转时具有如下特点。

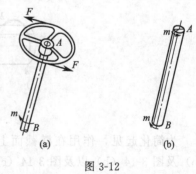

图 3-12

① 受力特点　作用在杆两端的一对力偶其大小相等、方向相反，而且力偶所在的平面与杆件的横截面相平行。

② 变形特点　在这些外力偶的作用下，杆件的横截面将绕轴线产生相对转动，其纵向直线变成螺旋线。

把具有上述变形特点的这种变形称之为杆的**扭转变形**，工程上习惯于把发生扭转变形的直杆称之为**轴**。轴上所作用的外力偶无论只有一对，还是多对，其中总会有一个是主动外力

偶，而另外的是与它平衡的阻力偶，即当轴处于匀速转动时，这些外力偶矩的代数和应该等于零。对于传递动力的轴，主动外力偶使之发生转动，因此主动外力偶的转向与轴的转向必然相同，阻力偶阻止轴的转动，其转向与轴的转向是相反的。

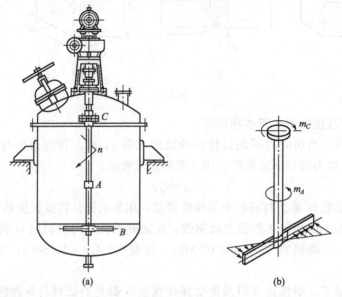

图 3-13

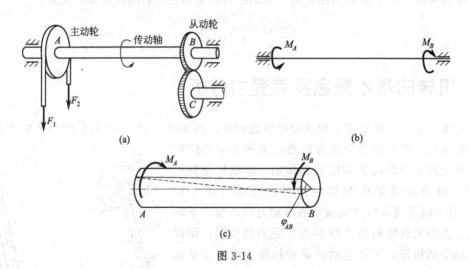

图 3-14

为简化起见，作用在横截面上的力偶常用一旋转符号表示，如图 3-12（b）、图 3-13（b）及图 3-14（b）以及图 3-14（c）所示。通常来说，轴的扭转变形往往不是单独存在的，很多传递动力的轴，既有扭转变形又有弯曲变形，所以作用在轴上的还有横向力，轴的受力情况较为复杂。本章只研究最为常见的等截面圆轴的纯扭转问题。

如同第 2 章研究直杆的轴向拉伸（压缩）问题一样，研究轴扭转问题的步骤也是首先计算作用于轴上的外力（外力偶矩）；再利用截面法计算轴上任意横截面处的内力（内力偶矩）；然后依据对试验现象的观察，作出合理假设和推论，进而得出应力在横截面上的分布规律，以便建立应力和变形的计算公式；最后对轴进行强度、刚度计算，解决实际工程问题。

3.2.1　扭转时外力的计算

（1）直接求得外力偶矩

皮带轮传送就属于这种典型的例子，如图 3-15 所示。轮 A 是主动轮，轮 B 是从动轮，作用在轮 A 上的皮带拉力有 F_1、F_2，作用在轮 B 上的有 F_3、F_4。要求作用在圆轴上的外力偶矩大小，首先要将轴作为刚体，只考虑圆轴的扭转效应。根据力的平移定理，将力 F_1、F_2 平移到带轮 A 的中心，将力 F_3、F_4 平移到带轮 B 的中心。这样可得到一个作用在轮 A 中心的合力 F_1+F_2（图中虚线所示）和一个作用在轮 A 平面内的附加力偶，其矩为

$$M_A = (F_1 - F_2)R_1$$

该力偶矩通过轮 A 传到轴上去，为主力偶矩。同样，可以求得一个作用在轮 B 中心的合力 F_3+F_4 和一个作用在轮 B 平面内的力偶，其矩为

$$M_B = (F_3 - F_4)R_2$$

这个力偶矩也将通过轮 B 传到轴上去，属于从力偶矩（也叫阻力偶矩）。在轴匀速转动的情况下，力偶矩 M_A 和 M_B 的大小相等、转向相反，并且都是外力偶矩，导致 AB 轴受到扭转。

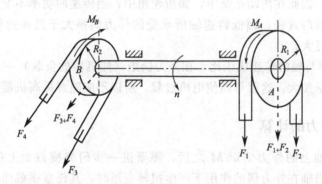

图 3-15

（2）利用轴功率求得外力偶矩

在工程实际中，多数情况下是给出了轴所传递的功率 P 和轴的转速 n，而不是给出皮带的拉力或齿轮的作用力。因此，作用在圆轴上的外力偶矩 M 就要根据 P 和 n 来求得。

以图 3-16 所示的齿轮轴简图为例，主动轮 B 的输入功率，经过轴的传递，由从动轮 A、C 输出给其他构件，若轴的传递转速为 n，单位为 r/min（或者 r.p.m）；轮 B

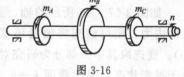

图 3-16

传输的功率为 P，单位通常用千瓦（kW）来表示，1 千瓦（kW）＝1 千牛·米/秒（kN·m/s）；而作用在该轮上的外力偶矩假设为 M，单位取为 kN·m，则有

功率 P 每分钟所做的功为

$$W = 60P \tag{3-7a}$$

外力偶矩 M 每分钟所做的功为

$$W = 2\pi nM \tag{3-7b}$$

联立式（3-7a）、式（3-7b），可得到力偶矩 M 的计算公式

$$M = \frac{60P}{2\pi n} \qquad \text{或} \qquad M = 9.55 \frac{P}{n} \qquad\qquad (3\text{-}7c)$$

式中，M 为作用在轴上的外力偶矩，单位为 kN·m；P 为轴所传递的功率，单位为 kW；n 为轴的转速，单位为 r/min（转/分）。

若力偶矩 M 的单位使用 N·mm，其他参数单位不变，则式（3-7）应改写为

$$M = 9.55 \times 10^6 \frac{P}{n}$$

若功率单位为马力，1 马力＝735.5N·m/s，其他参数单位不变，则式（3-7）应改写为

$$M = 7.02 \frac{P}{n}$$

对上述计算公式进行分析归纳后不难发现：

ⅰ. 外力偶矩与所传输的功率成正比，当轴的转速一定时，轴所传递的功率将随轴所受到的外力偶矩的增加而增大；

ⅱ. 外力偶矩与轴的转速成反比，当轴传递的功率一定时，轴的转速越高，轴所受到的扭转外力偶矩越小；因此在传动系统中，如齿轮箱，当传递的功率不变时，低转速轴的直径明显大于高转速轴的直径，因低转速轴所承受的外力偶矩大于高转速轴所承受的外力偶矩，所以要求其直径大；

ⅲ. 传递的功率与轴的转速成正比，在外力偶矩（如机器的负载）一定时，增加机器的转速会使传递的功率加大，这就可能使电机过载，所以不应随意提高机器的转速。

3.2.2 扭转时内力的计算

得到了作用在轴上的外力偶矩 M 之后，需要进一步研究横截面上的内力。同构件拉（压）、剪切相似，当轴在外力偶的作用下产生扭转变形时，其任意横截面上必然也有抵抗变形、力图恢复原状的内力产生。截面上的内力仍可用截面法来求解和计算。但必须指出，此时截面上的内力必须与截面一边作用在轴上的外力偶保持平衡，因此，截面上内力的合成结果也必须是力偶。由于该力偶是作用在轴的横截面内，所以是内力偶，此内力偶的矩称之为**扭矩**，以 T 表示。

如图 3-17（a）所示的轴，其上受到外力偶矩 M_A、M_B 的作用。要求任意截面 k—k 上的内力，则可假想将轴沿该截面切开，于是，内力偶便在截面上暴露出来，见图 3-17（b）。现选取其中一部分为研究对象，由于整个轴是平衡的，则切开后的左段或右段也必然处于平衡状态，因此截面 k—k 上的内力（分布在 k—k 截面上的内力的合力）一定是与 M_A 或 M_B 构成平衡力系的一个力偶，由平衡方程

$$\sum M = 0$$

可得 $\qquad\qquad\qquad\qquad\qquad T = M_A$

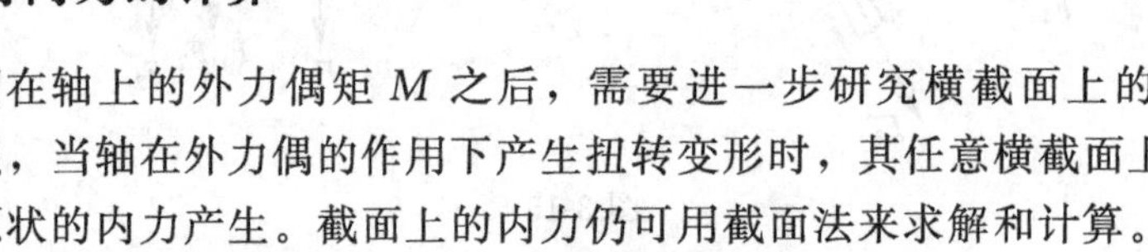

图 3-17

或者 $$T = M_B$$

由 $M_A = M_B$ 可知，整段 AB 轴内都是同样的扭矩 T 在起作用。

需要说明的是：① 在对左右两段分别研究时，都用到了同一个横截面 $k-k$，并且都有一个扭矩 T，它们是作用与反作用的关系，分别代表了左段对右段或右段对左段的作用；由图中还可以看出，作用在右段横截面 $k-k$ 上的扭矩 T，是外力偶矩 M_A 通过左段轴各个横截面依次传递到 $k-k$ 截面的；同样，作用在左段横截面 $k-k$ 上的扭矩 T，是外力偶矩 M_B 通过右段轴各个横截面依次传递到 $k-k$ 截面的；② 扭矩 T 的大小可用静力平衡条件求得，由于左右两段轴都处于平衡状态，故取哪一段都是可以的，实际计算中可以根据具体的情况加以考虑，选取外力偶矩简单明了的一段为好。

对于图 3-17 所示的轴，无论取左侧还是取右侧为研究对象，其截面 $k-k$ 上根据静力平衡条件求得的扭矩应该是大小相等、转向相反的，因为它们是一对作用力偶和反作用力偶。但由于它们表示的是同一个截面上的扭矩，所以应该具有相同的正负号。因此，为了方便分析计算起见，对扭矩的正负号做如下统一约定：按照右手螺旋法则，将右手的四指沿着扭矩的旋转方向，如果大拇指的指向与该扭矩所作用的横截面的外法线方向一致，则扭矩为正，反之为负。据此分析图 3-17 中 $k-k$ 截面上的扭矩，无论以哪一段为研究对象，所得到的扭矩 T 均为正的。

工程实际中的传动轴，其上常常作用的外力偶会有两个以上，这种情况下，仍然可用截面法来求取轴上各横截面处的扭矩。以图 3-18（a）所示的某反应釜的搅拌轴为例，其受力情况如图 3-18（b）所示。轴的上端有主动轮 A，作用的主动力偶矩为 M_A，下端有两个用于搅拌的平板桨叶 B、C（互成 90°），两个平板桨叶受到物料的阻力作用，则施加给轴的阻力矩为 M_B、M_C。当轴保持匀速转动时，主动力偶矩 M_A 与阻力偶矩 M_B、M_C 相平衡，按照 $\sum M = 0$，得

$$M_A - M_B - M_C = 0$$

即 $$M_A = M_B + M_C$$

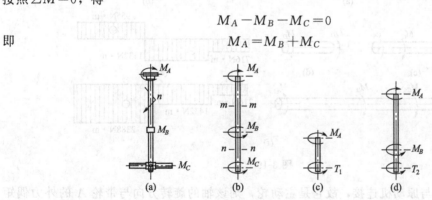

图 3-18

先计算搅拌轴 AB 段内各横截面上的扭矩。利用截面法，将轴在该段内沿任一横截面，如 $m-m$ 截面切开，取上段分离体作为研究对象，受力图如图 3-18（c）所示。由静力平衡条件 $\sum M = 0$，得

$$M_A - T_1 = 0$$

所以，求得 AB 段内各横截面上的扭矩 $T_1 = M_A$。很明显，在 AB 段内，各横截面上的扭矩都是相同的，大小都为 M_A。

再来计算搅拌轴 BC 段内各横截面上的扭矩。同样，将轴在该段内沿任一横截面 $n-n$ 截面切开，取上段分离体作为研究对象，其受力图如图 3-18（d）所示。由静力平衡条件

$\sum M = 0$，得

$$M_A - T_2 - M_B = 0$$

所以，求得 BC 段内各横截面上的扭矩 $T_2 = M_A - M_B$。

依照前述对扭矩符号的统一约定可知，T_1、T_2 都是负的。

总结以上例题可以归纳出计算扭矩的一般性规律为：

ⅰ. 轴的任一横截面上的扭矩，在数值上等于该截面任一侧的轴上所有外力偶矩的代数和，其转向与外力偶矩的合力偶矩之转向相反；

ⅱ. 计算时可以先假设扭矩为正，得到的数如果为正，说明假设与实际方向相同，反之亦然。

通过前面几章的学习体会不难认识到，设计时需要首先找到构件上的危险截面。对于圆轴扭转问题而言，同样需要确定危险截面，即找出扭矩最大的截面。为了能够更清晰地反映出轴上所作用的扭矩的大小和转向，直观的办法是做扭矩图。就是将轴上的扭矩随横截面位置的变化情况作图，这样的图就叫做**扭矩图**。建议作图时，以平行于轴线的坐标表示各横截面的位置，以垂直于轴线的坐标表示各横截面上扭矩 T 的数值，按适当的比例尺，将正扭矩标在坐标轴一侧，而将负扭矩标在轴的另一侧。

例 3-4 图 3-19（a）为一传动轴，带轮 A 直接与原动机连接，从动轮 B、C 和 D 与工作机连接。已知带轮 A 的输入功率 $P_A = 50\text{kW}$，从动轮 B、C 和 D 的输出功率分别为 $P_B = P_C = 15\text{kW}$，$P_D = 20\text{kW}$，轴的转速 $n = 200\text{r/min}$。试画出该轴各截面的扭矩图。

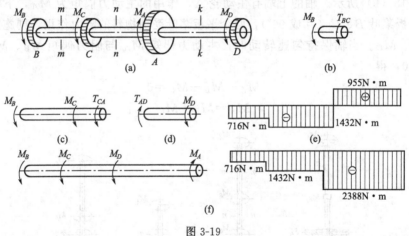

图 3-19

解 因带轮 A 与原动机连接，故它是主动轮，则该轴的旋转方向与带轮 A 的外力偶矩 M_A 转动方向一致。带轮 B、C 和 D 从轮 A 得到功率，再传给负载，属于从动轮。作用在轮 B、C 及 D 上的外力偶 M_B、M_C 和 M_D 的转向与轴的旋转方向正好相反，各外力偶转向如图 3-19（a）中各箭头所示。

（1）首先根据功率和转速计算各轮上的外力偶矩

$$M_A = 9.55 \times \frac{P_A}{n} = 9.55 \times \frac{50}{200} = 2.388(\text{kN} \cdot \text{m}) = 2388(\text{N} \cdot \text{m})$$

$$M_B = 9.55 \times \frac{P_B}{n} = 9.55 \times \frac{15}{200} = 0.716(\text{kN} \cdot \text{m}) = 716(\text{N} \cdot \text{m})$$

$$M_C = 9.55 \times \frac{P_C}{n} = 9.55 \times \frac{15}{200} = 0.716 (\text{kN} \cdot \text{m}) = 716 (\text{N} \cdot \text{m})$$

$$M_D = 9.55 \times \frac{P_D}{n} = 9.55 \times \frac{20}{200} = 0.955 (\text{kN} \cdot \text{m}) = 955 (\text{N} \cdot \text{m})$$

由计算及受力情况可知，在 BC、CA 及 AD 段内，该传动轴各截面上的扭矩是不相等的，需要利用截面法，根据力矩平衡方程来求得各段的扭矩。

（2）计算各截面上的扭矩

应用截面法将轴的各段分别沿 $m—m$、$n—n$ 及 $k—k$ 截面切开。对 BC 段，考虑左段轴的平衡来计算截面上的扭矩，见图 3-19（b），以 T_{BC} 表示截面 $m—m$ 上的扭矩，方向的设定如图所示，则由平衡方程，得

$$T_{BC} + M_B = 0$$

即
$$T_{BC} = -M_B = -716 \text{N} \cdot \text{m}$$

负号说明，图 3-19（b）中所设定的扭矩方向与截面 $m—m$ 上扭矩的实际方向相反，按照右手螺旋法则可知，BC 段内的扭矩是指向截面内的，并且这一段内各截面的扭矩都是相同的，为 $-716 \text{N} \cdot \text{m}$，所对应的扭矩图如图 3-19（e）所示。

同理，在 CA 段内，可得

$$T_{CA} + M_B + M_C = 0$$

$$T_{CA} = -T_B - T_C = -1432 \text{N} \cdot \text{m}$$

在 AD 段内，可得

$$T_{AD} - M_D = 0$$

$$T_{AD} = M_D = 955 \text{N} \cdot \text{m}$$

（3）画扭矩图

根据以上求得的轴在各段内的扭矩值，并依照其沿截面位置的变化情况，按比例以作扭矩图，如图 3-19（e）所示。从该图可见，最大扭矩发生在轴的 CA 段内，其值为 $T_{\max} = 1432 \text{N} \cdot \text{m}$。

对同一根轴，若把主动轮 A 设置在轴的一端，例如放在右端，则轴的扭矩图将如 3-19（f）所示，这时的最大扭矩为 $T_{\max} = 2388 \text{N} \cdot \text{m}$。显然，这样的扭矩分布是不合理的，加重了轴的负载。在实际工程中，要特别注意传动轴上输入与输出功率的带轮位置，以比较合理的方式分布带轮。

3.3　圆轴扭转时的应力及强度条件

本节将重点讨论圆轴受扭转变形时其横截面上的应力分布问题，以便进一步建立强度条件。具体分析方法同处理拉压变形时的思路相似。即先从实验观察入手，作出合理的假设和推论（**合理的分析、假设**）；再通过变形的几何关系，找出各截面上应变的变化规律（**变形的几何关系**）；根据应力与应变之间的物理关系，确定应力的分布规律（**物理方程**）；最后结合应力与内力之间的静力学关系（**静力平衡方程**），从而得到应力的计算公式。

3.3.1　切应变的分布规律

（1）实验与假设

为了分析圆截面轴的扭转应力，先观察其变形情况。取一等截面圆轴，并在其圆柱形外

表面上画一些平行于轴线的纵向线和一些代表横截面的圆周线，如图 3-20（a）所示。然后在轴的两端横截面上加一对大小相等、方向相反的力偶，其矩为 M，使轴发生扭转变形。变形后的圆轴如图 3-20（b）所示。由试验可以观察到如下现象：

ⅰ. 各圆周线的形状没有变化，只是绕轴线转了不同的角度；

ⅱ. 在小变形时，各圆周线的尺寸以及两圆周线间的距离均无变化；

ⅲ. 纵向线仍近似为一条直线，但都倾斜了同一个角度，使原来的矩形小方格变成了平行四边形。

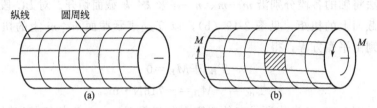

图 3-20

与分析拉压变形时的情形类似，根据观察到的变形现象，也可作出横截面的平面假设：圆轴受扭前的横截面，变形后仍保持为平面，其形状、大小及横截面间的距离均不变，半径仍保持为直线。也就是说，扭转变形可视为各横截面像刚性平面一样，一个截面接着一个截面产生绕轴线的相对转动。

由于横截面的形状、截面间距在扭转时保持不变，因此可以断定，横截面上没有正应力；但由于截面旋转了一定的角度，所以存在切应力，该切应力的方向与横截面的半径相垂直。

（2）变形的几何关系

为进一步分析变形的规律，从轴上取出长为 $\mathrm{d}x$ 的微元，如图 3-21（a）所示。按照平面假设，其右侧截面像刚性平面一样，相对于左侧截面绕着轴线 O_1O_2 转了一个角度 $\mathrm{d}\varphi$，因而，右侧截面上的半径 O_2B 转到了 O_2B' 的位置，转过的角度也是 $\mathrm{d}\varphi$。纵向线 AB 转到了 AB' 的位置，倾斜角为 γ；半径为 ρ 的圆柱面上的纵向线 CD 转到了 CD' 的位置，其倾斜角为 γ_ρ。这里，$\mathrm{d}\varphi$ 称为微元段 $\mathrm{d}x$ 上的扭转角；γ 是横截面边缘上点的切应变，也是轴表面纵向线的倾斜角；γ_ρ 是半径为 ρ 处的圆柱面上一点的切应变。在小变形的情况下，由几何关系可得

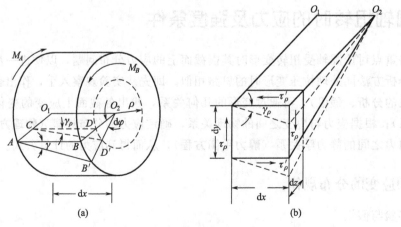

图 3-21

$$\gamma \approx \tan\gamma = \frac{BB'}{AB} = \frac{BB'}{\mathrm{d}x}$$

而 $BB' = R\,\mathrm{d}\varphi$，所以

$$\gamma = R\frac{\mathrm{d}\varphi}{\mathrm{d}x}$$

$$\gamma_\rho = \frac{DD'}{\mathrm{d}x} = \rho\frac{\mathrm{d}\varphi}{\mathrm{d}x}$$

式中，$\dfrac{\mathrm{d}\varphi}{\mathrm{d}x}$ 表示扭转角 φ 沿轴线 x 的变化率，为两个截面相隔单位长度时的扭转角，称

为**单位长度扭转角**，用符号 θ 表示，所以有 $\theta = \dfrac{\mathrm{d}\varphi}{\mathrm{d}x}$。

由此可以得出切应变的变化规律：对于同一截面上各点来说，θ 是常量，因此 γ_ρ 与半径 ρ 成正比。即圆轴横截面上某一点的切应变与该点到圆心的距离 ρ 成正比：圆心处切应变为零，圆轴表面上切应变最大，半径为 ρ 的同一圆周上各点的切应变相等。

3.3.2 切应力的分布规律

由剪切胡克定律可知，当圆轴扭转时，只要外力偶矩不是很大，即横截面上的切应力不超过材料的剪切比例极限，那么，圆轴横截面上与圆心距离为 ρ 处的切应力 τ_ρ 应与该点的切应变 γ_ρ 成正比，即

$$\tau_\rho = G\gamma_\rho$$

将 $\gamma_\rho = \rho\dfrac{\mathrm{d}\varphi}{\mathrm{d}x}$ 代入上式，有

$$\tau_\rho = G\rho\frac{\mathrm{d}\varphi}{\mathrm{d}x} \tag{3-8}$$

式（3-8）表明，圆轴扭转时横截面上切应力沿半径呈线性分布，离轴心越远处切应力越大，圆轴表面处切应力最大；同一半径 ρ 处所有点的切应力 τ_ρ 均相同，切应变发生在与半径垂直的平面内，因此，切应力的方向与半径相垂直；圆心处切应力为零。图 3-22 (a) 为实心圆轴横截面切应力分布规律，图 3-22 (b) 为空心圆轴横截面切应力的分布规律，读者应该牢固掌握。

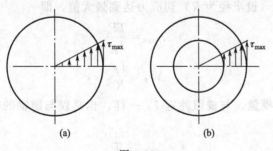

(a)　　　　　　　　(b)

图 3-22

3.3.3 以静力平衡求切应力

由式（3-8）可知切应力在横截面上的分布规律，可是还不能直接用该式来计算切应力 τ_ρ 的大小，因为式中 $\mathrm{d}\varphi/\mathrm{d}x$ 的值仍未知。因此，要解决这一问题，就需要建立截面上的扭

矩 T 与 $\mathrm{d}\varphi/\mathrm{d}x$ 之间的对应关系，从而来计算切应力的大小。

如图 3-23 所示，在圆轴横截面上离圆心 ρ 处，取一微面积 $\mathrm{d}A$，其上微内力为 $\tau_\rho \mathrm{d}A$，因 τ_ρ 与半径相垂直，故微内力对圆心的微力矩为 $\mathrm{d}T=\tau_\rho \mathrm{d}A\rho$。截面上所有这些微力矩的合力矩，即微力矩在整个横截面上的积分，就是横截面上的扭矩 T，所以有

$$T=\int_A \mathrm{d}T=\int_A \rho\tau_\rho \mathrm{d}A$$

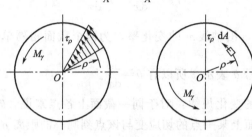

图 3-23

将式（3-8）代入上式，并将常量 G 和 $\mathrm{d}\varphi/\mathrm{d}x$ 移至积分号外，便得

$$T=\int_A G\rho^2 \frac{\mathrm{d}\varphi}{\mathrm{d}x}\mathrm{d}A=G\frac{\mathrm{d}\varphi}{\mathrm{d}x}\int_A \rho^2 \mathrm{d}A \qquad (3\text{-}9a)$$

令

$$I_p=\int_A \rho^2 \mathrm{d}A \qquad (3\text{-}9b)$$

式中，A 为轴的横截面面积；I_p 是只与圆轴的横截面形状、尺寸有关的几何量，称为横截面对圆心 O 点的**极惯性矩**。

式（3-9a）又可以写成

$$T=GI_p \frac{\mathrm{d}\varphi}{\mathrm{d}x} \qquad (3\text{-}9c)$$

再把式（3-9c）代入式（3-8），即得

$$\tau_\rho=\frac{T\rho}{I_p} \qquad (3\text{-}10)$$

式（3-10）就是等直圆轴扭转时横截面上任一点处的切应力计算公式，圆心处切应力为零，圆轴横截面边缘处（设半径为 R）切应力达到最大值，即

$$\tau_{\max}=\frac{TR}{I_p}$$

令

$$W_p=\frac{I_p}{R}$$

W_p 称为**抗扭截面模量**，与极惯性矩 I_p 一样，也是仅与圆轴的横截面形状、尺寸有关的几何量，则

$$\tau_{\max}=\frac{T}{W_p} \qquad (3\text{-}11)$$

需要指出的是：在推导过程中应用了剪切胡克定律，因此公式只适用于切应力小于剪切比例极限的范围，并且是圆轴的情况。对小锥度的圆轴可以近似使用，对阶梯状圆轴要分段使用。当然对空心圆轴也是适用的。

3.3.4　截面的几何性质、强度条件

(1) 截面几何性质

要进行扭转应力计算，尚需确定 I_p 或者 W_p 的数值。下面将分别讨论各类圆形截面构件的几何性质计算问题。

① 实心圆截面　如图 3-24 (a) 所示，在计算圆形截面的极惯性矩 I_p 时，可在圆形截面上距圆心为 ρ 处，取一宽为 $\mathrm{d}\rho$ 的圆环形微面积 $\mathrm{d}A$，即 $\mathrm{d}A = 2\pi\rho\mathrm{d}\rho$，则

$$I_p = \int_A \rho^2 \mathrm{d}A = 2\pi \int_0^{D/2} \rho^3 \mathrm{d}\rho = \frac{\pi}{32}D^4 \tag{3-12}$$

式中，D 为圆轴横截面直径，极惯性矩 I_p 的单位通常用 m^4 或 mm^4 表示。抗扭截面模量为

$$W_p = \frac{I_p}{R} = \frac{I_p}{D/2} = \frac{\pi}{16}D^3 \tag{3-13}$$

它的常用单位为 m^3 或 mm^3。

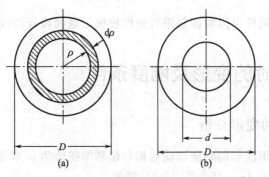

图 3-24

② 空心圆截面　如图 3-24 (b) 所示，与圆形截面相类似，圆环形截面（如工程或日常生活中常见的空心圆轴横截面）的 I_p 和 W_p 的计算公式为

$$I_p = \int_A \rho^2 \mathrm{d}A = 2\pi \int_{d/2}^{D/2} \rho^3 \mathrm{d}\rho = \frac{\pi}{32}(D^4 - d^4) = \frac{\pi D^4}{32}(1 - \alpha^4) \tag{3-14}$$

$$W_P = \frac{I_p}{R} = \frac{I_P}{D/2} = \frac{\pi D^3}{16}(1 - \alpha^4) \tag{3-15}$$

式中，D 为空心圆轴横截面外径；d 为其内径；$\alpha = d/D$，为内外直径之比。

③ 薄壁圆环　薄壁圆环可以看作空心圆截面的特殊情况进行处理，由于内外直径比较接近，所以薄壁圆环截面的 I_p 和 W_p 可按式 (3-16) 和式 (3-17) 做近似计算：

$$I_p = \frac{\pi}{32}(D^4 - d^4) = \frac{\pi}{32}(D^2 + d^2)(D + d)(D - d)$$

$$\approx \frac{\pi}{32} \times 8r_m^2 \times 4r_m \times 2t = 2\pi r_m^3 t \tag{3-16}$$

$$W_p = \frac{I_p}{r_m} = 2\pi r_m^2 t \tag{3-17}$$

式中，r_m 为薄壁圆环的平均半径；t 为圆环的壁厚。

(2) 强度条件

等直圆轴扭转时扭矩数值最大的横截面（即危险截面），可由公式直接计算出或者从扭矩图上找到，其扭矩值记为 T_{max}。因此，为了保证圆轴在扭转时能安全、可靠地工作，必须使其危险截面上的最大切应力 τ_{max} 不超过材料的许用切应力 $[\tau]$。因此，圆轴扭转时的强度条件为

$$\tau_{max}=\frac{T_{max}}{W_p}\leqslant[\tau] \tag{3-18}$$

式中，T_{max}、W_p 分别为危险截面上的扭矩与抗扭截面模量。如果 M_{rmax} 的单位采用 N·mm，计算 W_p 时直径 d 的单位采用 mm，则由此而得的切应力单位应该为 MPa（N/mm²）。

对于扭转许用切应力 $[\tau]$，是根据扭转试验的屈服极限 τ_s（塑性材料）或强度极限 τ_b（脆性材料）值，再考虑构件的实际工作情况，采用适当的安全系数来决定的。材料的扭转许用切应力 $[\tau]$ 和拉伸时的许用应力 $[\sigma]$ 值存在一定的关系。

对塑性材料，可取 $\qquad [\tau]=(0.5\sim0.6)[\sigma]$
对脆性材料，可取 $\qquad [\tau]=(0.8\sim1.0)[\sigma]$

应用此强度条件，同样可以对圆轴进行强度校核、截面设计以及确定许可载荷等。

3.4　圆轴扭转时的变形及刚度条件

3.4.1　圆轴扭转时的变形分析

轴的扭转变形，是用横截面间绕轴线的相对位移即扭转角 φ 来表示的。相距为 dx 的两个横截面的相对扭转角为 $d\varphi$，可由式（3-9）得出

$$d\varphi=\frac{T}{GI_p}dx \qquad \text{或} \qquad \theta=\frac{d\varphi}{dx}=\frac{T}{GI_p}$$

将上式对 x 积分，可得到相距为 l 的两个横截面间的扭转角为（图3-25）

$$\varphi=\int_l d\varphi=\int_0^l\frac{T}{GI_p}dx$$

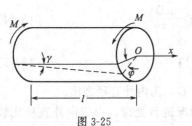

图 3-25

若在长为 l 的一段轴内，各横截面上的扭矩 T 数值不变，而 GI_p 又是常数，故积分后，有

$$\varphi=\frac{Tl}{GI_p} \tag{3-19}$$

式（3-19）就是扭转角的计算公式，φ 的单位为弧度（rad）。由此式可以看到，扭转角 φ 与扭矩 T 和轴的长度 l 成正比，与 GI_p 成反比。当扭矩 T 和轴长 l 一定时，GI_p 越大，φ 就越小。说明 GI_p 反映了圆轴抵抗扭转变形的能力，称为圆轴的**抗扭刚度**，它与材料的力学性质、横截面的形状和尺寸等有关。

为消除长度 l 的影响，工程上常用单位长度扭转角 θ 来衡量扭转变形的程度，所以将式（3-19）两端同时除以长度 l，并将弧度换算为度，得

$$\theta=\frac{T}{GI_p}\times\frac{180}{\pi} \tag{3-20}$$

3.4.2 圆轴扭转时的刚度条件

设计轴时，除了要考虑强度要求外，对于许多轴还要对其变形有一定的限制，即不能产生过大的扭转变形，要满足扭转刚度的要求，否则会影响机器的精度和引起振动。在实际工程中，通常限制扭转角沿轴线的变化率 $d\varphi/dx$ 或者限制单位长度内的扭转角，使其不超过某一规定的许用值 $[\theta]$。因此，圆轴扭转时的刚度条件为

$$\theta_{max} = \frac{T_{max}}{GI_p} \leqslant [\theta] \tag{3-21}$$

式中，$\theta_{max} = \varphi/l$，单位为弧度/米（rad/m）。但在工程实际中 $[\theta]$ 的常用单位为度/米（°/m），故需进行单位换算。若扭矩的单位为 N·mm，剪切弹性模量的单位为 MPa（N/mm^2），极惯性矩的单位为 mm^4，则有

$$\theta_{max} = \frac{T_{max}}{GI_p} \times \frac{180}{\pi} \times 10^3 \leqslant [\theta]$$

即

$$\theta_{max} = 57325 \times \frac{T_{max}}{GI_p} \leqslant [\theta] \tag{3-22}$$

许用单位扭转角 $[\theta]$，是根据载荷性质和工作条件等因素决定的。具体数值可以从机械设计手册中查得。通常在设计规范中规定：

精密机械的轴 $[\theta] = (0.15 \sim 0.5)(°)/m$

一般传动轴 $[\theta] = (0.5 \sim 1.0)(°)/m$

低精度的轴 $[\theta] = (2.0 \sim 4.0)(°)/m$

如前所述，应用扭转刚度条件同样可以解决校核、设计以及许可载荷确定等三类问题。但需要强调的是，计算时应格外注意公式中每个物理量的正确单位，以免产生错误。下面让我们集中学习几个应用实例，以便加深对内容的理解和做到学以致用。

例 3-5 一阶梯状圆轴如图 3-26 所示，已知 AB 段直径 $d_1 = 120mm$，BC 段直径 $d_2 = 100mm$，外力偶矩 $M_A = 22kN·m$，$M_B = 36kN·m$，$M_C = 14kN·m$。材料的许用切应力 $[\tau] = 80MPa$，试校核轴的强度。

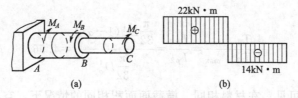

图 3-26

解 由截面法可以求得该轴在 AB 段和 BC 段的扭矩分别为

$$T_{AB} = 22kN·m$$

$$T_{BC} = -14kN·m$$

据此，可以画出相应的扭矩图，如图 3-26（b）所示。

由扭矩图可知，虽然 AB 段的扭矩明显比 BC 段的扭矩大，但因为这两段圆轴的直径不同，扭矩大的轴直径也大，因此，需要分别校核两段轴的强度。对 AB 段，有

$$\tau_{\text{max}AB} = \frac{T_{AB}}{W_{pAB}} = \frac{22 \times 10^3}{\frac{\pi}{16}(0.12)^3} = 64.8(\text{MPa}) \leqslant [\tau]$$

对 BC 段，有

$$\tau_{\text{max}BC} = \frac{T_{BC}}{W_{pBC}} = \frac{14 \times 10^3}{\frac{\pi}{16}(0.10)^3} = 71.3(\text{MPa}) \leqslant [\tau]$$

由上述计算结果可知，这个阶梯轴满足强度要求。

例 3-6 如图 3-27 所示，某传动轴以直径比 $\alpha = \dfrac{d}{D} =$ 0.8 的空心圆轴 [图 3-27 (a)] 代替直径为 D_o 的实心圆轴 [图 3-27 (b)]，两个轴的材料、长度、横截面面积都相同，试按照强度和刚度条件比较其许可扭矩。

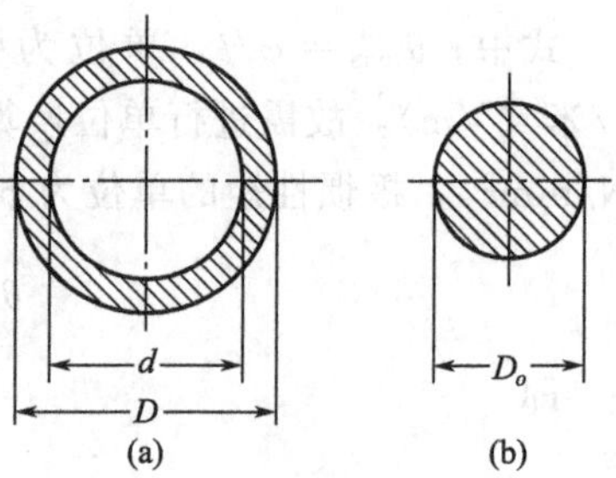

解 按照两根轴横截面面积相等，有

$$\frac{\pi}{4}(D^2 - d^2) = \frac{\pi}{4}D_o^2$$

可得 $D_o = 0.6D$

首先依据强度条件 $\tau_{1\text{max}} = \tau_{2\text{max}} = [\tau]$ 判断，有

$$\frac{|T_1|_{\text{max}}}{W_{p1}} = \frac{|T_2|_{\text{max}}}{W_{p2}}$$

所以

$$\frac{|T_1|_{\text{max}}}{|T_2|_{\text{max}}} = \frac{W_{p1}}{W_{p2}} = \frac{\frac{\pi}{16}D^3(1-\alpha^4)}{\frac{\pi}{16}D_o^3} = 2.73$$

再按照刚度条件 $\theta_{1\text{max}} = \theta_{2\text{max}} = [\theta]$ 判断，有

$$\frac{|T_1|_{\text{max}}}{GI_{p1}} = \frac{|T_2|_{\text{max}}}{GI_{p2}}$$

所以

$$\frac{|T_1|_{\text{max}}}{|T_2|_{\text{max}}} = \frac{I_{p1}}{I_{p2}} = \frac{\frac{\pi}{32}D^4(1-\alpha^4)}{\frac{\pi}{32}D_o^4} = 4.56$$

图 3-27

由例 3-6 的分析可见，在材料相同、横截面面积相同的情况下，空心轴所承受的许可载荷比实心轴大得多。同理，如果载荷相同，采用空心轴则可以大量节省材料，减轻轴的重量，这是因为扭转时切应力分布很不均匀，只有截面边缘各点的切应力接近或达到了材料的许用值，其他各点的应力均比许用值小很多，圆心附近的应力就更小。显然，大部分材料没有得到充分利用，如果把这部分材料移到离圆心较远的位置，使其成为空心轴，便提高了材料的利用率，增大了 I_p 和 W_p，从而提高了轴的强度和刚度。由此可见，对于工程结构而言，在满足强度和刚度要求的前提下，可以进行优化设计。读者应该通过本课程学习逐步培养自己的这种工程设计意识。

例 3-7 某双层板式桨叶搅拌器。已知电动机的功率是 20kW，搅拌轴的转速是 60 转/

分，机械传动的效率是84％。上、下层搅拌桨叶所受的阻力不同，所消耗的功率各占总功率的35％和65％，轴用 $\phi108mm×6mm$ 不锈钢管制成，材料的许用应力 $[\tau]=30MPa$，剪切弹性模量 $G=8.1×10^4MPa$，搅拌轴的许用单位扭转角 $[\theta]=0.5°/m$。试校核该搅拌轴的强度和刚度。

解　(1) 外力偶矩和扭矩的计算

因为机械效率是84％，所以传到搅拌轴上的实际功率是 $20×84\%=16.8kW$，则电动机提供给搅拌轴的主动力偶矩根据式 (3-7) 应为

$$M_A=9.55×\frac{P}{n}=9.55×\frac{16.8}{60}=2.674(kN·m)$$

上下层桨叶形成的阻力偶矩应为

$$M_B=9.55×\frac{0.35×16.8}{60}=0.936(kN·m)$$

$$M_C=9.55×\frac{0.65×16.8}{60}=1.738(kN·m)$$

在匀速转动时，主动外力偶矩与阻力偶矩相平衡。由截面法可求得 $m—m$ 和 $n—n$ 截面上的扭矩分别为

$$T_1=2.674kN·m$$
$$T_2=1.738kN·m$$

最大扭矩为

$$T_{max}=T_1=2.674kN·m$$

(2) 强度校核

由式 (3-15)，得搅拌轴的抗扭截面模量为

$$W_p=\frac{\pi D^3}{16}(1-\alpha^4)=\frac{\pi}{16}×108^3×\left[1-\left(\frac{96}{108}\right)^4\right]=9.293×10^4(mm^3)$$

将 T_{max} 和 W_p 的值代入式 (3-11)，便得搅拌轴内最大切应力为

$$\tau_{max}=\frac{T_{max}}{W_p}=\frac{2.674×10^6}{9.293×10^4}=28.8(MPa)<[\tau]=30MPa$$

可见，搅拌轴的强度是满足要求的。

(3) 刚度校核

由式 (3-14)，得搅拌轴的极惯性矩为

$$I_p=\frac{\pi D^4}{32}(1-\alpha^4)=\frac{\pi}{32}×108^4\left[1-\left(\frac{96}{108}\right)^4\right]=5.02×10^6(mm^4)$$

将 T_{max}、I_p 和 G 的值代入式 (3-22)，便得搅拌轴单位长度最大扭转角为

$$\theta_{max}=57325×\frac{T_{max}}{GI_p}=57325×\frac{2.674×10^6}{8.1×10^4×5.018×10^6}=0.38(°/m)$$

所以，$\theta_{max}<[\theta]$。可见搅拌轴的刚度也够。

例 3-8　某搅拌轴工作时的转速为 $n=500r/min$，主动轮 A 上的输入功率为 $P_1=380kW$，从动轮 B、C 上消耗的功率分别为 $P_2=150kW$ 和 $P_3=230kW$，如图 3-28 (a) 所示。已知许用切应力 $[\tau]=80MPa$，$[\theta]=1.5°/m$，$G=80GPa$，求：(1) AB 段与 BC 段的最小直径；(2) 如果把轴改为外径 $D=100mm$，$\alpha=0.8$ 的空心轴，试计算两根轴的质量比。

解　(1) AB 段与 BC 段最小直径

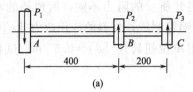 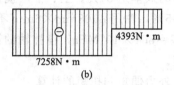

图 3-28

计算外力偶矩的值：

$$M_A = 9.55 \times \frac{P_1}{n} = 9.55 \times \frac{380}{500} = 7.258(\text{kN} \cdot \text{m}) = 7258(\text{N} \cdot \text{m})$$

$$M_B = 9.55 \times \frac{P_2}{n} = 9.55 \times \frac{150}{500} = 2.865(\text{kN} \cdot \text{m}) = 2865(\text{N} \cdot \text{m})$$

$$M_C = 9.55 \times \frac{P_3}{n} = 9.55 \times \frac{230}{500} = 4.393(\text{kN} \cdot \text{m}) = 4393(\text{N} \cdot \text{m})$$

由截面法可以求得 AB 段及 BC 段的扭矩分别为

$$T_{AB} = -7.258\text{kN} \cdot \text{m} = -7258\text{N} \cdot \text{m}$$

$$T_{BC} = -4.393\text{kN} \cdot \text{m} = -4393\text{N} \cdot \text{m}$$

画出扭矩图，如图 3-28（b）所示。

计算各段轴的直径：对 AB 段，由扭转强度条件，有

$$\tau_{\max} = \frac{T_{AB}}{W_p} = \frac{16T_{AB}}{\pi D_1^3} \leqslant [\tau]$$

所以

$$D_1 \geqslant \sqrt[3]{\frac{16T_{AB}}{\pi[\tau]}} = \sqrt[3]{\frac{16 \times 7258 \times 10^3}{\pi \times 80}} = 77.3(\text{mm})$$

由扭转刚度条件，有

$$\theta_{\max} = \frac{T_{AB}}{G\dfrac{\pi D_1^4}{32}} \times \frac{180°}{\pi} \leqslant [\theta]$$

求得

$$D_1 \geqslant \sqrt[4]{\frac{32T_{AB} \times 180}{\pi[\theta] \times G \times \pi}} = \sqrt[4]{\frac{32 \times 7258 \times 180}{\pi \times 1.5 \times 80 \times 10^9 \times \pi}} = 77.08(\text{mm})$$

所以 AB 段的直径圆整后取 $D_1 = 80\text{mm}$，这样可以同时满足强度和刚度条件。

对 BC 段，由扭转强度条件，有

$$\tau_{\max} = \frac{T_{BC}}{W_p} = \frac{16T_{BC}}{\pi D_2^3} \leqslant [\tau]$$

所以

$$D_2 \geqslant \sqrt[3]{\frac{16T_{BC}}{\pi[\tau]}} = \sqrt[3]{\frac{16 \times 4393 \times 10^3}{\pi \times 80}} = 65.40(\text{mm})$$

由扭转刚度条件，有

$$\theta_{\max} = \frac{T_{BC}}{G\dfrac{\pi D_2^4}{32}} \times \frac{180°}{\pi} \leqslant [\theta]$$

可求得

$$D_2 \geqslant \sqrt[4]{\frac{32T_{BC} \times 180}{\pi[\theta] \times G \times \pi}} = \sqrt[4]{\frac{32 \times 4393 \times 180}{\pi \times 1.5 \times 80 \times 10^9 \times \pi}} = 68(\text{mm})$$

综合后，BC 段的直径取为 $D_2 = 70\text{mm}$，可以满足使用要求。

（2）计算两个轴的质量比

首先校核轴的强度与刚度。此时，轴为外径 $D = 100\text{mm}$，$\alpha = 0.8$ 的空心轴，则内径 $d = D\alpha = 100 \times 0.8\text{mm} = 80\text{mm}$。

于是，有

$$\tau_{\max} = \frac{T_{\max}}{W_p} = \frac{T_{\max}}{\dfrac{\pi D^3}{16}(1-\alpha^4)} = \frac{7258 \times 16}{\pi \times 100^3 \times (1-0.8^4)} = 62.6\text{MPa} < [\tau]$$

$$\theta_{\max} = \frac{T_{\max}}{GI_p} = \frac{T_{\max}}{G\dfrac{\pi D^4}{32}(1-\alpha^4)} = \frac{7258 \times 32}{80 \times 10^9 \times \pi \times 100^4 \times (1-0.8^4)} \times \frac{180}{\pi}$$

$$= 1.30[(°)/\text{m}] \leqslant [\theta]$$

所以，外径为 $D = 100\text{mm}$ 的轴强度是满足要求的。

（3）比较两个轴的质量

若原轴按 $D_1 = 80\text{mm}$ 的等截面圆轴计算，则两轴横截面面积之比为

$$\frac{A_{空}}{A_{实}} = \frac{\dfrac{\pi}{4}(D^2 - d^2)}{\dfrac{\pi}{4}D_1^2} = \frac{\dfrac{\pi}{4} \times (100^2 - 80^2)}{\dfrac{\pi}{4} \times 80^2} = 0.56$$

如果材料相同，则空心轴的质量为实心圆轴质量的 56%。

前面曾经讨论过，将实心轴靠近轴心的材料"挖出去"转移到远离轴心的位置，即采用空心轴结构时，可以显著地提高轴的极惯性矩 I_p 和抗扭截面模量 W_p，从而在质量相同的情况下提高轴的承载能力，或者在承载能力相同的情况下节省材料用量。包括在第 4 章即将讨论的梁的合理设计等内容，在力学上都属于"结构优化设计"的范畴，它是计算力学的一个重要分支学科。

然而，必须一分为二地来认识客观事物。并非所有的实心轴都要刻意地设计成空心轴。当轴的尺寸较小时，除了特殊用途的需要外（例如机床主轴为方便放料而作成空心的），多制造成实心轴。其主要原因是，小尺寸轴加工成空心结构能够节省的材料有限，但加工费用或者加工难度却大大增加，反而不经济。可见"优化设计"应该从多方进行综合考虑（即多因素分析）。

本章小结

本章重点论述了剪切、挤压变形以及圆轴扭转变形的力学分析。基于实验现象观察，阐述了各类变形的受力特点、变形特征，进而提出应力在截面上的分布规律或者工程上的简化处理方法。观察、假设、几何条件、物理方程、力平衡等是处理问题的基本步骤和方法，要求同学们一定要掌握并能自觉运用。学会应用公式对结构进行强度校核、尺寸设计和许可载荷确定等。

（1）剪切的基本概念

受力特点　作用在构件两侧面上外力的合力大小相等、方向相反、且作用线相距很近。

变形特点　两力作用线间的截面发生相对错动，把构件的这种变形称为剪切变形。

(2) 切应力的计算

$$\tau = \frac{F_S}{A}$$

(3) 挤压现象及计算

与剪切变形伴随的常有接触表面相互压紧、使得表面局部受压的现象，把这种变形称为挤压。挤压应力按均布处理时，可由下式进行计算：

$$\sigma_{bs} = \frac{F_{bs}}{A_{bs}}$$

(4) 切应变与剪切胡克定律

$$\tau = G\gamma$$

(5) 圆轴扭转问题

受力特点　作用在杆两端的一对力偶其大小相等、方向相反，而且力偶所在的平面与杆件横截面相平行。

变形特点　在这些外力偶的作用下，杆件的横截面将绕轴线产生相对转动，其纵向直线变成螺旋线。

ⅰ. 应力-应变间的基本关系为

$$\tau_\rho = G\rho \frac{\mathrm{d}\varphi}{\mathrm{d}x}$$

ⅱ. 切应力的表达式

$$\tau_{\max} = \frac{T}{W_p}$$

ⅲ. 强度条件

$$\tau_{\max} = \frac{T_{\max}}{W_p} \leqslant [\tau]$$

对塑性材料，可取　　　$[\tau] = (0.5 \sim 0.6)[\sigma]$

对脆性材料，可取　　　$[\tau] = (0.8 \sim 1.0)[\sigma]$

(6) 圆轴扭转的变形与刚度条件

扭转角计算　　　$\theta = \frac{T}{GI_p} \times \frac{180}{\pi}$

刚度条件　　　$\theta_{\max} = \frac{T_{\max}}{GI_p} \leqslant [\theta]$

其中，许用扭转角选择如下：

精密机械的轴　　　$[\theta] = (0.15 \sim 0.5)(°)/\mathrm{m}$

一般传动轴　　　$[\theta] = (0.5 \sim 1.0)(°)/\mathrm{m}$

低精度的轴　　　$[\theta] = (2.0 \sim 4.0)(°)/\mathrm{m}$

思 考 题

(1) 什么是剪切变形？杆件在怎样的外力作用下会发生剪切变形？

(2) 何谓假定计算和名义应力？用假定计算方法进行设计，构件的强度是否安全可靠？

（3）何谓纯剪切？为什么要研究纯剪切？怎样可以得到一个处于纯剪切状态的构件？

（4）如何画扭矩图？它有什么作用？

（5）何谓抗扭刚度？这个量的物理意义是什么？

（6）圆轴扭转时的强度条件是怎样的？由这个条件能解决哪些类问题？

习 题

3-1 如图 3-29 所示，由铆钉连接的钢板厚度 $\delta=10$mm，铆钉的直径 $d=17$mm，铆钉的许用切应力 $[\tau]=140$MPa，许用挤压应力 $[\sigma_{bs}]=320$MPa，拉力 $F=24$kN，试进行强度校核。

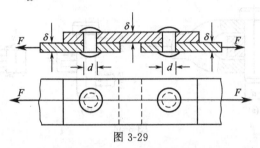

图 3-29

3-2 实心圆轴的直径 $d=100$mm，长 $l=1$m，两端受力力偶矩 $M=14$kN·m 作用，设材料的剪切弹性模量 $G=8.0\times10^4$MPa，求：（1）最大切应力 τ_{max} 及两端截面间的相对扭转角 φ_l；（2）图 3-30 所示截面上 A、B、C 三点处切应力的数值及方向。

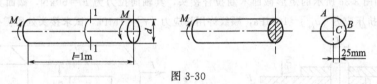

图 3-30

3-3 已知一个冲床，如图 3-31 所示。其最大的冲力为 $F_{max}=300$kN，冲头材料的许用应力 $[\sigma]=400$MPa，被冲的钢板剪切强度极限为 $[\tau]=350$MPa，求在 F_{max} 作用下能够冲剪的圆孔最小直径 d 和钢板的最大厚度 t。

3-4 如图 3-32 所示，由厚度为 10mm 的钢板卷制的直径为 $D=1.5$m 的圆柱形受内压管道的一部分，在纵向上的接缝处用一排铆钉搭接，已知铆钉的间距 $a=75$mm，铆钉的许用切应力 $[\tau]=72$MPa，许用挤压应力 $[\sigma_{bs}]=160$MPa，直径 $d=20$mm，请按照铆钉强度求容器内部的许用内压力 p。

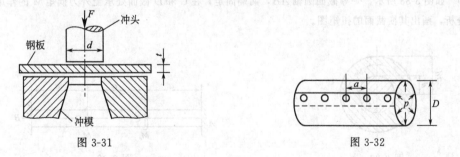

图 3-31   图 3-32

3-5 如图 3-33 所示，已知由联轴器传递的力偶矩为 $M=50$kN·m，它的连接是采用沿着圆周方向均匀布置的 8 个大小相同的螺栓实现的，轴的直径为 450mm。螺栓的许用切应力 $[\tau]=80$MPa，试求螺栓的直径应该多大方能满足使用要求？

3-6 如图 3-34 所示，一个由销钉连接的挂钩，已知挂钩部分的钢板厚度 $t_1=8$mm，$t_2=5$mm，销钉的许用切应力 $[\tau]=60$MPa，许用挤压应力 $[\sigma_{bs}]=200$MPa，拖车拖力 $F=20$kN。试设计销钉的直径 d。

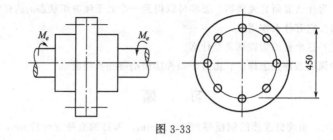

图 3-33

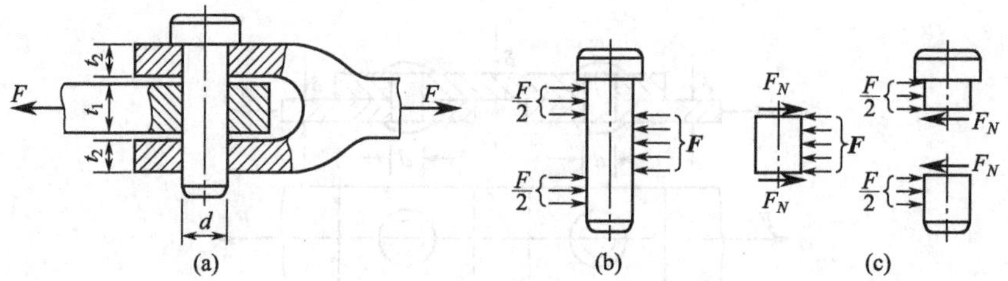

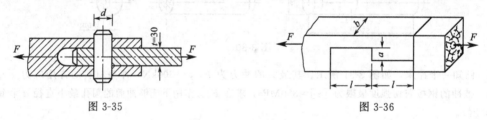

图 3-34

3-7 如图 3-35 所示，已知销钉直径 $d = 25\text{mm}$，中间板厚 $t = 30\text{mm}$。材料的许用切应力 $[\tau] = 50\text{MPa}$，许用挤压应力 $[\sigma_{bs}] = 100\text{MPa}$，作用的外力 $F = 80\text{kN}$，试校核其强度。如果强度不够，销钉的直径应该多大合适？

3-8 已知如图 3-36 所示的矩形截面木制拉杆接头，其轴向拉力为 $F = 50\text{kN}$，截面宽度 $b = 250\text{mm}$，木料的顺纹许用挤压应力 $[\sigma_{bs}] = 10\text{MPa}$，顺纹许用切应力 $[\tau] = 1\text{MPa}$，试求接头处所需要的尺寸 l 和 a。

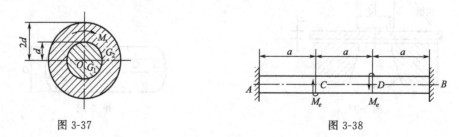

图 3-35   图 3-36

3-9 如图 3-37 所示由两种材料组成的圆轴，里层和外层材料的剪切模量分别为 G_1 和 G_2，并且 $G_1 = 2G_2$。圆轴的尺寸图中已经给出，且轴在扭转时里、外层没有相对滑动，请画出横截面上的切应力分布。

3-10 如图 3-38 所示，一等截面圆轴 AB，两端固定，在 C 和 D 截面处承受外力偶矩 M 的作用，试通过受力分析，画出其横截面的扭矩图。

图 3-37   图 3-38

3-11 今有用相同材料制成的实心和空心圆轴，若二者的长度、质量都相等，且实心轴的半径为 R_0，空心轴的内、外半径分别为 R_1 和 R_2，且 $R_1/R_2 = n$。当两根轴所承受的外力偶矩分别为 M_1 和 M_2 时，二者横截面上的最大切应力也相等，那么请证明：$\dfrac{M_1}{M_2} = \dfrac{\sqrt{1-n^2}}{1+n^2}$ 成立。

3-12　某搅拌反应器的搅拌轴所传递的功率为 $P=5\mathrm{kW}$，结构为空心圆轴，其材料为 45 号钢，径比 $\alpha=d/D=0.8$，轴的转速为 $n=60\mathrm{r/min}$，许用切应力 $[\tau]=40\mathrm{MPa}$，$[\theta]=0.5°/\mathrm{m}$，$G=8.1\times10^4\mathrm{MPa}$，要求计算轴的内、外径尺寸 d 和 D。

3-13　如图 3-39 所示的等截面转动圆轴，带轮 A 直接与原动机连接，从动轮 B、C 与工作机连接。已知带轮 A 的输入功率 $P_A=40\mathrm{kW}$，从轮动 B、C 输出功率分别为 $P_B=25\mathrm{kW}$，$P_C=15\mathrm{kW}$，轴的转速 $n=200\mathrm{r/min}$，各带轮之间的距离都是 $l=2\mathrm{m}$。试按强度设计该轴直径，并计算各轮之间的相对扭转角。已知 $[\tau]=40\mathrm{MPa}$，$G=8.0\times10^4\mathrm{MPa}$。

3-14　如图 3-40 所示，有一传动轴 AB 是由 45 号无缝钢管制成，其外径 $D=90\mathrm{mm}$，壁厚 $t=2.5\mathrm{mm}$，能传递的最大力偶矩为 $M=1.5\mathrm{kN\cdot m}$，材料的 $[\tau]=60\mathrm{MPa}$，剪切弹性模量 $G=8.0\times10^4\mathrm{MPa}$，$[\theta]=2°/\mathrm{m}$。要求：（1）试校核其强度和刚度；（2）若改用相同材料的实心轴，并保证和原传动轴强度相同，试计算该轴的直径 D_1；（3）比较空心轴和实心轴的质量。

图 3-39　　　　　　　　　　　　　　　　　图 3-40

3-15　如图 3-41 所示，将一圆筒套在一根圆轴上，两端用焊接连接。圆轴和圆筒的剪切模量分别为 G_1 和 G_2，当两端各施加扭转外力偶时，分别求圆轴和圆筒上作用的扭矩值。

3-16　如图 3-42 所示，某圆形传动轴 AB 段为实心，BC 段为空心，并且外直径为 $D=100\mathrm{mm}$，BC 段内直径 $d=50\mathrm{mm}$，材料的许用切应力 $[\tau]=60\mathrm{MPa}$，试求该轴所能够承受的 M 值最大为多少。

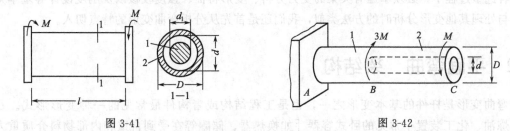

图 3-41　　　　　　　　　　　　　　　　　图 3-42

3-17　如图 3-43 所示的 AB 轴，其转速为 $n=120\mathrm{r/min}$，从 B 轮上输入的功率为 $P=40\mathrm{kW}$，此功率的一半通过锥形齿轮传给垂直轴 V，另一半由水平轴 H 传出，已知锥形齿轮的节圆直径 $D_1=600\mathrm{mm}$，$D_2=240\mathrm{mm}$，各个轴的直径分别为：$d_1=100\mathrm{mm}$，$d_2=80\mathrm{mm}$，$d_3=60\mathrm{mm}$。材料的许用切应力 $[\tau]=20\mathrm{MPa}$，试对各轴进行强度校核。

3-18　如图 3-44 所示，长度为 7m 的传动轴，其转速为 $n=200\mathrm{r/min}$，由主动轮 2 上传来的功率是 80kW，由从动轮 1、3、4 和 5 输出的功率分别为 25kW、15kW、30kW 和 10kW。已知材料的许用切应力 $[\tau]=40\mathrm{MPa}$，剪切弹性模量 $G=8.0\times10^4\mathrm{MPa}$，$[\theta]=0.5°/\mathrm{m}$。试按强度和刚度条件选择轴的直径。

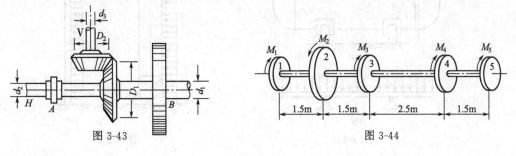

图 3-43　　　　　　　　　　　　　　　　　图 3-44

第4章

梁的弯曲

4.1 引言

前已述及，工程结构的常见变形有：拉伸或压缩变形、剪切变形、扭转变形、弯曲变形以及由这4种基本变形相互结合成的组合变形。当杆件受到垂直于其轴线的外力或位于其轴线所在平面内的外力偶作用时，杆件的轴线将由直线变为曲线，即发生弯曲变形。这种以弯曲变形为主的杆件通常称为**梁**。梁是工程上很常见的一类构件，在工程中也非常重要。在梁结构的设计或者选型过程中，必须掌握有关梁的受力分析、变形特征、强度校核以及刚度设计等基本知识。与处理其他变形分析时的方法类似，我们还是首先从分析弯曲变形的特点切入。

4.2 平面弯曲 梁结构

弯曲变形是杆件的基本变形之一，也是工程结构或者构件最常见的一种变形形式。石化、炼油、化工装置中常见的卧式容器 [如换热器、储罐等在受到自重和内部物料介质重力的作用下所产生的变形（图4-1）]；塔设备 [如原油蒸馏塔、氨合成塔在受到水平方向风载荷的作用时所产生的变形（图4-2）]；机车的轮轴（图4-3）；桥式起重机的大梁（图4-4）等，在外力作用下都会发生弯曲变形。

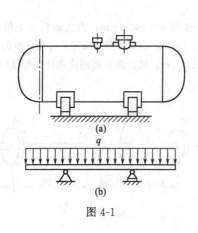

图 4-1

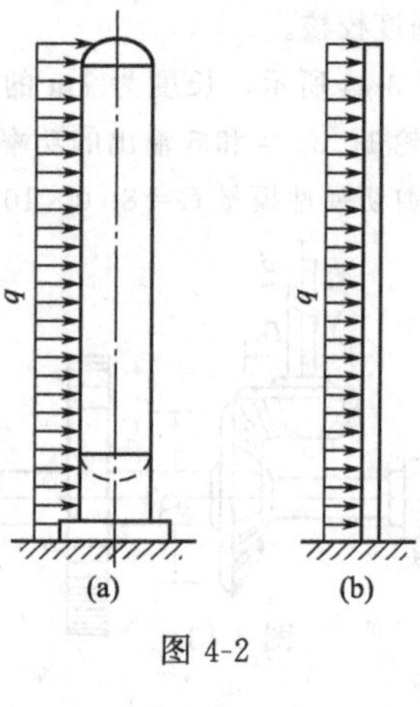

图 4-2

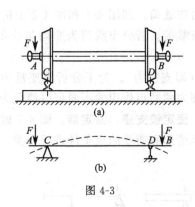

(a)

图 4-3

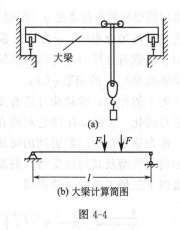

(b) 大梁计算简图

图 4-4

工程上常见的梁，其横截面一般都具有对称轴 y [图 4-5（a）]，对称轴与梁的轴线构成梁的纵向对称面。如果梁所承受的外力（包括力和力偶）均作用在这个纵向对称面内，则梁在变形时，它的轴线将在该纵向对称面内弯曲成一条平面曲线 [图 4-5（b）]。具备这种特征的弯曲变形就称为**平面弯曲**。平面弯曲是弯曲问题中最基本和最常见的情况。本章只讨论直梁（即，梁的轴线是直线）的平面弯曲问题。

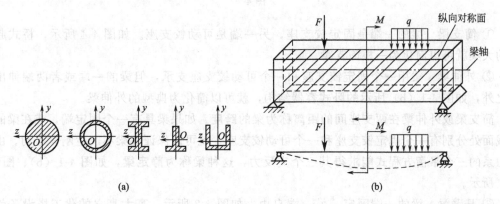

图 4-5

在对梁进行受力分析和强度计算时，为了方便起见，常对梁进行必要的简化。首先是梁本身的简化表达。通常，可以用梁的轴线来代替实际的梁，如图 4-3（a）所示的机车轴，在计算时就以轴线 AB 来表示 [图 4-3（b）]。其次是载荷的简化，作用在梁上的载荷可以简化为以下三种类型。

（1）集中载荷 F

分布在很短一段梁上的横向力可以作为一个作用在梁上一点的力，称为**集中力**，单位为 N 或者 kN。如图 4-4（b）所示，通过小车两轮作用到横梁上的载荷 F，便可当作集中力对待。

（2）集中力偶

分布在很短一段梁上的力形成一个力偶时，可以作为一个集中力偶，力偶的作用面在过梁轴线的一个纵向平面内，单位为 N·m 或 kN·m，如图 4-6 所示。

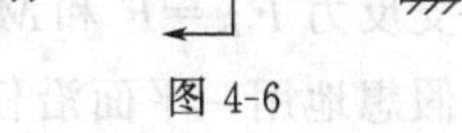

（3）分布载荷

若载荷是沿着梁的轴线分布在一段较长的范围内，就称为分布

图 4-6

载荷。通常以沿梁轴的载荷集度 q（即梁单位长度上的力）来表示，其单位为 N/m 或 kN/m。分布载荷有时是均匀分布的，q 为一常数，称为**均布载荷**。如图 4-1 和图 4-2 中的容器自重及物料重力、风载荷（风力）等均可以简化为均布载荷。若分布载荷为非均匀分布时，q 是变量，为梁轴线坐标 x 的函数 $q(x)$。

作用在梁上的外力，除载荷外还有支座反力（即支反力）。为了分析支座反力，首先对梁的约束进行简化。梁的支座按它对梁在载荷平面内的约束作用的不同可以简化为下述三种典型形式，即在第 1 章中已经讲到的**可动铰支座、固定铰支座、固定端**。图 4-7 就是这三种典型支座的简化模型及其约束反力。根据梁的支承情形和所受约束条件进行分类，可以把梁结构简化成以下三种主要的力学模型。

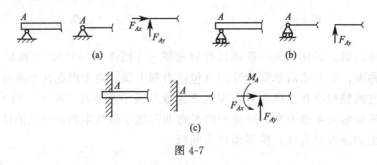

图 4-7

① 简支梁 梁的一端是固定铰支座，另一端是可动铰支座。如图 4-4 所示，桥式起重机的大梁就可以简化为一根简支梁。

② 外伸梁 梁用一个固定铰支座和一个可动铰支座支承，但梁的一端或者两端伸出支座之外，如图 4-1（b）所示的卧式容器结构，就可以简化为典型的外伸梁。

简支梁或外伸梁在两支座间的距离称为梁的**跨度**。如果梁具有一个固定端，或在梁的两个截面处分别有一个固定铰支座和一个可动铰支座，就可以保证此梁不产生刚体运动。由平面力系的三个平衡方程式能求得其三个支反力，这种梁称为**静定梁**，如图 4-1（b）、图 4-3（b）所示。

③ 悬臂梁 梁的一端固定，另一端自由，如图 4-2 所示，高大直立的化工塔设备就是典型的悬臂梁。

前面已经提到，本章主要针对直梁的平面弯曲问题展开讨论。那么，在直梁的平面弯曲问题中，重点则是讨论它的强度和刚度问题。分析和解决的思路和方法仍然是：外力→内力→应力→强度条件和刚度条件。

4.3 弯曲时的内力分析

4.3.1 弯曲内力

确定了梁上所有外力（载荷和支反力）以后，就可以进一步研究梁各横截面上的内力。图 4-8（a）所示的悬臂梁 AB，在其自由端作用有集中力 F，按照平衡条件可以求出固定端的支反力 $F_B = F$ 和 $M_B = Fl$，其作用方向如图 4-8（b）所示。为了暴露出截面上的内力，可假想地用一平面沿任一横截面 $m—m$ 将梁截开分为两段，取左段为研究对象，如图 4-8

（c）所示。作用在左段上的外力 F 不能自相平衡。要满足平面平行力系的两个平衡方程式 $\sum Y=0$ 和 $\sum M=0$，横截面上还应该有一个作用线与外力作用线平行的力 F_S 和一个作用于外力所在平面内的力偶 M。F_S 和 M 分别称为**剪力和弯矩** ［图4-8（c）］。

由平衡方程 $\sum Y=0$，$\sum M=0$ 得

$$F_S=F,M=Fx$$

其中，矩心 C 是横截面的形心。

若取右段为研究对象 ［图4-8（d）］，则由右边梁上的外力所求得的该截面上的剪力与弯矩，在数值上应与上述自左段求取的结果相等，但剪力的方向和弯矩的转向则与图4-8（c）所示者相反 ［图4-8（d）］。可见，无论取左或右哪一段梁作为分离体，同一横截面上剪力与弯矩的数值，其计算结果必定相同。

为了让自两段梁上的外力求得同一截面 m—m 上的剪力和弯矩在符号上也能相同，应该联系到变形现象来规定它们的符号。

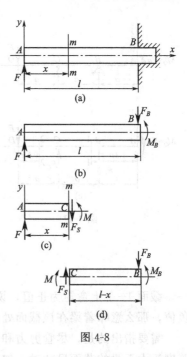

图4-8

4.3.2　剪力和弯矩符号规则

设在横截面 m—m 处截出 dx 一段梁（图4-9），横截面内力符号规定为，在图4-9（a）所示的变形情况下，横截面 m—m 上的剪力 F_S 为正，反之为负 ［图4-9（b）］。在图4-10（a）所示的情况下，即当 dx 一段梁下凸时，此横截面上的弯矩为正，反之为负 ［图4-10（b）］。

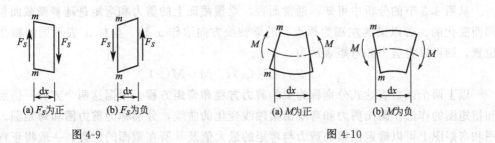

(a) F_S为正　　(b) F_S为负	(a) M为正　　(b) M为负
图4-9	图4-10

在实际计算时，并不必将梁假想地截开，可直接从横截面上任意一侧梁上的外力来算得该截面上的剪力与弯矩。

ⅰ．根据上述对剪力的运算可知，横截面上的剪力在数值上等于此截面左侧或右侧梁上外力的代数和。进一步从其符号规定可知，左侧梁上向上的外力或右侧梁上向下的外力产生正值剪力，反之，则产生负值剪力。

ⅱ．根据上述对弯矩的运算可知，横截面上的弯矩在数值上等于此截面的左侧或右侧梁上的外力对于该截面形心力矩的代数和。进一步从其符号规定可知，向上的外力产生正值弯矩，反之，则产生负值弯矩。在左侧梁上的外力偶，顺时针转向的产生正值弯矩，反之，产生负值弯矩；在右侧梁上的外力偶，逆时针转向的产生正值弯矩，否则，产生负值弯矩。

下面，以图4-11（a）所示的外伸梁为例加以说明。

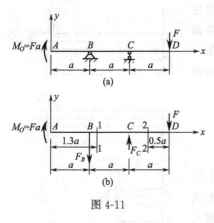

图 4-11

按平衡条件可以求出支反力 F_B 与 F_C。即

$$\sum M_B = 0, \quad F_C = 3F;$$

$$\sum M_C = 0, \quad F_B = 2F$$

方向如图 4-11（b）所示。

欲求截面 1—1 的剪力和弯矩，如用该截面左侧梁上外力来计算，根据上述运算和符号规定，得

$$F_S = -F_B = -2F$$

$$M = M_O - F_B \times (1.3a - a) = 0.4Fa$$

若求截面 2—2 的剪力和弯矩，则可用该截面右侧梁上外力来计算较为简单。根据上述运算和符号规定，得

$$F_S = F$$

$$M = -F \times 0.5a = -0.5Pa$$

截面 1—1 上弯矩为正值，说明梁在该截面处下凸［图 4-11（a）］；截面 2—2 上弯矩为负值，那么意味着梁在该截面处上凸［图 4-11（b）］。

需要指出的是，尽管剪力和弯矩都会影响到梁的强度，但是根据理论分析得知，当梁的跨度远大于梁的截面尺寸时，剪力对梁的强度影响很小。而工程上的梁多数跨度都较大，因此，在一般的计算中就常把剪力忽略掉，只考虑弯矩作用。关于这一点，建议有兴趣的同学在后面学习到梁的强度校核时可以自行进行分析推导。

4.4 弯矩图

从第 4.3 节的分析中可知，通常而言，梁横截面上的剪力和弯矩是随着横截面位置的不同而变化的。若以梁的左端为原点，沿梁轴线方向取作 x 轴，坐标 x 表示梁的横截面截面位置，则可以将剪力和弯矩表示为

$$F_S = F_S(x), \quad M = M(x)$$

以上两个函数表达式分别称为梁的**剪力方程**和**弯矩方程**。根据这两个方程，仿照轴力图和扭矩图的作法，画出剪力和弯矩沿梁轴线变化的曲线，分别称为**剪力图**和**弯矩图**。从剪力图和弯矩图上可以确定出梁的剪力与弯矩的最大值及其所在截面的位置。一般将正弯矩画在坐标轴上方，负弯矩画在坐标轴下方。

例 4-1 汽轮机叶片的力学模型可以简化为一个承受均布载荷 q 的悬臂梁［图 4-12（a）］。试列出该梁的剪力方程和弯矩方程，并且作出剪力图和弯矩图。

解 将坐标原点取在梁的左端。在写梁的剪力方程和弯矩方程时，取距原点为 x 的任意横截面［图 4-12（a）］，并选择截面左侧的一段梁为研究对象。根据截面左侧梁上的外力，按上述直接从外力计算的方法，可得到该截面上的剪力和弯矩。在此截面左侧梁上的均布载荷的合力为 qx，它对于此截面形心的力臂为 $\dfrac{x}{2}$，那么

$$F_S(x) = -qx \quad (0 \leqslant x < l) \tag{4-1}$$

$$M(x) = -\frac{1}{2}qx^2 \quad (0 \leqslant x < l) \tag{4-2}$$

由式（4-1）得知，剪力图为一斜直线。只需确定其上两点，例如 $x=0$，$F_S=0$；$x=l$，$F_S=-ql$ 即可将其绘出〔图4-12（b）〕。由式（4-2）得知，弯矩图为一抛物线，根据解析几何知识，在确定其上三、四个点以后，便可绘出该抛物线〔图4-12（c）〕。

由图4-12可见，在固定端处横截面上的剪力和弯矩均取得最大值，$|F_S|_{\max}=ql$，$|M|_{\max}=\dfrac{1}{2}ql^2$。

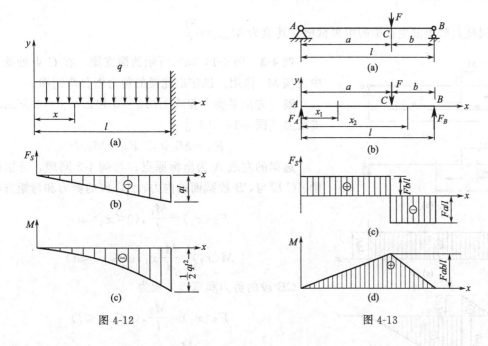

图 4-12　　　　　　　　　　　图 4-13

例 4-2　图4-13（a）所示的简支梁，在 C 点处受集中载荷 F 作用。试作此梁的剪力图和弯矩图。

解　先由平衡方程 $\sum M_B=0$ 和 $\sum M_A=0$ 分别算得支反力〔图4-13（b）〕

$$F_A=\frac{Fb}{l},\quad F_B=\frac{Fa}{l}$$

以梁的左端 A 为坐标原点，选取坐标系如图4-13（b）所示。集中力 F 作用于 C 点，梁在 AC 和 CB 两段内受力情况不同，所以要分段考虑。在 AC 段内取与原点相距为 x_1 的任意截面〔图4-13（b）〕该截面的左侧只有向上的外力 F_A。根据 F_S 和 M 的计算方法和符号规则，求得该截面上的剪力和弯矩分别为

$$F_S(x_1)=F_A=\frac{Fb}{l}\quad(0<x_1<a)$$

$$M(x_1)=F_A x_1=\frac{Fb}{l}x_1\quad(0\leqslant x_1\leqslant a)$$

此即为 AC 段内的剪力方程和弯矩方程。

同理，如在 CB 段内取与左端相距为 x_2 的任意截面〔图4-13（b）〕，则该截面的左侧有向上的 F_A 和向下的 F，故截面上的剪力和弯矩为

$$F_S(x_2)=F_A-F=-\frac{a}{l}F,(a<x_2<l)\tag{4-3}$$

$$M(x_2) = F_A x_2 - F(x_2 - a) = \frac{Fb}{l} x_2 - F(x_2 - a), (a \leqslant x_2 \leqslant l) \qquad (4\text{-}4)$$

根据式 (4-1)、式 (4-3) 作剪力图，如图 4-13 (c) 所示。从剪力图可以看出，当 $a > b$ 时，则 $|F_S|_{\max} = \frac{a}{l} F$。根据式 (4-2)、式 (4-4) 作弯矩图，如图 4-13 (d) 所示。从弯矩图可以看出，$M_{\max} = \frac{Fab}{l}$ （在 C 截面处）。如果 $a = b = \frac{l}{2}$，即当集中力 F 作用在梁的正中央时，则最大弯矩发生在梁的中央截面，其值为 $M_{\max} = \frac{Fl}{4}$。

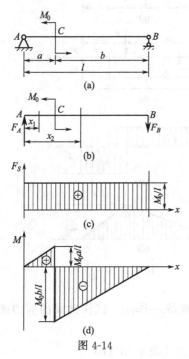

图 4-14

例 4-3 图 4-14 (a) 所示的简支梁，在 C 点处受一集中力偶 M_0 作用。试作出此梁的剪力图和弯矩图。

解 先由平衡方程式 $\sum M_B = 0$ 和 $\sum M_A = 0$ 分别求得支反力 [图 4-14 (b)]

$$F_A = M_0/l, \quad F_B = M_0/l$$

选梁的左端 A 为坐标原点。与例 4-2 同理，分别讨论梁 AC 段与 CB 段截面的内力。AC 段的剪力和弯矩方程为

$$F_S(x_1) = \frac{M_0}{l}, (0 < x_1 \leqslant a)$$

$$M(x_1) = \frac{M_0}{l} x_1, (0 \leqslant x_1 < a)$$

CB 段的剪力和弯矩方程为

$$F_S(x_2) = \frac{M_0}{l}, (a \leqslant x_2 < l)$$

$$M(x_2) = \frac{M_0}{l} x_2 - M_0, (a < x_2 \leqslant l)$$

根据以上方程式，可分别绘出剪力图 [图 4-14 (c)] 和弯矩图 [图 4-14 (d)]。由图可见，当 $b > a$ 的情况下，在集中力偶作用处的右侧横截面上的弯矩值为最大，$|M|_{\max} = M_0 b/l$。

例 4-4 图 4-15 (a) 所示的简支梁，其上作用有均布载荷 q，试列出剪力方程和弯矩方程，并作出剪力图和弯矩图。

解 首先求支反力。根据静力平衡方程式 $\sum M_B = 0$，均布载荷 q 对 B 点取矩可采用合力矩定理，即分力对某点之矩的和等于合力对同一点之矩。因此，全梁上的均布载荷 q 对 B 点之矩为 $ql \frac{l}{2}$，见图 4-15 (b)，于是

$$F_A l - ql \frac{l}{2} = 0$$

或

$$F_A = \frac{1}{2} ql$$

同理，按 $\sum M_A = 0$ 也可求得 $F_B = \frac{1}{2} ql$。

这里，由于均布载荷是分布于全梁上，又无其他外力作用，所以，全梁只有一个剪力方程和一个弯矩方程。

取距左端（坐标原点在该端）为 x 的任意横截面 [图 4-15（b）]。此截面上的剪力方程为

$$F_S(x)=F_A-qx=\frac{ql}{2}-qx,(0<x<l) \quad (4-5)$$

弯矩方程为

$$M(x)=F_Ax-qx\frac{x}{2}=\frac{qlx}{2}-\frac{qx^2}{2},(0\leqslant x\leqslant l)(4-6)$$

式（4-5）表示剪力图是一条直线，只要确定其上两点（当 $x=0$ 时，$F_S=\frac{ql}{2}$；当 $x=l$ 时，$F_S=-\frac{ql}{2}$），便可将其绘出 [图 4-15（c）]。式（4-6）表示弯矩图为一抛物线，由解析几何知识确定其上几个特殊点，便能正确绘出该抛物线 [图 4-15（d）]。

其实，根据高等数学知识也可以求得弯矩的极值及其所在的截面位置。即对式（4-6）求导一次，并令其等于零，可得

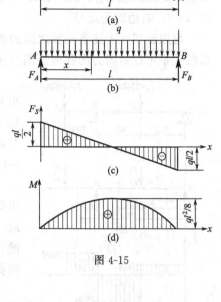

图 4-15

$$\frac{dM(x)}{dx}=0$$

即

$$\frac{ql}{2}-qx=0$$

所以

$$x=\frac{l}{2}$$

那么

$$M_{max}=\frac{ql^2}{8}$$

由图 4-15 可见，梁跨度中点横截面上的弯矩值为最大，$M_{max}=\frac{ql^2}{8}$，在此截面上 $F_S=0$；而梁的两端截面处剪力值为最大，$|F_S|_{max}=\frac{ql}{2}$。

从例 4-2 可以看出，如果均布载荷 q 用一个与静力相当的合力 $F=ql$ 来代替，则其内力图便成为图 4-13（c）、图 4-13（d）所示的形状了。因此，在研究内力时，使用截面法之前，不可以将梁上的载荷预先用一个与之相当的力系来代替。

若对均布载荷 q、剪力 $F_S(x)$ 和弯矩 $M(x)$ 作进一步探讨，可以发现它们之间存在着一定的内在联系。若对弯矩方程式（4-6）求导，得

$$\frac{dM(x)}{dx}=\frac{ql}{2}-qx$$

刚好是剪力方程式（4-5），即

$$\frac{dM(x)}{dx}=F_S(x) \quad (4-7)$$

若对剪力方程式（4-5）求导，得

$$\frac{\mathrm{d}F_S(x)}{\mathrm{d}x}=-q \tag{4-8}$$

又恰好是均布载荷 q。式（4-8）中的负号表示均布载荷的方向向下，若 q 的方向向上，则式（4-8）右边即为正号。

可以证明，上述各函数之间的微分关系并不简单是一种巧合，而是一种普遍规律。利用这些关系可以对剪力图和弯矩图形状的正确性进行检验与校核。

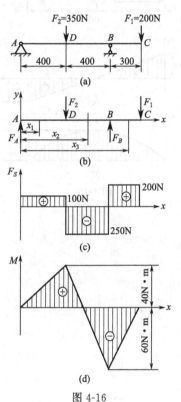

图 4-16

ⅰ．梁上受均布载荷作用时，即 $q=$ 常数，由式（4-8）可知，$F_S(x)$ 为 x 的线性函数，并由式（4-7）可得，$M(x)$ 为 x 的二次函数。因此，对于受均布载荷作用的梁，其剪力图为一倾斜直线，而弯矩图为二次抛物线。这从例 4-1 和例 4-4 中的剪力图和弯矩图可以看出。

ⅱ．在无均布载荷作用的一段梁上，$q=0$，由式（4-8）可知，在该段梁上，$F_S(x)=$ 常数，再由式（4-7）可知，$M(x)$ 为 x 的线性函数。因此该段梁的剪力图为一水平直线，而其弯矩图为一倾斜直线。这从例题 4-2 和例题 4-3 中的剪力图和弯矩图就可以看出。

例 4-5 如图 4-16（a）所示的外伸梁，试分别绘制其剪力图与弯矩图。

解 先求支反力。由

$$\sum M_B=0, \quad -F_A\times800+350\times400-200\times300=0$$

得
$$F_A=100\text{N}$$

由
$$\sum Y=0, \quad F_A+F_B-350-200=0$$

得
$$F_B=450\text{N}$$

F_A、F_B 方向都向上，如图 4-16（b）所示。

全梁在这些外力的作用下，应分成三段，依次列出各段的剪力和弯矩方程。

在 AD 段：

$$F_S(x_1)=F_A=100\text{N},(0<x_1<400) \tag{4-9}$$

$$M(x_1)=F_Ax_1=100x_1\text{N}\cdot\text{mm},(0\leqslant x_1\leqslant400) \tag{4-10}$$

在 DB 段：

$$F(x_2)=F_A-F_2=100-350=-250(\text{N}),(400<x_2<800) \tag{4-11}$$

$$M(x_2)=F_Ax_2-F_2(x_2-400)=100x_2-350(x_2-400)$$

$$=-250x_2+140\times10^3(\text{N}\cdot\text{mm}),(400\leqslant x_2\leqslant800) \tag{4-12}$$

在 BC 段：

$$F(x_3)=F_A-F_2+F_B=100-350+450=200(\text{N}),(800<x_3<1100) \tag{4-13}$$

$$M(x_3)=F_Ax_3-F_2(x_3-400)+F_B(x_3-800)$$

$$=100x_3-350\times(x_3-400)+450\times(x_3-800)$$

$$=200x_3-220\times10^3(\text{N}\cdot\text{mm}),(800\leqslant x_3\leqslant1100) \tag{4-14}$$

根据式（4-9）、式（4-11）和式（4-13），作剪力图，如图 4-16（c）所示。根据式（4-10）、式（4-12）和式（4-14），作弯矩图，如图 4-16（d）所示。

由剪力图可见，绝对值最大的剪力发生在梁的 DB 段各截面上，其值为

$$|F_S|_{\max}=250\text{N}$$

由弯矩图看出，绝对值最大的弯矩发生在 B 截面上，其值为

$$|M|_{\max}=60\text{N}\cdot\text{m}$$

需要指出的是，在做较简单的弯矩图时，部分梁的受力图常常是可以省略不画。此外，有时也不必非得先列出弯矩方程才能作弯矩图，而是可以抓住弯矩图上的一些特殊点，直接作出弯矩图。

正确而熟练地绘制弯矩图是对梁结构进行强度计算和设计的重要环节，因此作弯矩图的技能是工程力学课程学习的基本功，大家必须牢牢掌握。

4.5 弯曲时的应力和强度计算

若梁的横截面上只有弯矩而无剪力，则所产生的弯曲称为**纯弯曲**，简称**纯弯**。若梁受横向载荷作用，截面上既有弯矩又有剪力，则所产生的弯曲称为**横向弯曲**，简称**横弯**。本节重点讨论纯弯曲时的应力分布。

与研究拉压、扭转时的应力相仿，研究梁的应力时，也是从实验开始，首先观察弯曲变形现象，从中作出正确的、合乎实际的假设和推论。然后，综合考虑几何、物理、静力学这三方面的关系，最终解决弯曲时应力在横截面上的分布规律和应力大小计算的基本问题。

4.5.1 平面假设与变形的几何关系

首先研究纯弯曲梁的表面变形特征。如图 4-17 所示，加载前预先在梁表面分别等间隔地画上若干平行于轴线和垂直于轴线的直线，构成正方形状网格［图 4-17（a）］。然后，在梁的两端施加一对作用于梁对称面内的集中力偶（力偶矩为 M），梁所产生的变形情况如图 4-17（b）所示。观察、分析梁表面的变形特征可以发现如下现象：

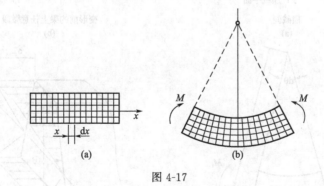

图 4-17

ⅰ．纵向线变成彼此平行的弧线，靠顶面的纵向弧线缩短，靠底面的纵向弧线伸长；

ⅱ．横向线依然为直线，只是发生相对转动，但仍与变形后的纵向线保持正交（即与纵向线的切线相垂直）。

根据上述表面变形特征，可以作出如下假设：梁的横截面在梁变形之后依然保持为平面，并仍垂直于变形后的梁轴线，只是绕着截面上的某一轴转过一定角度。把梁发生纯弯曲变形时的这个特性称为梁弯曲时的**平面假设**。

此外，为了简化应力分析过程，尚需作出某些假设，例如：纵向线互不挤压假设，即在纵截面上无正应力作用；线弹性材料假设，即在弹性范围内，应力、应变满足线性关系；拉压弹性模量相同假设等等。但最重要的是平面假设。

在上述分析和假设的基础上，可以进一步得出如下几点结论。

ⅰ．梁内某些纵向层产生伸长变形，另一些纵向层则产生缩短变形，二者之间必然存在

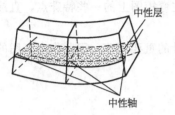

一个过渡层，它既不伸长，也不缩短，把这样一个纵向层称之为梁的**"中性层"**（如图 4-18 中的阴影面所示）。中性层与横截面的交线称为截面上的**"中性轴"**。横截面上位于中性轴两侧的各点分别承受拉应力和压应力作用，而中性轴上各点的正应力为零。

图 4-18

ⅱ．梁的横截面上只有正应力而没有切应力。横截面上各点或处于单向拉伸状态，或处于单向压缩状态。

根据平面假设，来分析推导沿梁的高度方向纵向变形之间的几何关系。从梁上截取任意微段 dx，在截面上设置 Oyz 坐标，其中 Oz 与中性轴重合，Oy 在加载面内 [图 4-19（a）、图 4-19（b）]。今考察微段上距离中性层 y 处的 AB 层之纵向变形。根据平面假设，微段变形后如图 4-19（c）所示，其中 ρ 为该微段中性层的曲率半径，$d\theta$ 为微段两相邻截面的相对转角。由图可见，中性层变为弧面 $O'O'$，但长度不变；而纵向层 AB 变为 $A'B'$，其纵向伸长量为 BB'。显然，$BB' = y\,d\theta$，因而，AB 层的纵向正应变为

$$\varepsilon = \frac{BB'}{AB} = y\,\frac{d\theta}{dx}$$

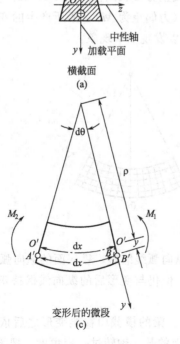

横截面
(a)

变形后的微段
(c)

变形前的梁上任意微段
(b)

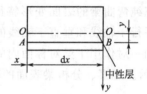

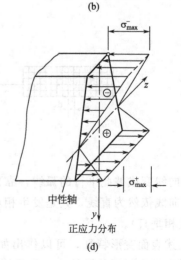

正应力分布
(d)

图 4-19

其中，$\dfrac{\mathrm{d}\theta}{\mathrm{d}x}=\dfrac{1}{\rho}$，于是有

$$\varepsilon=\frac{y}{\rho} \tag{4-15}$$

式（4-15）就是梁弯曲时的几何方程。其中曲率半径 ρ 对于确定的截面为常数。因此，式（4-15）表明，纯弯曲时梁横截面上各点的纵向正应变沿截面高度方向呈线性分布，中性轴处正应变为零，中性轴两侧分别为拉应变和压应变，距中性轴最远处，正应变的绝对值最大。

4.5.2 物理方程与应力分布

对于线弹性材料，若在弹性范围内加载，则横截面上的正应力与正应变满足胡克定律

$$\sigma=E\varepsilon$$

将式（4-15）代上式后，可得

$$\sigma=\frac{E}{\rho}y \tag{4-16}$$

其中，E、ρ 均为常量。

式（4-16）表明：纯弯曲时梁横截面上的正应力沿横截面高度呈线性分布，在中性轴处正应力为零，在距中性轴最远的截面边缘，分别受到最大拉应力与最大压应力作用，截面上同一高度的各点正应力相同。正应力的分布如图 4-19（d）所示。

4.5.3 静力平衡方程

式（4-16）虽已解决了 σ 的变化规律，但式中还含有未知的几何量 $\dfrac{1}{\rho}$（梁变形后的曲率），同时，中性轴的位置也未确定，故尚不能直接用来计算正应力 σ，需要通过静力学关系来解决。

梁在纯弯曲情况下，横截面上只有对于 z 轴的弯矩 M 这一个内力分量，对于 y 轴的弯矩 M_y 以及轴力 F_N 等都等于零。考查横截面上的任意微元面积 $\mathrm{d}A$（图 4-20），其上的作用力为 $\sigma\mathrm{d}A$，它对 y 轴、z 轴之矩分别为 $z\sigma\mathrm{d}A$，$y\sigma\mathrm{d}A$，但在整个截面上的积分结果必须满足下列三个静力方程

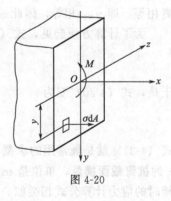

图 4-20

$$\int_A \sigma\mathrm{d}A=F_N=0$$

$$\int_A y\sigma\mathrm{d}A=M$$

$$\int_A z\sigma\mathrm{d}A=M_y=0$$

将式（4-16）代入上第二式，考虑到 $\dfrac{E}{\rho}$ 对于确定的截面为常量，可移至积分号外，于是得

$$\frac{1}{\rho}=\frac{M}{EI_z} \tag{4-17}$$

其中

$$I_z = \int_A y^2 \, \mathrm{d}A \tag{4-18}$$

式（4-18）称为整个截面对于中性轴（z）的**轴惯性矩**，以 I_z 表示，单位为 m⁴ 或 mm⁴。式（4-17）是研究梁纯弯曲变形的一个基本公式。它说明梁轴曲线的曲率 $\dfrac{1}{\rho}$ 与弯矩 M 成正比，与 EI_z 成反比，EI_z 越大，则 $\dfrac{1}{\rho}$ 越小，表明梁的变形小，刚度大。故力学上称 EI_z 为梁的**抗弯刚度**。对照第 2 章中胡克定律的表达式（2-9），$\varepsilon = \dfrac{\Delta l}{l} = \dfrac{F_N}{EA}$，以及第 3 章中扭转时的变形公式（3-9），即 $\theta = \dfrac{\mathrm{d}\phi}{\mathrm{d}x} = \dfrac{T}{GI_\rho}$，不难明白，式（4-17）实际上就是胡克定律在弯曲中的表达形式。上述三式极其相似，式中各个量之间存在明显的对应关系（可类比性），建议读者进一步归纳总结。

将式（4-17）代入式（4-16），得

$$\sigma = \frac{My}{I_z} \tag{4-19}$$

那么，式（4-19）就是计算梁纯弯曲时横截面上任意一点正应力的公式。利用该式计算时，通常是用 M 和 y 的绝对值来计算 σ 的大小，再根据梁的变形情况，直接判断 σ 是拉应力还是压应力。梁弯曲变形后，凸边的应力是拉应力，凹边的应力为压应力。

一般地说，梁的强度是由截面上的最大正应力决定的。最大正应力所在的点，习惯上称为危险点。因此，掌握危险点的应力计算十分重要。

从式（4-19）可知，在横截面上最外边缘处弯曲正应力最大，所以梁最外边缘各点即为危险点。如以 $y_{\max}$ 表示最外边缘处的点到中性轴的距离，则横截面上的最大弯曲正应力为

$$\sigma_{\max} = \frac{My_{\max}}{I_z} \tag{4-20}$$

显然，当截面对称于中性轴，如矩形、圆形、工字形截面等，则中性轴到上下两边缘处的距离相等，即 $y_{\max}$ 相等，因此最大拉应力和最大压应力的大小相等。

为了计算方便起见，式（4-20）中的两个几何量还可以合并起来，即令

$$W_z = \frac{I_z}{y_{\max}}$$

于是，式（4-20）变为

$$\sigma_{\max} = \frac{M}{W_z} \tag{4-21}$$

式（4-21）就是最常用的求截面上最大弯曲正应力的公式。式中，W_z 称为横截面对中性轴 z 的**抗弯截面模量**，单位是 m³ 或 mm³。十分明显，式（4-21）在形式上与拉压、剪切、扭转时的应力计算公式相类似。

4.5.4 弯曲正应力公式适用范围的讨论

为了更好地理解和把握梁弯曲变形正应力计算公式的物理含义和应用范围，在此特作为一个小专题加以讨论。

ⅰ. 需要再次指出，上述弯曲正应力公式是在纯弯曲状态下得来的，并经过了实践的验

证。当梁受到横向外力作用时，一般其横截面上既有弯矩，又有剪力。这就是所谓的剪切弯曲或横力弯曲。由于剪力的存在，梁的横截面将发生翘曲。同时，横向力将使梁的纵向纤维间产生局部的挤压应力。这时，梁的变形成为一种复合变形，情况较为复杂。因此，梁在纯弯曲时所作的平面假设和纵向纤维互不挤压假设都不再成立。但是，根据精确的理论分析和实验验证，当梁的跨度 l 和横截面高度 h 之比 $l/h > 5$ 时，梁在横截面上的正应力分布与纯弯曲时很接近，也就是说剪力的影响很小。而工程上常用的梁往往跨高比 l/h 远大于 5，所以纯弯曲正应力公式对于剪切弯曲仍可适用。当梁的跨高比 l/h 较小时（即短而粗的梁），纯弯曲正应力公式的计算误差就将增大。在剪切弯曲中使用公式（4-21）时应该注意，这时梁上各截面的弯矩已不再是一个常数，因此，要用相应截面上的弯矩 $M(x)$ 代替式中的 M。

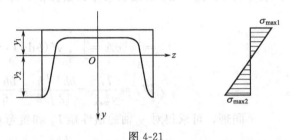

图 4-21

ⅱ. 在推导正应力公式的过程中，虽然讨论的是矩形截面梁，但是并未用到矩形的特殊几何性质。所以式（4-21）完全适用于具有纵向对称面的其他截面形状的梁。不过，如果中性轴 z 不是横截面的对称轴，例如槽形截面（图 4-21），则横截面将有两个抗弯截面模量：

$$W_1 = \frac{I_z}{y_1}, \quad W_2 = \frac{I_z}{y_2} \tag{4-22}$$

式中，y_1、y_2 分别表示该截面上、下边缘到中性轴的距离。于是，相应的最大弯曲正应力（不考虑符号）分别为

$$\sigma_{\max 1} = \frac{My_1}{I_z} = \frac{M}{W_1}, \quad \sigma_{\max 2} = \frac{My_2}{I_z} = \frac{M}{W_2} \tag{4-23}$$

ⅲ. 梁纯弯曲时的正应力公式只有当梁的材料服从胡克定律，而且在拉伸或压缩时的弹性模量相等的条件下才能应用。

4.6 截面几何性质

直杆受拉压时，其承载能力与横截面的面积 A 有关。在 $[\sigma]$ 相同的条件下，截面面积越大，承受轴向拉压的能力也越强。圆杆（轴）扭转时，其承载能力与横截面的极惯性矩 I_p 有关，在其他条件相同的情况下，I_p 值越大，承受扭转的能力也越强。而在弯曲计算中则要用到轴惯性矩 I_z 和抗弯截面模量 W_z。

A、I_p 与 I_z 这些量，都反映了截面图形的某些几何性质，是截面的几何量。而构件的承载能力与这些几何性质有着密切的关系。截面积 A 也是几何量，但其在功能上与 I_z 和 W_z 不尽相同。截面积 A 反映杆件抗拉压能力的强弱，而截面的 I_z 和 W_z 则反映杆件抗弯能力的大小。材料相同，截面面积相等的两杆，其截面的 I_z 和 W_z 却不一定相等。此时，

二杆的抗拉压能力一样，但它们的抗弯能力却可能有很大差异。

轴惯性矩和抗弯截面模量是截面形状和尺寸的函数（通常把工程结构的截面形状和尺寸统称为截面几何或者结构），对于形状和尺寸都已经确定的截面，它们可由积分计算求得。这里将首先介绍几种常用截面的轴惯性矩和抗弯截面模量的计算，进而再讨论组合截面轴惯性矩的求法。

4.6.1 常用截面的几何性质

（1）矩形截面

如图 4-22 所示的矩形截面，求该截面对其对称轴（即形心轴）z 的惯性矩 I_z 和抗弯截面模量 W_z。在截面中，取宽为 b、高为 $\mathrm{d}y$ 的细长条作为微面积，即 $\mathrm{d}A = b\,\mathrm{d}y$，根据 I_z 和 W_z 的定义有

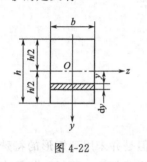

图 4-22

$$I_z = \int_A y^2 \,\mathrm{d}A = \int_{-\frac{h}{2}}^{+\frac{h}{2}} y^2 (b\,\mathrm{d}y) = \frac{bh^3}{12} \tag{4-24a}$$

$$W_z = \frac{I_z}{y_{\max}} = \frac{bh^3}{12} \bigg/ \frac{h}{2} = \frac{bh^2}{6} \tag{4-24b}$$

同理，可求得对 y 轴的惯性矩 I_y 和抗弯截面模量 W_y 分别为

$$I_y = \frac{hb^3}{12} \tag{4-24c}$$

$$W_y = \frac{hb^2}{6} \tag{4-24d}$$

（2）圆及圆环形截面

如图 4-23（a）所示，首先来讨论求直径为 d 的圆形截面对其对称轴 y 和 z 的惯性矩和抗弯截面模量。在学习扭转变形时曾提到，圆形截面对于其圆心的极惯性矩 $I_p = \dfrac{\pi d^4}{32}$，由于圆截面对于圆心是极对称的，所以它对于任意一通过其圆心的轴的惯性矩均相等，

$$I_z = I_y$$

因为

$$\rho^2 = y^2 + z^2$$

所以

$$I_p = \int_A \rho^2 \,\mathrm{d}A = \int_A (y^2 + z^2)\,\mathrm{d}A = I_z + I_y$$

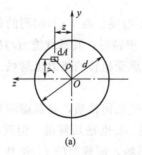

(a)

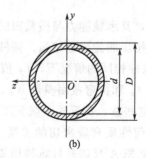

(b)

图 4-23

$$I_z=I_y=\frac{I_p}{2}=\frac{\pi d^4}{64}\approx0.05d^4 \tag{4-25a}$$

于是，抗弯截面模量为

$$W_z=W_y=\frac{\pi d^3}{32}\approx0.1d^3 \tag{4-25b}$$

同理，可以求得外径为 D、内径为 d 的圆环形截面［图 4-23（b）］对其形心轴 y 和 z 的惯性矩为

$$I_z=I_y=\frac{I_p}{2}=\frac{\frac{\pi}{32}(D^4-d^4)}{2}=\frac{\pi}{64}(D^4-d^4) \tag{4-26a}$$

则抗弯截面模量为

$$W_z=W_y=\frac{\pi}{64}(D^4-d^4)\bigg/\frac{D}{2}=\frac{\pi(D^4-d^4)}{32D} \tag{4-26b}$$

需要指出的是，对于绝大多数化工容器、设备以及大口径管道而言，通常其壁厚 S 都很小（与其直径和长度相比较），横截面形状成薄圆环形，因 $D\approx d$，而 $D-d=2S$，所以式（4-26a）可以简化为

$$I_z=\frac{\pi}{64}(D-d)(D^3+D^2d+Dd^2+d^3)\approx\frac{\pi}{64}\times2S\times4d^3=\frac{\pi}{8}d^3S \tag{4-27a}$$

公式（4-26b）可以简化为

$$W_z=\frac{I_z}{D/2}=\frac{\pi}{8}d^3S\bigg/\frac{D}{2}\approx\frac{\pi}{4}d^2S \tag{4-27b}$$

除上述介绍的两种截面外，其他简单几何形状截面的惯性矩可查阅有关手册，型钢截面的惯性矩可在型钢规格表中查得（见附录 B）。

4.6.2 组合截面的几何性质

（1）平行移轴定理

同一平面图形对不同坐标轴的惯性矩是不相同的，但它们之间存在着一定的关系。下面来进一步分析讨论这种关系。

如图 4-24 所示的任意形状截面，已知该截面对于通过其形心 C 的坐标轴 y、z 的惯性矩分别为 I_y 和 I_z，求该截面对于分别平行于 y、z 轴的坐标轴 y_1、z_1 的轴惯性矩。

设 a、b 分别为两组平行轴之间的距离，y 为微面积 dA 与 z 轴的距离，则由图可知，微面积 dA 到 z_1 轴的距离为

$$y_1=y+a$$

根据惯性矩的定义，整个面积对 z_1 轴的惯性矩为

$$\begin{aligned}
I_{z_1}&=\int_A y_1^2\mathrm{d}A=\int_A(y+a)^2\mathrm{d}A\\
&=\int_A(y^2+2ay+a^2)\mathrm{d}A\\
&=\int_A y^2\mathrm{d}A+2a\int_A y\mathrm{d}A+a^2\int_A\mathrm{d}A\\
&=I_z+2aAy_c+a^2A
\end{aligned}$$

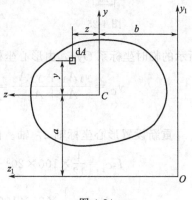

图 4-24

式中，定积分 $\int_A y\,\mathrm{d}A$ 被称为整个平面图形对于 z 轴的面矩（也称为静矩或者一阶矩），其积分结果为平面图形的面积与其形心坐标的乘积。

因为 z 轴通过截面的形心 C，所以 $y_c = 0$，于是有

$$I_{z_1} = I_z + a^2 A \tag{4-28a}$$

同理可得

$$I_{y_1} = I_y + b^2 A \tag{4-28b}$$

式（4-28）称为平行移轴定理。它表示截面对于任意一轴的惯性矩，等于它对平行于该轴的形心轴的惯性矩，再加上截面面积与两轴间距离的平方的乘积。由于 $a^2 A$ 和 $b^2 A$ 恒为正值，可见，截面对其形心轴的惯性矩是该截面最小的惯性矩。

（2）组合截面的惯性矩

工程结构或者构件的横截面形状并非只是简单的方形或者圆形，有时候因设计的需要常将构件截面几何设计成较为复杂的结构。这样的截面可以看成是由若干规则形状截面组合而成，称其为组合截面。根据惯性矩的定义知道，组合截面对于某一轴的惯性矩就等于组成它的各个简单截面图形对于同一轴惯性矩的和。设 A 为组合截面的面积，A_1、A_2、……为各组成部分的面积，那么

$$\begin{aligned} I_z &= \int_A y^2\,\mathrm{d}A = \int_{A_1} y^2\,\mathrm{d}A + \int_{A_2} y^2\,\mathrm{d}A + \cdots \\ &= I_{z_1} + I_{z_2} + \cdots \\ &= \sum_{i=1}^{n} I_{z_i} \end{aligned} \tag{4-29a}$$

同理可得

$$I_y = I_{y_1} + I_{y_2} + \cdots = \sum_{i=1}^{n} I_{y_i} \tag{4-29b}$$

常用简单截面对于其本身形心轴的惯性矩可以借由积分计算或者查表获得，那么结合平行移轴定理就可以很方便地求得组合截面对其形心轴的惯性矩。下面通过一个实例来加以说明。

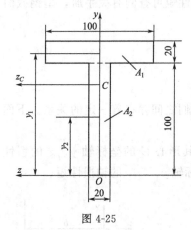

图 4-25

例 4-6 求 T 形截面（图 4-25）对于通过其形心 C 的 z_C 轴的惯性矩。

解 将 T 形截面划分为两个矩形，其面积分别为

$$A_1 = 100 \times 20 = 2000\,(\mathrm{mm^2}), \quad A_2 = 100 \times 20 = 2000\,(\mathrm{mm^2})$$

首先需要确定整个截面的形心 C 的位置。设置如图 4-25 所示的临时坐标系 Oyz，由形心坐标计算公式可得

$$y_C = \frac{y_1 A_1 + y_2 A_2}{A_1 + A_2} = \frac{(100 + 10) \times 2000 + 50 \times 2000}{2000 + 2000} = 80\,(\mathrm{mm^2})$$

$$z_C = 0$$

重新设置形心坐标轴 z_C 轴。面积 A_1、A_2 对于 z_C 轴的惯性矩分别为：

$$I_{zC_1} = \frac{1}{12} \times 100 \times 20^3 + \left(100 - 80 + \frac{20}{2}\right)^2 \times 2000 = 1.87 \times 10^6\,(\mathrm{mm^4})$$

$$I_{zC_2} = \frac{1}{12} \times 20 \times 100^3 + \left(80 - \frac{100}{2}\right)^2 \times 2000 = 3.47 \times 10^6\,(\mathrm{mm^4})$$

于是，整个截面对于形心坐标轴 z_C 轴的惯性矩为

$$I_{z_C} = \sum_{i=1}^{2} I_{z_{C_i}} = I_{z_{C_1}} + I_{z_{C_2}} = (1.87 + 3.47) \times 10^6 \, \text{mm}^4 = 5.34 \times 10^6 \, \text{mm}^4$$

4.7 弯曲正应力的强度条件

研究梁的强度时，由于梁截面上的弯矩通常是随截面的位置而变化的，所以首先要找出最大弯矩 $M_{\max}$ 及危险截面。在危险截面上，离中性轴最远的上下边缘各点的应力就是等截面直梁的最大弯曲正应力，破坏往往就是从这些具有最大正应力的点，即危险点开始的（危险截面上的危险点）。因此，为了保证梁能够安全地工作，最大工作应力 $\sigma_{\max}$ 不得超过材料的许用弯曲正应力。于是，梁弯曲正应力的强度条件为

$$\sigma_{\max} = \frac{M_{\max}}{W_Z} \leqslant [\sigma] \tag{4-30}$$

式中，$[\sigma]$ 为弯曲许用应力，这个值通常应等于或略高于同一材料的许用拉（压）应力。在使用式 (4-30) 时还要注意下列情况。

ⅰ. 如果梁的横截面不以其中性轴为对称时，将产生两个抗弯截面模量 W_1 和 W_2，抗弯截面模量越小，正应力就越大。所以，应取 W_1 和 W_2 中的较小者代入计算。

ⅱ. 当材料的拉压强度不同时（如铸铁等脆性材料），则应该分别列出抗拉强度条件和抗压强度条件，即

$$\sigma_{\max拉} = \frac{M_{\max}}{W_1} \leqslant [\sigma]_拉 \tag{4-31a}$$

$$\sigma_{\max压} = \frac{M_{\max}}{W_2} \leqslant [\sigma]_压 \tag{4-31b}$$

式中，W_1 和 W_2 分别是对应于最大拉应力 $\sigma_{\max拉}$ 和最大压应力 $\sigma_{\max压}$ 的抗弯截面模量；$[\sigma]_拉$ 和 $[\sigma]_压$ 分别为材料的许用拉应力和许用压应力。

利用梁的正应力强度条件，可以对梁进行强度校核（即安全性评估）、截面形状和尺寸设计（即结构设计），以及计算梁的许可载荷（即制定操作条件）。

例 4-7 如图 4-26（a）所示，炼油厂一精馏塔高为 $h = 20\text{m}$，作用在塔上的风载荷分两段计算：$q_1 = 420\text{N/m}$，$q_2 = 600\text{N/m}$；塔的内径为 800mm，壁厚为 5mm，塔与地面基础的连接方式可以按固定端处理。塔体的许用弯曲应力 $[\sigma] = 100\text{MPa}$。试校核由风载荷造成的塔体内最大弯曲应力。

解 首先建立塔体受力分析的力学模型。将塔体看成受均布载荷 q_1 和 q_2 作用的悬臂梁，画出其弯矩图 [图 4-26（b）]，最大弯矩发生在塔底横截面上，其大小为

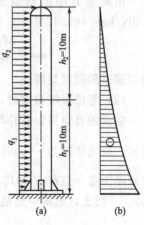

$$\begin{aligned}
M_{\max} &= -q_1 h_1 \frac{h_1}{2} - q_2 h_2 \left(h_1 + \frac{h_2}{2}\right) \\
&= -420 \times 10 \times \frac{10}{2} - 600 \times 10 \times \left(10 + \frac{10}{2}\right) \\
&= -1.11 \times 10^5 (\text{N} \cdot \text{m}) \\
&= -1.11 \times 10^8 (\text{N} \cdot \text{mm})
\end{aligned}$$

图 4-26

由式（4-27b），塔体的抗弯截面模量为

$$W_z = \frac{\pi}{4}d^2S = \frac{\pi}{4}\times 800^2 \times 5 = 2.51 \times 10^6 (\text{mm}^3)$$

塔体因风载荷而引起的最大弯曲正应力为

$$\sigma_{max} = \frac{M_{max}}{W_z} = \frac{1.11 \times 10^8}{2.51 \times 10^6} = 44.22(\text{MPa}) < [\sigma] = 100\text{MPa}$$

计算结果表明，在风载荷作用下，塔体具有足够的强度。

例4-8 图4-27（a）所示为桥式起重机横梁 AB 的力学模型。横梁由28b号工字钢制造，跨度 $l=8.0\text{m}$，材料为Q235A钢，许用弯曲应力 $[\sigma]=150\text{MPa}$。已知最大起重量 $F=30\text{kN}$。（1）试在不计横梁的自重时，按正应力校核此梁的强度；（2）若考虑横梁的自重，则最大正应力增加百分之几？

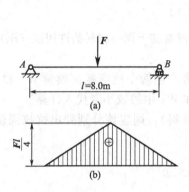
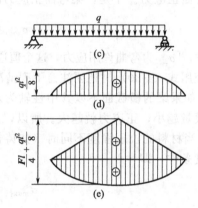

图 4-27

解 （1）不计横梁自重时，校核梁的强度

首先要确定梁横截面上的最大弯矩。显然，当载荷 F 作用在横梁跨中时，该处横截面所产生的弯矩最大。

作弯矩图如图4-27（b）所示，横梁跨中截面上的最大弯矩为

$$M_{max} = \frac{Fl}{4} = \frac{30 \times 8.0}{4} = 60(\text{kN} \cdot \text{m})$$

由附录B中的型钢表查得，28b号工字钢，单位长度重量 $q=47.9\text{kg/m}=47.9\times 9.8\text{N/kg}=469.42\text{N/m}$，抗弯截面模量 $W_x=534.29\text{cm}^3$，根据公式（4-30）可得

$$\sigma_{max} = \frac{M_{max}}{W_x} = \frac{60 \times 10^6}{534.29 \times 10^3} = 112.3(\text{MPa}) < [\sigma] = 150\text{MPa}$$

所以横梁的强度足够。

（2）考虑横梁自重时，最大正应力增大的百分比

横梁的自重可以看作均布载荷 q 来考虑，其受力图与弯矩图如图4-27（c）、图4-27（d）所示，最大弯矩为 $\frac{ql^2}{8}$。若梁上同时受到集中载荷 F 和均布载荷 q 作用时，很明显，这时的弯矩图为集中载荷 F 和均布载荷 q 分别独立作用于梁上时所得弯矩图的叠加结果 [图4-27（e）]。那么，梁跨中处截面上的最大弯矩为

$$M_{max} = \frac{Fl}{4} + \frac{ql^2}{8} = 60000 + \frac{469.42 \times 8.0^2}{8} = 63755(\text{N} \cdot \text{m}) \approx 63.8(\text{kN} \cdot \text{m})$$

梁横截面上的最大正应力为

$$\sigma_{\max} = \frac{M_{\max}}{W_z} = \frac{63.8 \times 10^6}{534.29 \times 10^3} = 119.4 (\text{MPa})$$

与不考虑横梁自重时相比,应力增大的百分比为

$$\frac{119.4 - 112.3}{112.3} \times 100\% = 6.32\%$$

根据上述计算结果可以发现,通常情况下,不考虑梁的自重所产生的应力误差并不很大。

例 4-9 某化工厂使用的大型填料塔,其中塔内填料的支承梁,在力学上可以简化为承受均布载荷作用的简支梁(图 4-28)。今已知梁的跨度为 2.5m,梁由 18 号工字钢制作,材料为 Q235C,许用弯曲正应力 $[\sigma] = 140\text{MPa}$。试求:

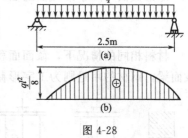

图 4-28

(1)梁所能够承受的均布载荷 q 的大小;

(2)如果换成材料相同,高宽比为 $\frac{h}{b} = 3$ 的矩形截面梁,承受相同的 q 值,其横截面面积应为多少?

(3)进一步比较矩形截面梁和工字形截面梁的材料用量。

解 (1)承载能力分析

由附录 B 型钢规格中可以查得,18 号工字钢的抗弯截面模量 $W_x = 185\text{cm}^3$,截面面积 $A = 30.76\text{cm}^2$。

由式(4-30)强度条件 $\sigma_{\max} = \frac{M_{\max}}{W_x} \leqslant [\sigma]$ 可知,当已知 W_x 和 $[\sigma]$ 时,可以求得梁所能承受的最大弯矩 $M_{\max}$,由 $M_{\max}$ 再计算梁所能承受的最大许可载荷 q。故

$$M_{\max} \leqslant [\sigma] W_x = 140 \times 185 \times 10^3 = 25.9 \times 10^6 (\text{N} \cdot \text{mm}) = 25.9 (\text{kN} \cdot \text{m})$$

开始时已经分析说明,该梁可以简化为受均布载荷作用的简支梁,那么,最大弯矩必发生在梁的中点处,且 $M_{\max} = \frac{ql^2}{8}$ [图 4-28(b)],于是有

$$\frac{ql^2}{8} = 25.9$$

进而得

$$q = \frac{8 \times 25.9}{l^2} = \frac{8 \times 25.9}{2.5^2} = 33.2 (\text{kN/m})$$

(2)计算矩形截面梁的面积

矩形截面梁的抗弯截面模量 $W_z = \frac{bh^2}{6} = \frac{b(3b)^2}{6} = \frac{3b^3}{2}$,最大弯矩仍为 $\frac{ql^2}{8}$,许用弯曲应力仍为 $[\sigma] = 140\text{MPa}$,要承受相同的均布载荷 $q = 33.2\text{kN/m}$,矩形截面的 W_z 应该为 185cm^3,所以

$$\frac{3b^3}{2} = 185 \times 10^3$$

则

$$b = \sqrt[3]{\frac{185 \times 10^3 \times 2}{3}} = 49.8 \text{(mm)}$$

$$h = 149.4 \text{mm}$$

据此可求得矩形截面的面积为

$$A' = bh = 49.8 \times 149.4 = 7440 \text{(mm}^2) = 74.40 \text{(cm}^2)$$

此外，有兴趣的读者还可以自行讨论当 $\frac{b}{h} = 2$ 时的情况，以便和 $\frac{b}{h} = 3$ 进行比较。

（3）比较材料用量

矩形截面与工字形截面的面积比为

$$\frac{A'}{A} = \frac{74.40}{30.76} = 2.42$$

材料相同的情况下，截面面积之比即为材料用量之比。通过上述对比可见，若改用矩形截面梁，钢材的用量则为工字形截面梁的 2.42 倍，很浪费材料，是不经济的。

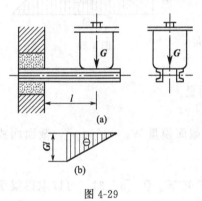

图 4-29

以上的计算实例说明了在工程实际中钢梁的截面通常不采用矩形截面的原因。

例 4-10 某石化企业的成品液储罐固定在两根悬臂梁支承的槽钢上，如图 4-29（a）所示。已知储罐的重量 $G = 10\text{kN}$，距离 $l = 0.6\text{m}$，槽钢的 $[\sigma] = 160\text{MPa}$，试选择槽钢的型号。

解 这是一个求梁的抗弯截面模量的问题，应先计算固定端截面上的最大弯矩，此时弯矩图如图 4-29（b）所示，最大弯矩为

$$M_{\max} = -Gl = -10 \times 0.6 = -6.0 \text{(kN · m)}$$

此时最大弯矩由两根槽钢承受，故每根槽钢所应具备的抗弯截面模量为

$$W_x \geqslant \frac{M_{\max}}{2[\sigma]} = \frac{6.0 \times 10^3}{2 \times 160 \times 10^6} = 0.19 \times 10^{-4} \text{(m}^3) = 19 \text{(cm}^3)$$

由附录 B 型钢规格表查得，8 号槽钢的 $W_x = 25.3\text{cm}^3$，既大于上述计算值又与其最接近，所以应该选 8 号槽钢来制作该储罐的支承梁。

4.8 梁的优化设计

在梁的强度设计中，常常会遇到如何根据具体情况合理使用材料的问题。为此，必须从理论上深入地认识弯曲强度的特点，了解支承的安装、载荷的布置以及截面形状等因素对于梁结构弯曲强度的影响关系，以便做到节省材料、提高强度，达到既安全适用而又经济的要求。

4.8.1 支承的合理安排

通过前面的学习已经清楚，梁的强度计算是以最大弯矩 $M_{\max}$ 为依据的。在客观条件许可的情况下，若支承条件能够得到合理安排，那么，可能使 $M_{\max}$ 的绝对值减小，从而降低梁弯曲时的工作应力。

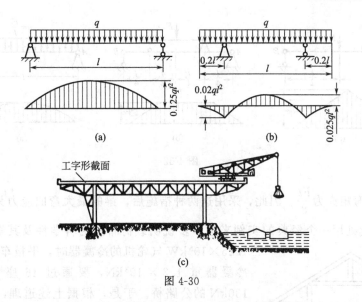

图 4-30

例如，图 4-30（a）所示的简支梁，承受均布载荷 q，若梁的长度为 l，则

$$M_{max} = \frac{1}{8}ql^2 = 0.125ql^2$$

如果将两端支承各向内移动 $0.2l$ ［图 4-30（b）］，则 $M_{max} = 0.025ql^2$，即只有跨距为 l 时最大弯矩的 $\frac{1}{5}$。这样一来，梁的截面尺寸也可相应地减小。图 4-30（c）所示的吊车大梁，其支承点不在两端，而是向中间移了一些，就是设法利用上述原理降低 M_{max}，以节省材料、减轻梁的自重。

4.8.2 载荷的合理布置

如图 4-31（a）所示的 X62W 型铣床的齿轮轴，齿轮安装尽量靠近左轴承，以使此轴所承受的集中力最好作用在接近左轴承一侧。如此一来，轴的最大弯矩值 ［图 4-31（b）］要比载荷作用在跨度中间位置时的最大弯矩值 ［图 4-31（c）］小很多。

在设计中考虑梁上载荷布置时，如果结构允许，应尽可能把一个集中载荷分为几个较小的集中载荷，或者改变为分布载荷。以简支梁为例，若一个集中力作用在跨度的中间，则最大弯矩为 $\frac{Fl}{4}$ ［图 4-32（a）］；若梁上安置一长为 $\frac{1}{2}l$ 的 CD 短梁 ［图 4-32（b）］，则 AB 梁的最大弯矩减小至 $\frac{Fl}{8}$；如果改为均布载荷 q（$q = F/l$）作用在整个 AB 梁上 ［图 4-32

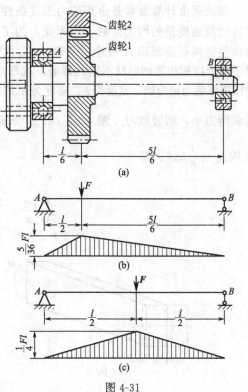

图 4-31

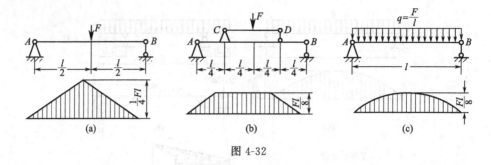

图 4-32

（c）］，则最大弯矩亦为 $\dfrac{Fl}{8}$。因此，采用这两种措施后，梁的最大弯曲应力只是原有集中载荷时的一半。此处用一个经典的实例来进一步说明载荷布置的科学性及其重要性。在运输

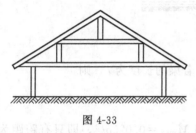

图 4-33

1.25×10^5 kW 气轮机的冷凝器时，平板车的自重 400kN，冷凝器重 1.2×10^3 kN，要通过 16 座允许载重仅为 130kN 的公路桥。于是，根据上述道理，专门在大型平板车的底盘上装了 7 排轮子，每排有 8 个车轮；并且车身较长，超过桥孔跨度。在对桥作了局部必要的加固后，成功地完成了运输任务。我国古代房屋的屋梁设计成图 4-33 所示的结构形式，也是这个道理。

4.8.3 截面形状的合理设计

（1）根据截面的几何特性选择截面

梁的强度计算通常是由正应力强度条件控制的。当弯矩已确定时，最大正应力的数值随着抗弯截面模量的增大而减小。因此，为了减轻自重、节省材料，所采用的横截面的形状，应该使得横截面积 A 较小（省料），而抗弯截面模量 W_z 较大（降低应力水平）。换言之，对于两个面积相等而形状不同的截面，抗弯截面模量 W_z 较大的一个，其抗弯强度较高。这里仍以矩形截面梁为例，宽度为 b，高度为 h 的矩形截面梁（假设 $h>b$），平放时［图 4-34（b）］，承载能力小，而竖放时［图 4-34（a）］，承载能力大。这是由于平放时 $W_{z平}=\dfrac{1}{6}hb^2$，竖放时 $W_{z竖}=\dfrac{1}{6}bh^2$。而

$$\frac{W_{z竖}}{W_{z平}}=\frac{\dfrac{1}{6}bh^2}{\dfrac{1}{6}hb^2}=\frac{h}{b}>1$$

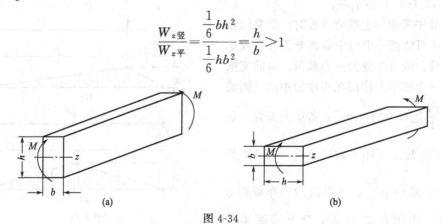

图 4-34

即 $W_{z竖} > W_{z平}$。因此，竖放时有较大的抗弯强度。常见的屋梁均为竖放就是这个道理。

截面的形状不同，抗弯截面模量 W_z 也就不同。为了便于比较各种截面的经济性，可用抗弯截面模量 W_z 与截面面积 A 的比值 $\dfrac{W_z}{A}$ 来衡量。$\dfrac{W_z}{A}$ 比值愈大，就表明梁结构愈经济。

对于矩形截面

$$\frac{W_z}{A} = \frac{\frac{1}{6}bh^2}{bh} = \frac{1}{6}h = 0.167h$$

对于其他形状的截面，其 $\dfrac{W_z}{A}$ 值列于表 4-1 中。

表 4-1 常见截面形状的 W_z/A 值

截面形状	$\dfrac{W_z}{A}$	截面形状	$\dfrac{W_z}{A}$
矩形 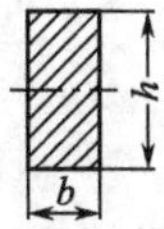	$0.167h$	槽钢 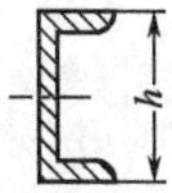	$(0.27\sim0.31)h$
圆形 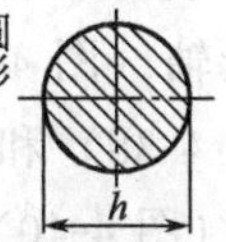	$0.125h$	工字钢 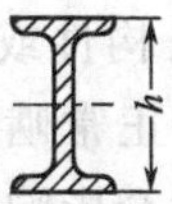	$(0.27\sim0.31)h$
环形 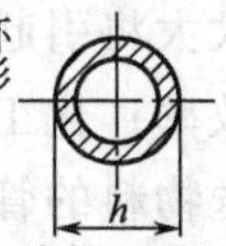 内径$d=0.8h$	$0.205h$		

表 4-1 的几种截面中，以圆形的 $\dfrac{W_z}{A}$ 值为最小，矩形的其次，因此，它们的经济性都不够好。从梁弯曲正应力的分布规律来看，也是易于理解的。在梁截面的上、下边缘处，弯曲正应力最大，而靠近中性轴处弯曲正应力很小。为此，理应尽可能使横截面面积分布在距中性轴较远处才能充分发挥它的作用，而圆截面恰巧相反。这就使得很大一部分材料没有得到充分利用。

为了充分利用材料，将实心圆改成截面面积相等的圆环形截面，其抗弯强度可以大大提高。同样，对于矩形截面，可以将其中性轴附近的面积挖掉，放在离中性轴较远处（图 4-35），这样就演变成工字形截面。如此一来，材料的利用就较为合理，提高了技术经济性（把材料放到最能发挥其作用之处，即物尽其用！）。例如，活络扳手的手柄、火车铁轨、吊车大梁等，都做成工字形的截面。

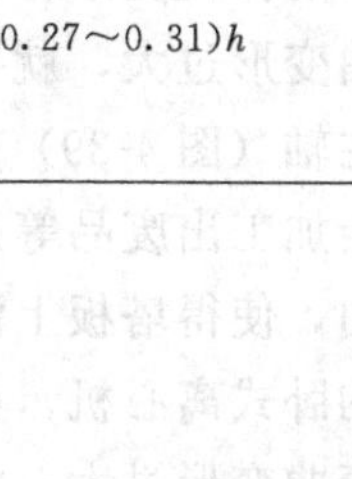

（2）根据材料的特性选择截面

对于抗拉能力与抗压能力相等的塑性材料（如钢），采用对称于中性轴的截面，这样可以使截面上、下边缘的最大拉应力和最大压应力相等，且同时到达许用应力。对于像铸铁一类的脆性材料，由于抗拉能力低于抗压能力，因此，在

图 4-35

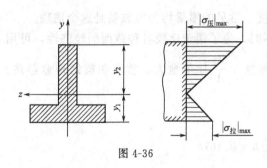

图 4-36

选择截面时，最好使中性轴偏于受拉的这一边。通常采用 T 形截面（图 4-36），其中性轴位置可以这样来选定：利用强度条件公式，使拉应力与压应力同时到达相应的许用应力。于是可以求得比值，为

$$\frac{y_1}{y_2} = \frac{[\sigma]_拉}{[\sigma]_压}$$

以此来选定 T 形截面的尺寸。

必须指出的是，以上关于合理截面的讨论，只是根据正应力的强度观点出发的，并未考虑到梁的剪切强度条件。另外，很重要的是，考虑截面形状的合理与否不能仅仅局限于强度分析的观点，还必须同时考虑到刚度、稳定性以及加工制造和使用等诸多方面的客观要求，即需要综合考虑各种影响因素及其影响的程度，以便做出完整的优化设计。

4.9 梁的弯曲变形

设计梁结构时，除了满足强度要求外，通常还要满足刚度方面的要求，防止杆件出现过大的弹性变形，以保证结构、构件或者机器等能够正常工作。例如，齿轮轴（图 4-37）弯曲变形过大，就要影响齿轮的正常啮合，加速齿轮的磨损；摇臂钻床（图 4-38）和车床的主轴（图 4-39）变形过大，就会影响加工精度。如果工件的弯曲变形过大（图 4-40），甚至会加工出废品等。又如，在化工、石化生产中，支承塔板的钢梁，如变形太大将引起塔板弯曲，使得塔板上液面深浅不一，从而导致气流分布不均匀，降低塔板操作效率；化工机器中的卧式离心机，如果主轴弯曲变形过大，将引起偏心，发生强烈振动；输送物料的管道，若弯曲变形过大，将影响到管道内介质的正常输送，致使出现积液、物料沉淀、法兰连接不良、或者物料泄漏等异常现象。

为了研究梁的变形，以做到在工程实际中合理地限制或科学地利用梁的变形，就要求掌握弯曲变形的计算方法。下面从分析梁的变形特点入手，首先来讨论如何表示和度量梁的弯曲变形。

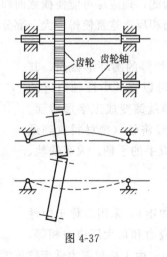

图 4-37

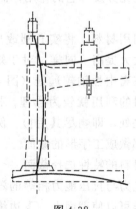

图 4-38

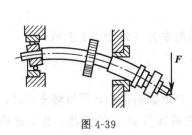
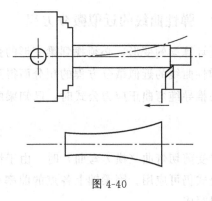

图 4-39　　　　　　　　　　　　　　　　图 4-40

4.9.1　梁的弹性曲线、挠度和转角

现以在自由端受一集中力 F 作用的悬臂梁为例来说明（图 4-41）。梁受力作用而产生弯曲变形后，轴线 AB 从原来的直线变成了一条平面曲线 AB_1，这条曲线称为弹性曲线或挠曲线。观察与坐标原点 A 相距为 x 的任意截面之位移情况，截面形心 C 沿垂直于轴的方向移至 C_1，垂直位移 CC_1 称为该截面的**挠度**，用 w 表示。由于弹性曲线是一条比较平坦的曲线（小变形假设），因而 C 点沿水平方向的位移很小，可以忽略不计。挠度 w 的正负规定如下：与坐标轴 y 正方向一致时为正；反之为负。那么，图 4-41 中所示挠度 w 为正值。

挠度 w 随着横截面的位置而变化，可以表示为横坐标 x 的函数，即

$$w = f(x)$$

图 4-41

上式称为梁的**弹性曲线方程**或**挠曲线方程**。

此外，梁在变形后，横截面除了产生挠度外，还相对其原来位置绕自身的中性轴转过了一个角度 θ，θ 称为该截面的转角。转角的单位为弧度（rad），其正负号规定如下：逆时针方向的转角为正，顺时针方向的转角为负。那么，图 4-41 中截面 C 的转角 θ 就是正的。

在图 4-41 中，过弹性曲线上的 C_1 点引一条切线，该切线与 x 轴的夹角即等于截面 C 的转角 θ。由微分学可知，弹性曲线 $w = f(x)$ 上任意一点的切线的斜率为

$$\tan\theta = \frac{\mathrm{d}w}{\mathrm{d}x} = f'(x)$$

由于在工程实际中，梁的变形很小，转角 θ 极小，所以有 $\tan\theta \approx \theta$，由此可得

$$\theta = \frac{\mathrm{d}w}{\mathrm{d}x} = f'(x) \tag{4-32}$$

式（4-32）反映了挠度与转角之间的定量关系，其物理含义为：弹性曲线任一点处切线的斜率等于该处横截面的转角。这就意味着，如果已知弹性曲线方程 $w = f(x)$，那么，求其对 x 的一阶导数，就可求得各截面的转角。

挠度和转角是表征梁弹性变形的两个基本量，只要知道梁的弹性曲线方程，就很容易求得梁轴线上任意一点的挠度和任意一横截面的转角。

4.9.2 弹性曲线的近似微分方程

要计算梁的变形，必须找到梁变形的弹性曲线方程的明确表达式。而弹性曲线方程又是通过弹性曲线的近似微分方程的积分而得到的。

在推导纯弯曲正应力公式时，已知梁的弹性曲线的曲率为（此处用 I 表示 I_z）

$$\frac{1}{\rho} = \frac{M}{EI}$$

梁受剪切弯曲（横力弯曲）时，由于切应力对梁的变形影响很小，可以略去不计。所以这一公式仍可应用。因梁轴上各点的曲率和弯矩都是横截面位置 x 的函数，故上述曲率公式可以写成

$$\frac{1}{\rho(x)} = \frac{M(x)}{EI}$$

由微分学可知，平面曲线上任意一点的曲率为

$$\frac{1}{\rho(x)} = \pm \frac{\dfrac{d^2 w}{dx^2}}{\left[1 + \left(\dfrac{dw}{dx}\right)^2\right]^{3/2}}$$

由上两式，得

$$\pm \frac{\dfrac{d^2 w}{dx^2}}{\left[1 + \left(\dfrac{dw}{dx}\right)^2\right]^{3/2}} = \frac{M(x)}{EI}$$

上式就是梁的弹性曲线微分方程。在工程上，梁横截面的转角一般都很小，即 $\dfrac{dw}{dx}$ 的值极小，因此 $\left(\dfrac{dw}{dx}\right)^2$ 的值远小于 1，于是上式可以简化为

$$\pm \frac{d^2 w}{dx^2} = \frac{M(x)}{EI}$$

上式就是梁的弹性曲线近似微分方程。根据这个近似微分方程所得到的解，应用在工程实际中已经具有足够的精确度。上式中的正负号要依照弯矩的符号和 y 轴的方向而定，根据图 4-41 所选定的坐标系，规定 y 轴向上为正，当弯矩为正时，曲线应该向下凸出（下凸），$\dfrac{d^2 w}{dx^2}$ 为正值 [图 4-42（a）]；反之，当弯矩为负时，曲线向上凸出（上凸），$\dfrac{d^2 w}{dx^2}$ 为负

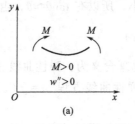

(a)

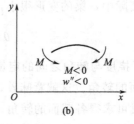

(b)

图 4-42

值〔图 4-42（b）〕。如此，就使正值的 $M(x)$ 对应着正值的 $\dfrac{\mathrm{d}^2 w}{\mathrm{d}x^2}$，而负值的 $M(x)$，则与

负值的 $\dfrac{\mathrm{d}^2 w}{\mathrm{d}x^2}$ 相对应，即它们始终保持相同的符号。故上式左端应该取正号，即

$$\frac{\mathrm{d}^2 w}{\mathrm{d}x^2}=\frac{M(x)}{EI} \quad \text{或者} \quad EI\,\frac{\mathrm{d}^2 w}{\mathrm{d}x^2}=M(x) \tag{4-33}$$

对于等截面梁，EI 为一常数。现将式（4-33）两边分别乘以 $\mathrm{d}x$，进行一次积分运算，可得

$$EI\theta=EI\,\frac{\mathrm{d}w}{\mathrm{d}x}=\int M(x)\mathrm{d}x+C \tag{4-34a}$$

式（4-34a）就是梁的转角方程。再积分一次，可得

$$EIw=\iint M(x)\mathrm{d}x\,\mathrm{d}x+Cx+D \tag{4-34b}$$

式（4-34b）就是梁的**弹性曲线方程**，亦称为梁的**挠曲线方程**。式中的两个积分常数 C 和 D 可由梁上某些截面处的已知变形来确定，这些已知条件称为梁的边界条件。例如，梁在固定端的边界条件为挠度 $w=0$，转角 $\theta=0$；在铰支座处的边界条件为挠度 $w=0$ 等。一般情况下，在计算梁的弯曲变形时，总有足够的边界条件来确定积分常数（这类问题称为静定问题，是重点讨论的对象，即边界条件的数目和被求解方程数相等。对于超静定问题，情况较为复杂，已经超越了本书讨论的范畴）。积分常数确定后，就可以得到转角方程和挠度方程。把这种由积分计算求解梁的转角和挠度的方法称为"弹性曲线近似微分方程的直接积分法"，这也是求解梁变形问题的基本方法。

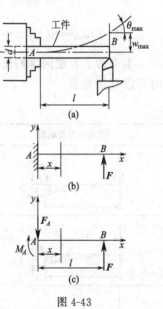

例 4-11 车刀加工工件时，工件在自由端受到切削力 F 的作用〔图 4-43（a）〕。工件的悬臂长度和截面抗弯刚度分别为 l 和 EI_z。试求工件的最大挠度和转角。

解 工件可以简化为悬臂梁，其计算简图与受力图分别如图 4-43（b）、图（c）所示。选坐标系如图（c），A 为坐标原点。

（1）计算约束反力并列出弯矩方程

$$\sum M_A=0,\quad M_A=Fl$$
$$\sum Y=0,\quad F_A=F$$

图 4-43

约束反力的方向如图 4-43（c）所示。

弯矩方程式为

$$M(x)=M_A-F_A x=Fl-Fx$$

（2）列挠曲线近似微分方程并积分

$$EI_z w''=Fl-Fx$$

$$EI_z\theta=Flx-\frac{1}{2}Fx^2+C \tag{4-35a}$$

$$EI_z w=\frac{1}{2}Flx^2-\frac{1}{6}Fx^3+Cx+D \tag{4-35b}$$

（3）确定积分常数

因为 A 截面为固定端，没有转角和挠度，故相应的边界条件是

$$当\ x=0时,\ \theta_A=0$$

$$当\ x=0时,\ w_A=0$$

将这两个边界条件分别代入式（4-35a）和式（4-35b），可求得积分常数 $C=0$、$D=0$。

（4）确定转角方程和挠曲线方程

将积分常数值代入式（4-35a）和式（4-35b），得转角方程和挠曲线方程分别为

$$EI_z\theta=Flx-\frac{1}{2}Fx^2 \tag{4-35c}$$

$$EI_zw=\frac{1}{2}Flx^2-\frac{1}{6}Fx^3 \tag{4-35d}$$

（5）求最大挠度和最大转角

根据梁的受力情况，画出梁的挠曲线［图 4-43（a）中的点划线］。在梁的自由端，即 $x=l$ 的截面上的挠度和转角最大。将 $x=l$ 代入式（4-35c）、式（4-35d）即得

$$\theta_{max}=\theta\mid_{x=l}=\frac{Fl^2}{EI_z}-\frac{Fl^2}{2EI_z}=\frac{Fl^2}{2EI_z}（正号表示逆时针）$$

$$w_{max}=w\mid_{x=l}=\frac{Fl^3}{2EI_z}-\frac{Fl^3}{6EI_z}=\frac{Fl^3}{3EI_z}（正号表示挠度向上,即曲线下凸）$$

本书为了方便同学们使用，特将一些在简单载荷作用下梁的变形列于表 4-2 中，在计算时可以直接查表。

表 4-2　简单载荷作用下梁的挠度和转角

梁的类型及载荷	弹性曲线方程	转角及挠度
	$w=-\dfrac{Fx^2}{6EI}(3l-x)$	$\theta_B=-\dfrac{Fl^2}{2EI}$ $w=-\dfrac{Fl^3}{3EI}$
	$w=-\dfrac{Fx^2}{6EI}(3a-x),0\leqslant x\leqslant a$ $w=-\dfrac{Fa^2}{6EI}(3x-a),a\leqslant x\leqslant l$	$\theta_B=-\dfrac{Pa^2}{2EI}$ $w=-\dfrac{Fa^2}{6EI}(3l-a)$
	$w=-\dfrac{qx^2}{24EI}(x^2+6l^2-4lx)$	$\theta_B=-\dfrac{ql^3}{6EI}$ $w=-\dfrac{ql^4}{8EI}$
	$w=-\dfrac{Mx^2}{2EI}$	$\theta_B=-\dfrac{Ml}{EI}$ $w=-\dfrac{Ml^2}{2EI}$
	$w=-\dfrac{qx}{24EI}(l^3-2lx^2-x^3)$	$\theta_A=-\theta_B=-\dfrac{ql^3}{24EI}$ $w=-\dfrac{5ql^4}{384EI}$

续表

梁的类型及载荷	弹性曲线方程	转角及挠度
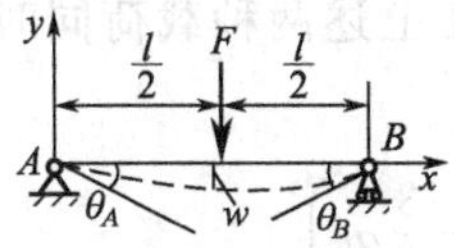	$w = -\dfrac{Fx}{12EI}\left(\dfrac{3l^2}{4} - x^2\right)$ $0 \le x \le \dfrac{l}{2}$	$\theta_A = -\theta_B = -\dfrac{Fl^2}{16EI}$ $w = -\dfrac{Fl^3}{48EI}$
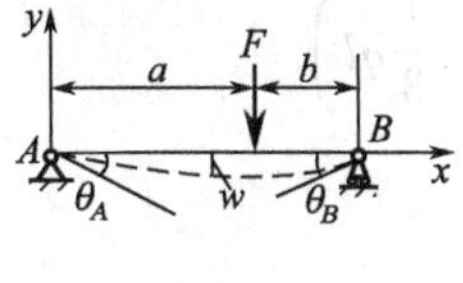	$w = -\dfrac{Fbx}{6lEI}(l^2 - x^2 - b^2)$ $0 \le x \le a$ $w = -\dfrac{Fb}{6lEI}\Big[(l^2-b^2)x - x^3 +$ $\dfrac{l}{b}(x-a)^3\Big], a \le x \le l$	$\theta_A = -\dfrac{Fab(l+b)}{6lEI}, \theta_B = -\dfrac{Fab(l+a)}{6lEI}$ 若 $a>b$, 在 $x = \sqrt{\dfrac{l^2-b^2}{3}}$ 处 $w = -\dfrac{\sqrt{3}\,Fb}{27lEI}(l^2-b^2)^{3/2}$
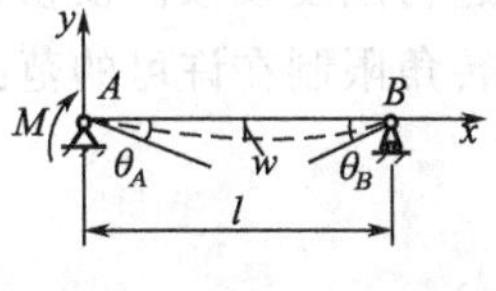	$w = -\dfrac{Mx}{6lEI}(l-x)(2l-x)$	$\theta_A = -\dfrac{Ml}{3EI}, \theta_B = \dfrac{Ml}{6EI}$ 在 $x = \left(1-\dfrac{\sqrt{3}}{3}\right)l$ 处, $w = -\dfrac{\sqrt{3}\,Ml^2}{27EI}$ 在 $x = \dfrac{l}{2}$ 处, $w_{l/2} = -\dfrac{Ml^2}{16EI}$
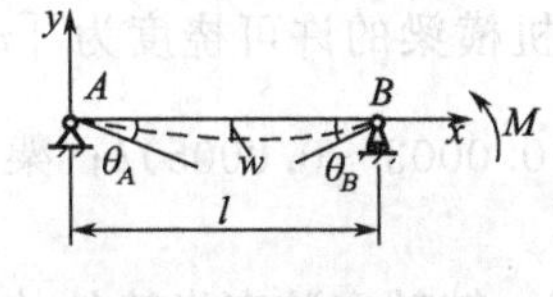	$w = -\dfrac{Mlx}{6EI}\left(1 - \dfrac{x^2}{l^2}\right)$	$\theta_A = -\dfrac{Ml}{6EI}, \theta_B = \dfrac{Ml}{3EI}$ 在 $x = \dfrac{\sqrt{3}}{3}l$ 处, $w = -\dfrac{\sqrt{3}\,Ml^2}{27EI}$ 在 $x = \dfrac{l}{2}$ 处, $w_{l/2} = -\dfrac{Ml^2}{16EI}$

4.9.3　用叠加法求梁的变形

若梁的材料服从胡克定律，并且梁的变形很小，则梁的挠度或转角与载荷成线性关系。这样，当梁同时受几个载荷作用时，由每一个载荷所引起的梁的变形将不受其他载荷的影响。于是，可以用叠加法来计算梁的变形。即梁上同时承受几个载荷作用时所产生的变形，等于各个载荷单独作用时所产生的变形的代数和。单个载荷所引起的挠度或转角可用积分法求得或直接从表 4-2 中查得，然后将它们叠加起来，就可以得到梁在几个载荷共同作用下的总变形。

例 4-12　已知管架悬臂梁 AB 长度为 l，支承其上的管子之重量为 F，悬臂梁自重可看作集度为 q 的均布载荷（图 4-44）。梁的抗弯刚度为 EI，求梁的最大挠度和最大转角。

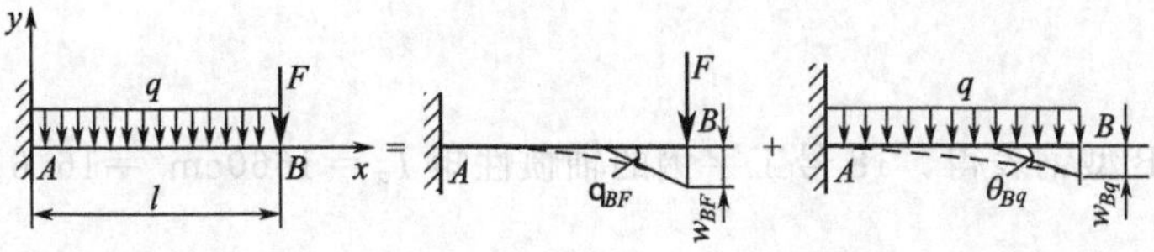

图 4-44

解　最大挠度和最大转角均发生在自由端 B 处。在集中力 F 和均布载荷 q 单独作用时，由表 4-2 查得，自由端的挠度和转角分别为

$$w_{BF} = -\frac{Fl^3}{3EI}, \qquad \theta_{BF} = -\frac{Fl^2}{2EI}$$

和
$$w_{Bq} = -\frac{ql^4}{8EI}, \quad \theta_{Bq} = -\frac{ql^3}{6EI}$$

将 w_{BF} 和 w_{Bq}、θ_{BF} 和 θ_{Bq} 分别叠加起来，就得到自由端 B 处在上述两种载荷同时作用下的总挠度和总转角分别为

$$w = w_B = w_{BF} + w_{Bq} = -\frac{Fl^3}{3EI} - \frac{ql^4}{8EI} = -\frac{l^3}{3EI}\left(F + \frac{3}{8}ql\right)$$

$$\theta_{\max} = \theta_B = \theta_{BF} + \theta_{Bq} = -\frac{Fl^2}{2EI} - \frac{ql^3}{6EI} = -\frac{l^2}{2EI}\left(F + \frac{1}{3}ql\right)$$

4.9.4 梁的刚度校核、提高抗弯刚度的措施

在工程设计中，通常先按强度条件确定梁的截面尺寸，然后再进行刚度校核。校核梁刚度的目的，就是要合理控制梁的变形，以使梁的最大挠度或者最大转角限制在许可的范围之内，从而保证构件能够正常工作。于是，梁的刚度条件可以写成

$$w \leqslant [w], \quad \theta_{\max} \leqslant [\theta]$$

式中，$[w]$ 和 $[\theta]$ 分别为规定的许可挠度和许可转角。

根据梁的工作性质，可有不同的设计要求。例如，桥式起重机横梁的许可挠度为 $[w] = \left(\dfrac{1}{700} \sim \dfrac{1}{400}\right)l$，$l$ 为跨度（以下同）；一般用途的转轴的 $[w] = (0.0003 \sim 0.0005)l$；架空管道的 $[w] = \dfrac{1}{500}l$；一般塔器的 $[w] = \left(\dfrac{1}{1000} \sim \dfrac{1}{500}\right)h$，$h$ 为塔高；转轴在装有齿轮处的截面许可转角 $[\theta] = 0.001\,\text{rad}$；转轴在滚动轴承处的 $[\theta] = (0.0016 \sim 0.0075)\,\text{rad}$ 等。更多的情况可以查阅有关设计标准或者手册。

分析表 4-2 中的挠度、转角公式就可明显地看出，提高梁弯曲刚度可以有以下几项措施。

① 减小跨度　因为在一定的集中载荷 F 或均布载荷 q 的作用下，梁的变形与 l、l^2、l^3、l^4 成正比。

② 增大梁的抗弯刚度 EI　应该指出，由于各类钢材的 E 值都很接近，因此采用优质钢材并不能使梁的刚度提高，所以应该设法提高截面的轴惯性矩 I。增大 I 的办法与增大抗弯截面模量 W（即 W_z）是一样的，在梁截面合理形状的选择中已经讲过，此处不再赘述。

例 4-13　试校核跨度为 2.5m 的简支梁的刚度。其中，梁所承受的均布载荷 $q = 33.1\,\text{kN/m}$，材料为 18 号工字钢，其弹性模量 $E = 2.06 \times 10^5\,\text{MPa}$，梁的许可挠度 $[w] = \dfrac{1}{500}l$。

解　查附录 B 型钢表得，18 号工字钢的轴惯性矩 $I_x = 1660\,\text{cm}^4 = 16.6 \times 10^6\,\text{mm}^4$。梁的许可挠度为

$$[w] = \frac{1}{500}l = \frac{2500}{500} = 5\,(\text{mm})$$

而最大挠度在梁跨度中点处，它的数值为

$$|w| = \frac{5ql^4}{384EI} = \frac{5 \times 33.1 \times (2500)^4}{384 \times 2.06 \times 10^5 \times 16.6 \times 10^6} = 4.92\,(\text{mm}) < 5\,\text{mm}$$

计算结果表明，该梁可以满足刚度要求。

本章小结

本章重点讨论了直梁的纯弯曲问题。通过研究梁的变形特点，从变形的几何关系、物理方程、力平衡等方面建立了梁截面应力的计算公式及其分布情况，进而建立了梁的强度条件。从改善载荷作用、支承或者约束条件、截面几何形状、材料特性等方面，分析了如何优化梁结构的设计问题。最后，还讨论了挠度和转角的计算问题，建立了梁变形的刚度条件。

（1）平面弯曲、梁结构

① 载荷类型　有集中载荷、集中力偶和分布载荷。

集中载荷：分布在很短一段梁上的横向力可以作为一个作用在梁上一点的力，称为集中力，或集中载荷。

集中力偶：分布在很短一段梁上的力形成一个力偶时，可以作为一个集中力偶。

分布载荷：若载荷是沿着梁的轴线分布在一段较长的范围内，就称为分布载荷。

② 梁的类型　有简支梁、外伸梁和悬臂梁。

简支梁：梁的一端是固定铰支座，另一端是可动铰支座。

外伸梁：梁用一个固定铰支座和一个可动铰支座支承，但梁的一端或者两端伸出支座之外。

悬臂梁：梁的一端固定，另一端自由。

（2）弯曲时的内力分析

重点掌握内力截面法、剪力和弯矩的概念及其符号规定，能熟练求解。

（3）剪力图和弯矩图

剪力和弯矩沿着梁轴线变化的曲线，分别称为剪力图和弯矩图。它是梁结构力学分析的基础，必须牢固掌握。书后习题中的典型题目要求能够熟练完成。

（4）弯曲时的应力和强度计算

平面假设、中性轴、中性层概念的理解与掌握：

物理方程（胡克定律）

$$\sigma = \frac{E}{\rho} y$$

变形的几何关系

$$\varepsilon = \frac{y}{\rho}$$

静力平衡关系 $\int_A \sigma \mathrm{d}A = F_N = 0$, $\int_A y\sigma \mathrm{d}A = M$, $\int_A z\sigma \mathrm{d}A = M_y = 0$

（5）弯曲正应力的强度条件

$$\sigma_{\max} = \frac{M_{\max}}{W_z} \leqslant [\sigma]$$

（6）梁的优化设计

ⅰ．载荷的合理布置；

ⅱ．支承的合理安排；

ⅲ．截面形状的合理设计；

ⅳ．材料的选择。

（7）梁的弯曲变形

挠曲线微分方程

$$\frac{\mathrm{d}^2 w}{\mathrm{d}x^2} = \frac{M(x)}{EI}$$

用叠加法求梁的变形：若梁的材料服从胡克定律，并且梁的变形很小，当梁同时受几个载荷作用时，可以用叠加法来计算梁的变形。

（8）梁的刚度校核

挠度和转角校核条件分别为　　$w \leqslant [w]$，　$\theta_{max} \leqslant [\theta]$

（9）提高梁弯曲刚度的措施

ⅰ. 可能时，设法减小跨度；

ⅱ. 增大梁的抗弯刚度 EI。

思 考 题

（1）什么叫平面弯曲？有纵向对称面的梁，外力怎样作用可以形成平面弯曲？

（2）剪力与分布载荷集度，弯矩与剪力之间存在着什么关系？这些关系是怎样得出来的？对于梁的受力分析有何意义？

（3）梁的某截面上的剪力如果等于零，那么这个截面上的弯矩有什么特点？

（4）什么是纯弯曲？根据对梁纯弯曲变形的观察，可以作出哪些有关弯曲变形的假设？

（5）型钢为何要作成工字形、槽形？对抗拉和抗压强度不等的材料为什么常采用 T 形截面？

习 题

4-1　对于图 4-45 所示各梁，要求先写出其剪力方程和弯矩方程，然后作出相应的剪力图和弯矩图，并求出最大剪力 F_{Smax} 和最大弯矩 M_{max}。

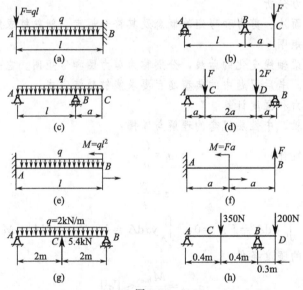

图 4-45

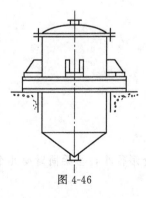

图 4-46

4-2　如图 4-46 所示，某化工厂的一个立式储罐，由焊接在其上的四个耳式支座支承，支座固定在四根长度均为 2.4m 的工字钢梁之中点处，工字钢梁则是由地脚螺栓锚接在叠立于地面的四个混凝土立柱上。该储罐连同盛装的物料在内重为 110kN，工字钢为 16 号型钢，其弯曲许用应力 $[\sigma] = 120$MPa，试校核工字钢梁的强度。

4-3　如图 4-47 所示，一卧式化工容器，内径为 $\phi 1600$mm，壁厚 $S = 20$mm，封头高 $h = 450$mm；容器两鞍座之间的跨度为 $l = 8$m，支座到筒体两端的距离分别为 $a = 1$m。容器内盛放着液体介质，连同壳体自重在内，可简化为单位长度上的均布载荷 $q = 28$kN/m。试求该容器上的最大弯矩和弯曲应力。

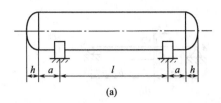
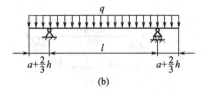

图 4-47

4-4 如图 4-48 所示，某炼油厂用于原料输送的管道，其支承托架由一条 5 号角钢制作而成，其中悬臂部分长度为 $l=0.4$m，已知托架材料的许用应力 $[\sigma]=160$MPa，试求该托架所能承受的许可载荷 F。

4-5 如图 4-49 所示，某压缩机的操纵杆为一曲柄连杆机构，用销钉和支座连接。右端受力为 8.5kN，截面 I—I 和截面 II—II 结构相同，都是 $h/b=3$ 的矩形。若操纵杆材料的 $[\sigma]=50$MPa，要求设计截面 I—I 的尺寸。

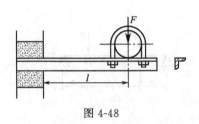

图 4-48

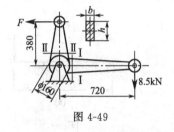

图 4-49

4-6 如图 4-50 所示，一常压储罐上设置的人孔，人孔盖用一条 5 号槽钢紧固。图中尺寸 $l=0.6$m，储罐内压力顶开人孔的力为 $F=2$kN；用 M20 的螺栓紧固，其有效面积为 2.25cm²，销钉的直径 $d=16$mm；槽钢、螺栓、销钉材料的许用应力均为 $[\sigma]=100$MPa，$[\tau]=60$MPa。试分别校核槽钢、螺栓和销钉的强度（销钉孔对槽钢的削弱可以忽略不计）。

4-7 如图 4-51 所示的铸铁造外伸梁。已知梁的横截面为 T 形，其轴惯性矩 $I_z=2.61\times10^{-5}$ m⁴，中性轴 z 距梁上表面（大端）$y_1=48$mm，距梁下表面（小端）$y_2=142$mm。材料的许用拉应力 $[\sigma_{拉}]=40$MPa，许用压应力 $[\sigma_{压}]=110$MPa。要求按正应力校核该梁的强度。

4-8 如图 4-52 所示的一组梁结构，试求各梁中在指定截面处（图中虚线所示，它们分别在加力点两侧）的剪力值和弯矩值。

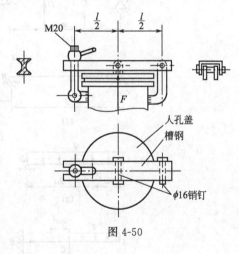

图 4-50

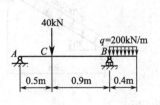

图 4-51

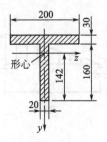

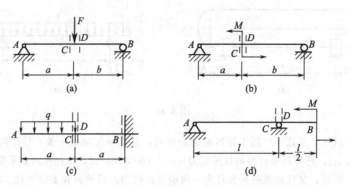

图 4-52

4-9 列出图 4-53 所示各梁的剪力方程和弯矩方程，并绘制其剪力图和弯矩图，进而确定 $|F_S|_{max}$ 及 $|M_z|_{max}$。

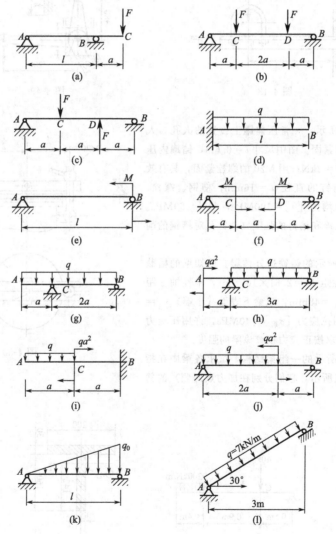

图 4-53

4-10 试利用载荷集度、剪力和弯矩间的微分关系检查图 4-54 所示各梁的内力图，并改正之。

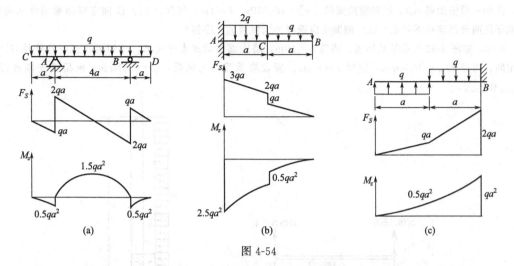

图 4-54

4-11 一台换热器的支承结构如图 4-55 所示，若同时考虑其自重和内部物料的重量，且设这些重力沿长度方向均匀分布，集度为 q。那么，请进行如下计算：（1）为求梁的内力，试绘制其计算简图；（2）欲使最大弯矩值（绝对值）最小，$a : l$ 应该取多大？（提示：使支座处的 M_z 与跨中的 M_z 数值相等）。

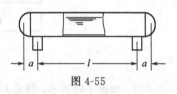

图 4-55

4-12 试说明弯曲正应力公式 $\sigma = \dfrac{M_z y}{I_z}$ 的应用条件，并说明为什么在平面弯曲条件下，中性轴必过形心。

4-13 图 4-56 所示的两个悬臂梁，其截面均为矩形（$b \times h$），图（a）梁为钢质，图（b）梁为木质。试写出危险截面上的最大拉应力与最大压应力的表达式，并在图上标明其位置。两个梁材料的弹性模量分别为 $E_钢$、$E_木$。

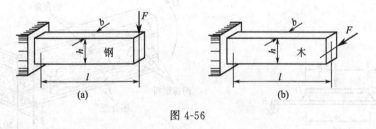

图 4-56

4-14 如图 4-57 所示，T 形截面铸铁外伸梁，其截面的 $I_z = 2.59 \times 10^{-5} \, \text{m}^4$。（1）试作该梁的内力图；（2）求出梁内的最大拉应力、最大压应力，并指出它们的位置；（3）画出危险截面上的正应力分布图。

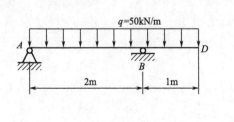

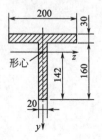

图 4-57

4-15　如图 4-58 所示，为了起吊重量 $G=300$kN 的大型设备，采用一台 150kN 吊车，一台 200kN 吊车，并加一根辅助梁 AB。已知辅助梁的 $[\sigma]=160$MPa，$l=4$m。试问：（1）G 加在辅助梁的什么位置，才能保证两台吊车都不超载？（2）辅助梁应选择多大型号的工字钢？

4-16　如图 4-59 所示某精馏塔，塔高 $h=10$m，塔底部由裙式支座支承。已知裙式支座的外径与塔外径相同，内径 $D_{内}=1000$mm，壁厚 $t=8$mm。假设塔承受均匀风载，$q=468$N/m。求裙式支座底部的 $M_{z\max}$ 和 $\sigma_{\max}$。

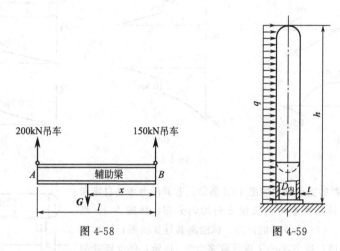

图 4-58　　　　　　　　　　　　　　　　　　图 4-59

4-17　如图 4-60 所示，当力 F 直接作用在简支梁 AB 的中点时，梁内的 $\sigma_{\max}$ 超过许用应力值 30%，为了消除过载现象，特在梁 AB 上设置了一段辅助短梁 CD 以使其能满足强度要求。试求此辅助梁的跨度 a。

4-18　如图 4-61 所示的轻质梁，由 3mm 厚的铝合金板与泡沫塑料层交替组成。泡沫塑料的弹性模量很小，对梁抗弯刚度的影响可以忽略不计，它只能保持四块铝合金板的间距。今已知铝合金的弹性模量 $E=70$GPa，下层铝合金板的最大拉应变 $\varepsilon=0.0016$，且变形中横截面保持为平面。求作用在梁上的外力矩 M 值。

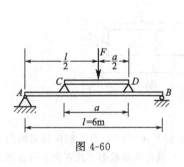

图 4-60

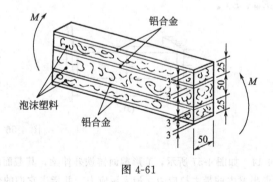

图 4-61

第5章

强度理论与组合变形

5.1 引言

通常情况下，材料受力后的变形并非只是前面几章提到的某种单一变形，而可能是四种基本变形的组合。截面上的应力也非只是单向分布，还有两向、三向等复杂情况。随着材料种类的多样化，它们破坏或者失效的形式和机理也不尽相同。这就需要研究复杂应力状态下材料的失效理论。为此，本章将对于复杂应力状态下的强度条件（即强度理论）进行简要介绍，重点阐述第三强度理论（常用的有 4 个强度理论），在此基础上对两种典型的组合变形（拉伸、压缩-弯曲组合、扭转-弯曲组合）展开详细讨论。

5.2 强度理论简介

第 2 章和第 3 章中分别讨论了结构受一种应力单独作用时的强度问题。然而，当危险截面上同时作用有正应力 σ 和切应力 τ 时，这种情况属于复杂应力状态。显然已不能进行应力的简单叠加。另外，此时正应力和切应力将同时影响到危险截面的强度，所以在建立强度条件时不能孤立地分别考虑切应力和正应力，而必须同时考虑它们的综合作用。这就需要建立新的强度理论，以处理复杂应力状态时结构的设计问题。

到目前为止，已经被采纳的强度理论有 4 个。最早提出的第一、第二强度理论适用于当时广泛使用的脆性材料，一般不适用于塑性材料。实践证明，对于工程上广泛采用的塑性材料，后来提出的第三、第四强度理论比较符合。特别是第三强度理论应用更为普遍。

限于学时，本书仅重点讨论最常用的第三强度理论。读者如对其他强度理论有兴趣，可以查阅相关材料力学书籍。第三强度理论认为：无论应力状态如何复杂，只要杆件中的最大切应力达到轴向拉伸时的危险值，材料就发生破坏。所以，第三强度理论也常被称为最大切应力理论。其失效准则为

$$\tau_{\max} = \frac{1}{2}(\sigma_1 - \sigma_3) = \tau^0 \tag{5-1}$$

式中，σ_1 和 σ_3 分别为主平面上的第一、第三主应力（对于复杂应力状态，通常都可以

找到相互垂直的三个主平面，其上只作用有正应力，而没有切应力。该正应力即称为主应力，作用的主应力有三个，即第一、第二、第三主应力，分别作用在三个主平面上，用 σ_1、σ_2 和 σ_3 表示）。极限值 τ^0 则可以通过单向拉伸试验来测定：单向拉伸屈服时，$\tau_{\max} = \frac{1}{2}(\sigma_1 - \sigma_3) = \frac{\sigma_s}{2}$，则 $\tau^0 = \frac{\sigma_s}{2}$。因此最大切应力准则为 $\frac{1}{2}(\sigma_1 - \sigma_3) = \frac{\sigma_s}{2}$，即

$$\sigma_1 - \sigma_3 = \sigma_s \tag{5-2}$$

考虑安全系数后，得第三强度理论的条件为

$$\sigma_1 - \sigma_3 \leqslant [\sigma] = \frac{\sigma_s}{n} \tag{5-3}$$

式中，n 为对应于材料塑性极限的安全系数。

对于塑性材料，最大切应力准则与实验结果符合良好，因而在工程上广泛应用。但该准则未反映出第二主应力（σ_2）对失效的影响，这是它理论上的不足。

5.3　组合变形的概念

前已交代，工程结构的基本变形包括：拉伸（压缩）、剪切、扭转、弯曲等。工程实际中，许多构件常常同时发生两种或者两种以上的基本变形。例如，图 5-1（a）所示的精馏塔，除了受到自重作用外，还受到水平方向风压的作用。在计算其裙座强度时，受力简图（力学模型）如图 5-1（b）所示，可以看出，其变形应该是轴向压缩变形与弯曲变形的组合 [图 5-1（c）]。化学反应器中的搅拌轴 [图 5-2(a)]，工作时除了受到物料作用于叶片上的阻力形成的扭转力矩外，还受到桨叶和搅拌轴自重的作用，其力学模型如图 5-2（b）所示。不难看出变形是由轴向拉伸变形和扭转变形组合而成。又如图 5-3（a）所示的传动轴，其计算简图为 5-3（b），可以看出是扭转变形与弯曲变形的组合。还有图 5-4（a）所示的传动轴的变形，则是由扭转、水平面内弯曲、铅垂面内弯曲这样三种基本变形组合而成的，从计算简图 5-4（b）可以很清楚地看出。

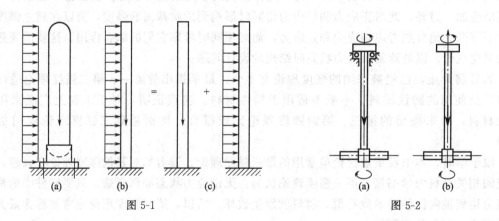

图 5-1　　　　　　　　　　　　　　　　图 5-2

从上述众多实例分析中可以认识到，在工程实际中的结构，除了可能发生 4 类简单的基本变形作用外，多数时候则是处在几种基本变形的联合作用之下的受力情况。把杆件在外力作用下同时发生两种或者两种以上基本变形的情况称为**组合变形**。

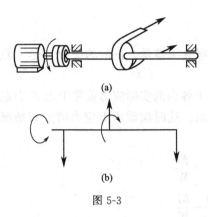

图 5-3

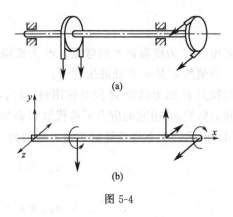

图 5-4

　　杆件在组合变形下的应力一般可以用叠加原理进行计算。实践证明，如果材料服从胡克定律，并且变形是在小变形范围内，那么杆件上各个载荷的作用彼此独立，每一载荷引起的应力或者变形都不受其他载荷的影响，而杆件在几个载荷同时作用下所产生的效果，就等于每个载荷单独作用时所产生的效果的总和，此即**叠加原理**。这样，当杆件在复杂载荷作用下发生组合变形时，只要把载荷分解为一系列引起基本变形的载荷，分别计算杆件在各个基本变形下在同一点所产生的应力，然后叠加起来，就得到原来的载荷所引起的应力。本章只研究在工程中最常见的两种组合变形下的强度问题，即拉伸（压缩）与弯曲变形的组合，扭转与弯曲变形的组合。

5.4 拉伸(压缩)与弯曲变形的组合

　　图 5-5（a）所示为一受拉伸和弯曲组合作用的杆件。在截面 $n—n'$ 上，由拉力 F 引起的应力 σ' 是均匀分布的 [图 5-5（b）]，其大小为

$$\sigma' = \frac{F_N}{A} = \frac{F}{A}$$

式中，A 为杆件的横截面面积。

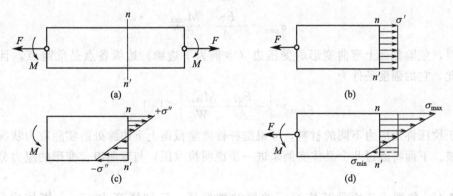

图 5-5

　　在横截面上由外力偶矩 M 引起的正应力分布如图 5-5（c）所示，最大拉伸应力和压缩应力在 n 点和 n' 点，其大小为

$$\sigma'' = \pm \frac{M}{W}$$

式中，M 为横截面上的弯矩；W 为横截面的抗弯截面模量。正值的应力 σ'' 是 n 点的拉应力，负值的 σ'' 是 n' 点处的压应力。

在拉力 F 和力偶矩 M 同时作用时，杆内横截面上各点的实际应力就等于力 F 引起的应力 σ' 和力偶矩 M 引起的应力 σ'' 按代数和叠加后的结果。这时横截面上应力的分布情况如图 5-5（d）所示。上下边缘处的正应力分别为

$$\sigma_{\max} = \sigma' + \sigma'' = \frac{F_N}{A} + \frac{M}{W}$$

$$\sigma_{\min} = \sigma' - \sigma'' = \frac{F_N}{A} - \frac{M}{W}$$

下边缘 n' 点处的最小正应力 $\sigma_{\min}$ 可能是压应力，也可能是拉应力，这具体要看拉伸正应力 σ' 的数值是大于还是小于弯曲正应力 σ'' 的数值而定。图 5-5（d）中所示为 $\sigma' < \sigma''$ 的情况，$\sigma_{\min}$ 为压应力；若 $\sigma' > \sigma''$，则叠加后的结果应该如图 5-6 所示，此时 $\sigma_{\min}$ 为拉应力。

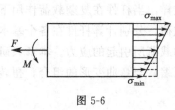

图 5-6

当使杆件产生弯曲作用的不是力偶而是与杆件轴线相垂直的横向力时，那么，杆件内各横截面上的弯矩将不同，此时就要先作出弯矩图，找到危险截面上的最大弯矩，然后再求危险截面上的最大弯曲正应力与拉伸引起的正应力的叠加结果，此即危险点的合成正应力。

很显然，上述合成正应力仍然是使杆件处于轴向拉伸应力状态。因此，就可以模仿轴向拉伸时的情形，建立保证杆件在拉伸与弯曲组合作用下安全工作的强度条件。即

$$\sigma_{\max} = \frac{F_N}{A} + \frac{M_{\max}}{W} \leqslant [\sigma] \tag{5-4}$$

如果将图 5-5（a）中的拉力 F 改为压力，外力偶也改为横向力时，则危险截面上下边缘处的正应力分别为

$$\sigma_{\max} = -\frac{F_N}{A} + \frac{M_{\max}}{W}$$

$$\sigma_{\min} = -\frac{F_N}{A} - \frac{M_{\max}}{W}$$

此时，危险截面上弯曲变形的受压边（本例为下边缘）边缘各点是危险点，且为压应力。因此，它的强度条件为

$$\sigma_{\max} = \left| -\frac{F_N}{A} - \frac{M_{\max}}{W} \right| \leqslant [\sigma] \tag{5-5}$$

对于拉压许用应力不同的材料，可根据杆件危险截面上下边缘处的实际应力状况，分别加以校核。下面将通过几个具体实例来进一步说明拉（压）与弯曲组合变形的应力分析和强度计算。

例 5-1 如图 5-7 所示某炼油厂的原油精馏塔，已知塔高为 17m，塔体内径 $D_i = 800\text{mm}$，塔底部用裙式支座支承，裙座的内径和外径与塔体的内外径均相同，而其壁厚为 $S = 8\text{mm}$。已知塔体自重及物料的重量合计为 $G = 101.52\text{kN}$，所受风载荷按塔高分两段，分别为 $q_1 = 755\text{N/m}$ 和 $q_2 = 845\text{N/m}$。裙座筒壁的材料为 Q235A 钢，许用应力为 $[\sigma] =$

140MPa，试校核裙座筒壁的强度。

解 在引言中曾指出过，大型建筑物、化工塔设备等高大直立结构，塔体在风载荷、自重以及物料介质的重量联合作用下的变形属于压缩和弯曲变形的组合。在风载荷作用下，塔体受到弯曲，且最大弯矩发生在裙座底部。因此，裙座底部截面为塔设备的危险截面。其最大弯矩可计算如下

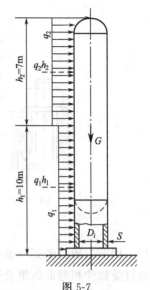

图 5-7

$$|M_{max}| = \left| \frac{q_1 h_1^2}{2} + q_2 h_2 \left(h_1 + \frac{h_2}{2} \right) \right|$$

$$= \left| \frac{755 \times 10^2}{2} + 845 \times 7 \left(10 + \frac{7}{2} \right) \right|$$

$$= 117.6 \times 10^3 \ (\text{N} \cdot \text{m})$$

$$= 117.6 \ (\text{kN} \cdot \text{m})$$

由于裙座具有薄壁圆环形截面，故其抗弯截面模量为

$$W = \frac{\pi}{4} D_i^2 S = \frac{\pi}{4} \times 800^2 \times 8 = 4.02 \times 10^6 (\text{mm}^3)$$

横截面面积为

$$A \approx \pi D_i S = \pi \times 800 \times 8 = 2.01 \times 10^4 (\text{mm}^2)$$

于是，由风载荷所引起的最大弯曲正应力为

$$\sigma'' = \pm \frac{M_{max}}{W} = \pm \frac{117.6 \times 10^6}{4.02 \times 10^6} = \pm 29.25 (\text{MPa})$$

式中，正值表示在迎风面的裙座筒壁上受到的是拉应力，负值为背风面的裙座筒壁上受到的是压应力。

由于塔体自重以及物料重量的作用，会使塔体产生轴向压缩，在裙座筒壁内引起的压应力为

$$\sigma' = -\frac{G}{A} = -\frac{101.52 \times 10^3}{2.01 \times 10^4} = -5.05 (\text{MPa})$$

塔设备在压缩与弯曲组合变形下，其裙座底部背风面是危险截面上的危险点，其合成应力取得最大值，且是压应力，大小为

$$\sigma_{max} = |\sigma' + \sigma''| = \left| -\frac{G}{A} - \frac{M_{max}}{W} \right| = |-5.05 - 29.25| = 34.30 (\text{MPa})$$

求得危险点处的最大正应力后，就可以根据材料的许用应力对塔设备的裙座进行强度校核，即

$$\sigma_{max} = 34.30\text{MPa} < [\sigma] = 140\text{MPa}$$

结果表明，该裙座筒壁具有足够的强度，可以安全使用。

例 5-2 试求图 5-8（a）所示钩头螺钉的最大应力，并将其结果和简单拉伸的应力进行比较。若已知螺钉材料的许用应力为 $[\sigma]$，试校核其强度。已知外力 F 的作用线与螺钉中心线的距离 e 等于螺钉内径 d_1。

解 外力 F 虽然与螺钉中心线平行，但未作用在螺钉的中心线上，螺钉的这种受力称为偏心拉伸，e 为偏心距。将外力 F 向螺钉轴线 a 点简化 [图 5-8（b）]，为此，可在沿螺钉轴线 a 点，设想加一对方向相反的力 F' 和 F''，这两个力与力 F 大小相等，并与力 F 平

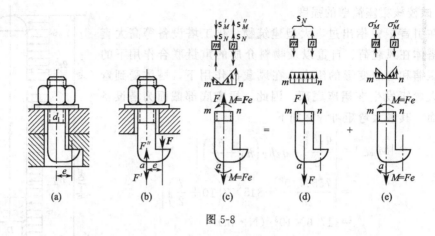

图 5-8

行。因而，螺钉受到一轴向拉力 $F' = F$，以及一力偶矩 $M = Fe$ 的作用［图 5-8（c）］。即螺钉受拉伸和弯曲的组合变形作用。

用第 2 章学过的截面法将螺钉 m—n 截面截开［图 5-8（c）］，取出下半部分。由平衡条件知，m—n 截面上同时有两组内力：轴向拉力 $F_N = F$ 和弯矩 $M = Fe$。

按基本变形公式，分别计算拉伸和弯曲应力。与轴向拉力 F_N 相对应的正应力 σ_N，如图 5-8（d）所示，均匀分布在横截面 m—n 上，为

$$\sigma_N = \frac{F}{A} = \frac{F}{\dfrac{\pi d_1^2}{4}}$$

与弯矩 M 相对应的应力 σ_M，如图 5-8（e）所示，在横截面上按线性规律分布。其最大拉应力 σ'_M 在 n 点，最大压应力 σ'_M 在 m 点，其值分别为

$$\sigma'_M = -\frac{M}{W} = -\frac{Fe}{\dfrac{\pi d_1^3}{32}}$$

$$\sigma''_M = \frac{M}{W} = \frac{Fe}{\dfrac{\pi d_1^3}{32}}$$

因为拉伸应力与弯曲应力都是正应力，所以根据叠加原理，横截面上的应力是它们的代数和，其合成应力分布如图 5-8（c）所示。由此可见，n 点为危险点，有最大的拉应力

$$\sigma_{\max} = \sigma_N + \sigma''_M = \frac{F}{\dfrac{\pi d_1^2}{4}} + \frac{Fe}{\dfrac{\pi d_1^3}{32}} = \frac{4F}{\pi d_1^2}\left(1 + \frac{8e}{d_1}\right)$$

若 $e = d_1$，则

$$\sigma_{\max} = \frac{4F}{\pi d_1^2}(1 + 8) = 9\sigma_N$$

即螺钉受偏心拉伸时的最大正应力比简单拉伸的正应力大 8 倍。最后，按照强度条件 $\sigma_{\max} \leqslant [\sigma]$ 进行强度校核。

以上讨论的是拉伸和弯曲组合的具体例子。用同样的方法可进行偏心压缩［图 5-9（a）］或轴向拉力和横向载荷组合［图 5-9（b），气轮机的长叶片］等的强度计算。

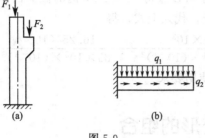

图 5-9

例 5-3 一简易起重架是由 18 号工字钢 AB 及拉杆 AC 组成，滑车可沿梁 AB 移动 [图 5-10 (a)]，如果滑车自重及载重共计为 $F=25kN$ 时，试校核梁 AB 安全与否。梁的许用应力 $[\sigma]=120MPa$。

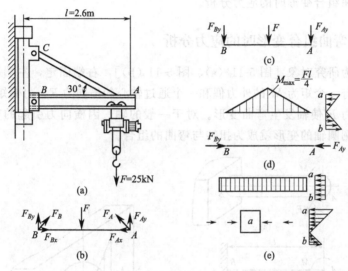

图 5-10

解 作用在梁 AB 上的力有载荷 F、拉力 F_A 及支座约束反力 F_B [图 5-10 (b)]。将 F_B 及 F_A 在其作用点分别分解为垂直与水平分量，则力 F、F_{By}、F_{Ay} 构成一个平行力系使梁发生弯曲变形 [图 5-10 (c)]。力 F_{Ax}、F_{Bx} 则构成一个共线力系使梁发生压缩变形 [图 5-10 (d)]。所以梁 AB 的变形就是弯曲与压缩的组合。

当滑车移动到梁跨度中点，这时梁 AB 的最大弯矩为

$$M_{max}=\frac{Fl}{4}=\frac{25\times2.6}{4}=16.25(kN \cdot m)$$

梁 AB 受到压缩时，轴向压力为 F_{Ax}，因为 $F_{Ay}=F_{By}=\dfrac{F}{2}$，所以

$$F_{Ax}=\frac{F_{Ay}}{\tan30°}=\frac{\dfrac{25}{2}}{\tan30°}=21.65(kN)$$

数值最大的正应力发生在梁的跨度中央截面的上边缘（a 点），是压应力，其合成应力分布图和危险点 a 的应力情况如图 5-10 (e) 所示，它的数值为

$$|\sigma|=\frac{F_{Ax}}{A}+\frac{M_{max}}{W}=\frac{21.65\times10^3}{A}+\frac{16.25\times10^3}{W}$$

从本书附录 B 的型钢表中可以查得 18 号工字钢的截面面积 $A = 3.076 \times 10^3 \text{mm}^2$，抗弯截面模量 $W = 1.85 \times 10^5 \text{mm}^3$，代入上式，得

$$|\sigma| = \frac{21.65 \times 10^3}{3.076 \times 10^3 \times (10^{-3})^2} + \frac{16.25 \times 10^3}{1.85 \times 10^5 \times (10^{-3})^3} = 95 (\text{MPa}) < [\sigma]$$

可见，梁 AB 满足安全使用要求。

5.5 扭转与弯曲变形的组合

一般受扭的杆件（轴）往往不是在纯扭转情况下工作的，例如传动轴、曲柄轴等都是在扭转与弯曲联合作用下工作。当这类杆件中的弯曲作用很小时，可以将它看成受纯扭转的杆件来计算。但是，如果弯曲变形不可忽略时，必须按照扭转与弯曲的组合变形来考虑。首先来讨论扭转与弯曲组合变形时的应力分析。

5.5.1 扭转与弯曲组合变形时的应力分析

今取一圆轴为研究对象 [图 5-11 （a）、图 5-11 （b）]，右端固定，左端自由。在自由端的横截面内作用有一个矩为 M 的外力偶和一个通过轴心的横向力 F。力偶矩 M 使轴发生扭转变形，而横向力 F 使轴发生弯曲变形。对于一般的轴，因横向力引起的剪力很小，可以忽略不计，如此则圆轴的变形就成为扭转与弯曲的组合。

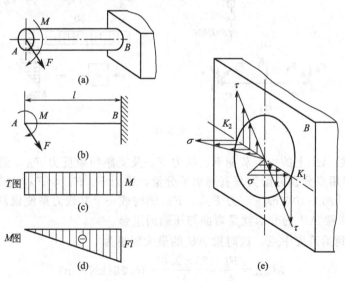

图 5-11

作该圆轴的扭矩图和弯矩图，如图 5-11 （c）、图 5-11 （d）所示。由图可见，每个横截面上的扭矩相同，大小为 $T = M$；各横截面上的弯矩并不一致，最大弯矩为

$$M = |-Fl| = Fl$$

很显然，固定端截面 B 是该圆轴的危险截面。

下面再来分析危险截面上的应力。与扭矩和弯矩相对应，截面上会产生扭转切应力和弯曲正应力，其分布规律如图 5-11 （e）所示。由图可见，危险截面前、后边缘两点 K_1、K_2 是危险点。因为此处扭转切应力和弯曲正应力同时为最大值，分别为

$$\tau = \frac{T}{W_p}, \quad \sigma = \pm\frac{M}{W}$$

式中，W_p 和 W 分别为圆形截面的抗扭截面模量和抗弯截面模量。对于抗拉、抗压强度相等的塑性材料所制造的轴，危险点 K_1、K_2 具有相同的强度。只要研究其中的一点就可以了。

5.5.2 最大切应力公式推导

在图 5-11（e）中的危险点 K_2 处，取一六面体微元，边长分别为 dx、dy、dz ［图 5-12（a）］。在单元体的左右两个侧面上（轴的横截面）有正应力 σ 和切应力 τ。为了保持单元体的力平衡，故在其上下两个面上也一定存在切应力 τ'。

下面分析 τ 与 τ' 之间的关系。对于坐标轴 z，列力矩平衡方程，有

$$\sum M_z = 0$$

$$\tau'(dx\,dz)dy - \tau(dy\,dz)dx = 0$$

所以，可求得

$$\tau' = \tau$$

这一结果表明，在互相垂直的两个截面上，切应力必定成对地存在，且数值相等。它们的作用方向为：共同指向或者共同背向两相邻截面的交线，该关系在力学上称为**切应力互等定理**。

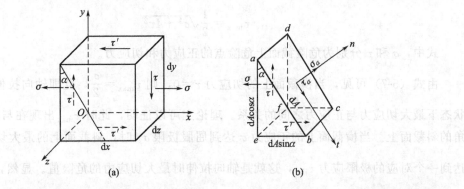

图 5-12

进一步分析单元体在任意斜截面上的应力分布情况。用一个与单元体左侧面成 α 角的平面将单元体截开，并保留其下半部分作为研究对象 ［图 5-12（b）］。斜截面上存在有正应力 σ_α 和切应力 τ_α。设斜截面 $abcd$ 的面积为 dA，则四边形 $aefd$ 的面积为 $dA\cos\alpha$，四边形 $ebcf$ 的面积为 $dA\sin\alpha$。沿坐标轴 t 方向列出力平衡方程 $\sum F_t = 0$，得

$$\tau_\alpha\,dA + \tau'(dA\sin\alpha)\sin\alpha - \tau(dA\cos\alpha)\cos\alpha - \sigma(dA\cos\alpha)\sin\alpha = 0$$

考虑到 $\tau' = \tau$，整理后可以得到斜截面上的切应力为

$$\tau_\alpha = \frac{\sigma}{2}\sin2\alpha + \tau\cos2\alpha \tag{5-6a}$$

显然，当 σ 和 τ 值一定时，τ_α 的大小只随夹角 α 而变。为了求得最大切应力 $\tau_{\max}$，令 $\dfrac{d\tau_\alpha}{d\alpha} = 0$，即

$$\frac{\mathrm{d}}{\mathrm{d}\alpha}\left(\frac{\sigma}{2}\sin2\alpha+\tau\cos2\alpha\right)=0$$

$$\sigma\cos2\alpha-2\tau\sin2\alpha=0$$

所以

$$\tan2\alpha=\frac{\sigma}{2\tau}$$

换言之，当 α 满足上述关系时，切应力 τ_α 有最大值。为了换算三角关系，分析图 5-13 所示三角形，它的两个直角边长分别为 σ 和 2τ，其斜边长为 $\sqrt{\sigma^2+4\tau^2}$，可见

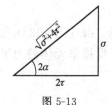

图 5-13

$$\sin2\alpha=\frac{\sigma}{\sqrt{\sigma^2+4\tau^2}} \tag{5-6b}$$

$$\cos2\alpha=\frac{2\tau}{\sqrt{\sigma^2+4\tau^2}} \tag{5-6c}$$

将式（5-6b）和（5-6c）代入式（5-6a），即得最大切应力公式为

$$\tau_{\max}=\frac{\sigma}{2}\frac{\sigma}{\sqrt{\sigma^2+4\tau^2}}+\tau\frac{2\tau}{\sqrt{\sigma^2+4\tau^2}}=\frac{1}{2}\sqrt{\sigma^2+4\tau^2}$$

5.5.3 扭转与弯曲组合变形时的强度计算

在上一节中已经推得，对于扭转-弯曲组合变形，危险点上的最大剪应力为

$$\tau_{\max}=\frac{1}{2}\sqrt{\sigma^2+4\tau^2} \tag{5-7}$$

式中，σ 和 τ 分别为危险截面上危险点的正应力和切应力。

由式（5-7）可见，当横截面上的切应力 $\tau=0$，则 $\tau_{\max}=\dfrac{\sigma}{2}$，此即轴向拉伸时简单应力状态下最大切应力与正应力之间的关系。理论上可以证明，此时 $\tau_{\max}$ 出现在与横截面成 $45°$ 角的斜截面上。当横截面上的正应力 σ 达到屈服极限 σ_s 时，斜截面上的最大切应力 $\tau_{\max}$ 也达到一个对应的极限应力 $\tau_{\lim}$，这就是轴向拉伸时最大切应力的危险值。显然，$\tau_{\lim}=\dfrac{1}{2}\sigma_s$，再考虑一个安全系数，于是轴向拉伸时许用切应力和许用正应力便有以下关系

$$[\tau]=\frac{[\sigma]}{2}$$

由此可以得到第三强度理论的强度条件为

$$\frac{1}{2}\sqrt{\sigma^2+4\tau^2}\leqslant[\tau]=\frac{[\sigma]}{2}$$

即

$$\sqrt{\sigma^2+4\tau^2}\leqslant[\sigma]$$

式中，$\sqrt{\sigma^2+4\tau^2}$ 称为第三强度理论的**当量应力**，用 σ_e 表示。上面的强度条件就可以写成如下形式

$$\sigma_e=\sqrt{\sigma^2+4\tau^2}\leqslant[\sigma] \tag{5-8}$$

以上讨论了扭转与弯曲组合变形时的应力分析及强度条件。在圆轴受扭转-弯曲组合变形时，强度条件式（5-8）中的 σ 和 τ 可根据危险截面上的弯矩和扭矩算出，结果为

$$\sigma = \frac{M}{W}, \quad \tau = \frac{T}{W_p}$$

对于同一圆形截面，$W = \dfrac{\pi d^3}{32}$，$W_p = \dfrac{\pi d^3}{16}$，可见 $W_p = 2W$。将上述关系代入到第三强度理论的强度条件式（5-8）中，可得

$$\sigma_e = \sqrt{\left(\frac{M}{W}\right)^2 + 4\left(\frac{T}{W_p}\right)^2} = \sqrt{\frac{M^2}{W^2} + 4\frac{T^2}{(2W)^2}} = \frac{\sqrt{M^2 + T^2}}{W} \leqslant [\sigma]$$

式中，$\sqrt{M^2 + T^2}$ 称为第三强度理论的**当量弯矩**或**相当弯矩**，用符号 M_e 表示。故此，上式也可以写成

$$\sigma_e = \frac{M_e}{W} = \frac{\sqrt{M^2 + T^2}}{W} \leqslant [\sigma] \tag{5-9}$$

式（5-9）为应用第三强度理论推得的圆轴扭转-弯曲组合变形的强度条件。

此处需要指出，如果为空心圆轴，则式中的 W 值要用空心圆截面的抗弯截面模量公式来计算。

例 5-4　如图 5-14（a）所示的皮带轮传动系统。在传动轴右端的联轴器上受到外加力偶矩 M 的作用而使得带轮轴作匀速转动。今已知带轮直径 $D = 0.5\text{m}$，皮带拉力 $T = 7\text{kN}$，$F_2 = 3\text{kN}$，轴的直径 $d = 90\text{mm}$，轴承与带轮之间的距离 $a = 600\text{mm}$。若轴的许用应力 $[\sigma] = 50\text{MPa}$，试按照第三强度理论校核该轴的强度。

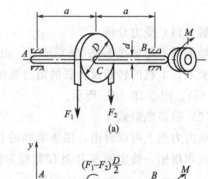
(a)

解　（1）简化外力

按力的平移与简化，将皮带拉力 F_1 和 F_2 平移到轴线上，作轴的受力图，如图 5-14（b）所示。在 C 点受一集中力 $(F_1 + F_2)$ 和一个力偶矩为 $\dfrac{(F_1 - F_2)D}{2}$ 的附加力偶之作用。

（2）作受力图、确定危险截面

分别作出轴的扭矩图和弯矩图，如图 5-14（c）、图 5-14（d）所示。其中，扭矩为

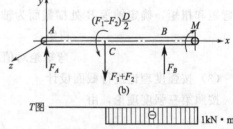
(b)

(c)

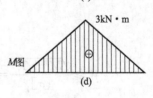
(d)

图 5-14

$$T = \frac{(F_1 - F_2)D}{2} = \frac{(7-3) \times 0.5}{2} = 1(\text{kN} \cdot \text{m})$$

最大弯矩发生在 C 点处，其数值为

$$M = F_A a = \frac{F_1 + F_2}{2} a = \frac{7+3}{2} \times 0.6 = 3(\text{kN} \cdot \text{m})$$

从图 5-14（c）和图 5-14（d）不难看出，轴中点 C 处截面为危险截面。

（3）强度校核

应用式（5-9）可以建立轴的强度条件如下

$$\sigma_e = \frac{M_e}{W} = \frac{\sqrt{M^2 + T^2}}{\frac{\pi}{32}d^3} = \frac{\sqrt{3^2 + 1^2} \times 10^6}{\frac{\pi}{32} \times 90^3} = 44.2(\text{MPa}) < [\sigma] = 50\text{MPa}$$

可见，轴的强度满足要求，可以安全工作。

例 5-5 如图 5-15 （a）所示，一台卧式离心机的主轴及转鼓系统，其中转鼓重 $G = 2000\text{N}$，固定于轴的一端。轴用电机直接传动，转矩 $M = 1200\text{N} \cdot \text{m}$，材料的许用应力 $[\sigma] = 130\text{MPa}$。试按第三强度理论设计轴的直径。

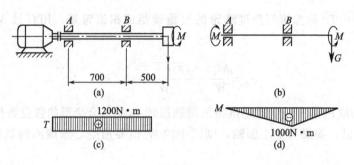

图 5-15

解 （1）受力分析

轴的受力图如图 5-15 （b）所示。由于重力及轴承反力的作用使轴在沿铅垂平面内发生弯曲变形，电机的转矩及转鼓的阻力矩使轴发生扭转变形。画出轴的扭矩图和弯矩图，如图 5-15 （c）、图 5-15 （d）所示。

（2）确定危险截面

从内力图上可以看出，扭矩沿轴的长度不变，而弯矩在轴承 B 处截面上最大。综合考虑弯矩和扭矩，确定轴承 B 处横截面为轴的危险截面。该截面上内力值为

$$\text{扭矩} \qquad T = 1200\text{N} \cdot \text{m},$$
$$\text{弯矩绝对值} \qquad M = 1000\text{N} \cdot \text{m}$$

（3）按强度理论进行截面设计

按照第三强度理论，由

$$\sigma_e = \frac{\sqrt{M^2 + T^2}}{W} \leqslant [\sigma]$$

得

$$W \geqslant \frac{\sqrt{M^2 + T^2}}{[\sigma]} = \frac{\sqrt{1000^2 + 1200^2}}{130 \times 10^6} = 12.02 \times 10^{-6}(\text{m}^3)$$

而

$$W = \frac{\pi d^3}{32} \geqslant 12.02 \times 10^{-6}\,\text{m}^3$$

由此可得

$$d \geqslant 4.97 \times 10^{-2}\,\text{m} = 49.7\text{mm}$$

圆整后取 $d = 50\text{mm}$。

本章小结

本章介绍了强度理论的基本概念，重点讨论了第三强度理论。对于组合变形基本概念应该牢固掌握。其中拉伸（压缩)-弯曲组合变形、扭转-弯曲组合变形在工程实际中最为常见，是重点研究的对象，要求同学们能够结合实例，掌握建立相关问题强度条件的方法以及学会进行设计。

（1）关于强度理论

目前为止，已经被采纳的强度理论有 4 个。本书仅重点介绍了最常用的第三强度理论，其失效准则为

$$\tau_{max} = \frac{1}{2}(\sigma_1 - \sigma_3) = \tau^0$$

式中，σ_1 和 σ_3 分别是主平面上的第一、第三主应力。

考虑安全系数后，得到第三强度理论的条件为

$$\sigma_1 - \sigma_3 \leqslant [\sigma] = \frac{\sigma_s}{n}$$

式中，n 为对应于材料塑性极限的安全系数。

（2）组合变形

杆件在外力作用下同时发生两种或者两种以上基本变形的情况称为组合变形。主要讨论拉伸（压缩)-弯曲组合变形、扭转-弯曲组合变形。

ⅰ. 拉伸（压缩)-弯曲组合变形的强度条件：

$$\sigma_{max} = \frac{F_N}{A} + \frac{M_{max}}{W} \leqslant [\sigma]$$

$$\sigma_{max} = \left| -\frac{F_N}{A} - \frac{M_{max}}{W} \right| \leqslant [\sigma]$$

ⅱ. 扭转-弯曲组合变形的强度条件

$$\sigma_e = \frac{M_e}{W} = \frac{\sqrt{M^2 + T^2}}{W} \leqslant [\sigma]$$

上式即是圆轴扭转-弯曲组合变形的强度条件。如果是空心圆轴，那么式中的 W 值要用空心圆轴的抗弯截面模量公式来计算。

思　考　题

（1）何谓组合变形？组合变形时计算强度的原理是什么？

（2）何谓偏心拉伸（或者压缩)？怎样计算这时截面上的最大应力？

（3）圆轴受到扭转与弯曲变形组合作用时，强度的计算步骤如何？为什么此时要用强度理论，而拉弯组合变形则没有用到？

（4）说说你对于强度理论的理解。

（5）如果直梁所受的作用力不与梁的轴线垂直，而是倾斜一个角度，那么，此时应该如何计算梁内的应力？可以作图进行分析。

习　　题

5-1　有一斜梁 AB 如图 5-16 所示，其横截面为正方形，边长为 100mm，若 $F = 3$kN，试求最大拉应力和最大压应力。

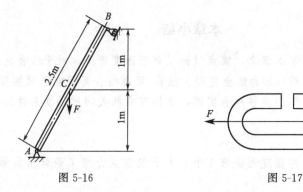

图 5-16   图 5-17

5-2 如图 5-17 所示，有一开口圆环，由直径 $d=50\text{mm}$ 的钢杆制成，$a=60\text{mm}$，材料的许用应力为 $[\sigma]=120\text{MPa}$。求最大许可拉力 F 的数值。

5-3 有一夹具如图 5-18 所示，在夹紧零件时，受到外力 $F=2\text{kN}$ 的作用，已知偏心距 $e=60\text{mm}$。若夹具竖杆横截面的一个尺寸 $b=10\text{mm}$，试求另一尺寸 h。已知材料的许用应力为 $[\sigma]=160\text{MPa}$。

5-4 一台压力容器，顶部设置的起重吊杆如图 5-19 所示。已知最大起重量 $G=5\text{kN}$。吊杆由钢管弯成，管子外径 $D=150\text{mm}$，内径 $d=100\text{mm}$。材料的许用应力 $[\sigma]=100\text{MPa}$，试校核该吊杆的强度。

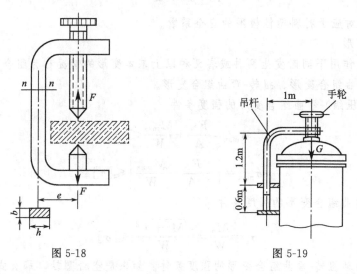

图 5-18   图 5-19

5-5 如图 5-20 所示的一部电动机，轴端直径 $d=32\text{mm}$，其上装一带轮，已知电动机的输出功率 $P=3.5\text{kW}$，转速 $n=1440\text{r/min}$，胶带两边拉力 $F_1=600\text{N}$，$F_2=300\text{N}$，方向都垂直向下，轴的许用应力 $[\sigma]=50\text{MPa}$，试按第三强度理论校核该轴的强度。

5-6 如图 5-21 所示，卧式离心机转鼓重 $G=2\text{kN}$，它固定在轴的一端。轴是依靠电动机直接传动，作用在圆轴横截面上的外力偶矩 $M=1.2\text{kN·m}$。材料的许用应力 $[\sigma]=80\text{MPa}$，试按第三强度理论设计轴的直径 d。

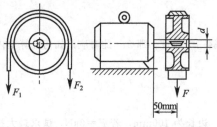

图 5-20

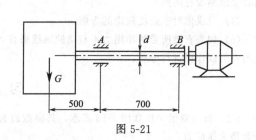

图 5-21

5-7 如图 5-22 所示的两个悬臂梁，力 F 作用在 yz 平面内，并与 y 轴的夹角为 φ。试问可否用下式求其最大弯曲正应力？

$$\sigma_{max} = \frac{M_{ymax}}{W_y} + \frac{M_{zmax}}{W_z}$$

5-8 如图 5-23 所示的 32a 号普通热轧工字钢简支梁。已知 $F = 60\text{kN}$，材料的许用正应力为 $[\sigma] = 160\text{MPa}$。试校核梁的强度。

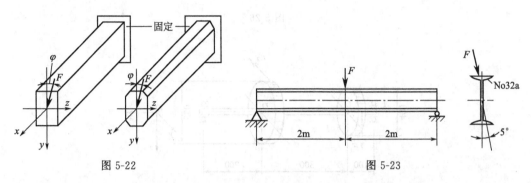

图 5-22

图 5-23

5-9 矩形截面杆受力如图 5-24 所示。已知 $F_1 = 60\text{kN}$，$F_2 = 4\text{kN}$。求插入端截面上 A、B、C、D 四点处的正应力。

5-10 承受偏心拉应力的矩形截面杆如图 5-25 所示。今用实验法测得杆左右两侧的纵向应变 ε_1 和 ε_2。证明偏心距 e 与 ε_1、ε_2 之间满足下列关系：

$$e = \frac{\varepsilon_1 - \varepsilon_2}{\varepsilon_1 + \varepsilon_2} \times \frac{h}{6}$$

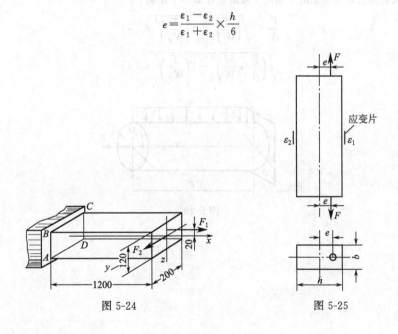

图 5-24

图 5-25

5-11 手摇铰车的车轴 AB 如图 5-26 所示。轴材料的许用应力 $[\sigma] = 80\text{MPa}$。试按最大切应力理论校核轴的强度。

5-12 等截面钢制圆轴如图 5-27 所示。轴材料的许用应力 $[\sigma] = 60\text{MPa}$。若轴传递的功率 $P = 1.84\text{kW}$，转速 $n = 12\text{r/min}$，试按最大切应力理论确定轴的直径。

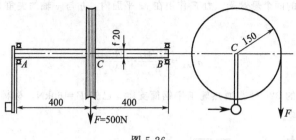

图 5-26

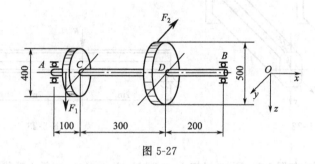

图 5-27

5-13　如图 5-28 所示的一个圆截面悬臂梁，同时受到轴向力、横向力和扭转力矩的作用。

(1) 试指出梁上危险截面和危险点的位置。

(2) 画出危险点处的应力状态。

(3) 按最大切应力理论建立的下面两个强度条件哪一个正确？

$$\frac{F}{A} + \sqrt{\left(\frac{M}{W}\right)^2 + 4\left(\frac{T}{W_p}\right)^2} \leqslant [\sigma]$$

$$\sqrt{\left(\frac{F}{A} + \frac{M}{W}\right)^2 + 4\left(\frac{T}{W_p}\right)^2} \leqslant [\sigma]$$

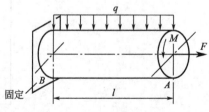

图 5-28

第6章

压杆稳定

6.1 工程中的稳定性问题

在前面几章里，主要讨论了构件的强度和刚度问题。当构件中的应力超过材料的许用应力时，表明构件的强度不安全，由此导致的构件失效称为强度失效；当构件的变形量超过许用变形量时，表明构件的刚度不安全，相应的失效称为构件刚度失效。

对于承受轴向压力的细长杆，当压力超过一定数值后，却表现出与强度、刚度失效完全不同的性质，那么，它的失效形式是怎样的呢？以一根细长木条受压为例进行观察，开始时压力较小，木条的轴线为直线，当压力达到一定数值时，会突然变弯，如果保持外力不变，其弯曲程度也不变，如果给此时的外力增加微小量，则弯曲会显著增加，直至最后折断，这种失效称为**稳定失效**，简称**失稳**。细长压杆在工程结构设计中经常遇到，例如，内燃机配气机构中的挺杆（图6-1），在它推动摇臂打开气阀时，就受到了压缩作用。又如，磨床液压装置的活塞杆（图6-2），当驱动工作台向右移动时，活塞杆也是受压杆件。还有建筑脚手架、桁架结构中的抗压杆、建筑物中的立柱等，都是受压杆件。如果这些结构设计不合理，就可能出现受压后突然弯曲，丧失承载能力的情况发生。因此，对于轴向受压杆件，除应保证其强度和刚度外，还应保证其有足够的稳定性。

所谓稳定性指的是平衡状态的稳定性，即物体保持当前平衡状态的能力。例如，在下凹曲面上的圆球

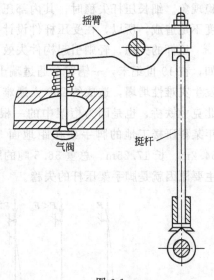

图 6-1

[图6-3（a）]，如果给它一个干扰，使其微微偏离原来位置，圆球仍会回到原来的位置，这种在干扰去除后又能回到其原有状态的平衡称为**稳定平衡**。相反，在上凸曲面上的圆球 [图6-3（b）]，给其一个干扰，使其偏离原来的位置，即使干扰去除后，圆球再也无法回到原来的位置，这种平衡称为**不稳定平衡**。如果球放在一个平面上，给其一个干扰，球会偏离原位置而静止于平面上的任意位置，这种平衡称为**随遇平衡**。

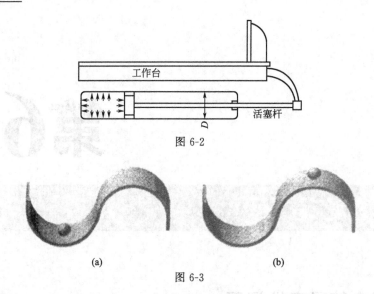

图 6-2

图 6-3

  如图 6-4 所示，两端铰支的细长压杆，如果所用材料、几何形状等是无缺陷的理想直杆，受到轴向压力作用，当轴向压力较小时，如果给杆一个侧向干扰使其微微弯曲 [图 6-4(a)]，则当干扰去除后，杆仍会恢复其原来的直线形状 [图 6-4(b)]，说明压杆处于稳定平衡状态；当轴向压力逐渐增加到某一极限值时，这时再给杆以微小的侧向干扰力使其发生轻微弯曲，干扰力去除后，它将保持曲线形状的平衡，不能恢复到原有的直线形状 [图 6-4(c)]，此时的压力极限值称为**临界力**或**临界载荷**，用 F_{cr} 表示。杆件在临界力作用下，既可保持直线形式平衡，也可在微弯状态下保持平衡，当轴向压力达到或超过临界力时，压杆将产生失稳现象。细长压杆失稳时，其内部压应力大都低于材料的比例极限，可见，失稳失效并非强度不足造成，所以，在受压杆件设计中必须考虑稳定性问题。

  压杆的失稳，轻则引起构件失效，重则引起整个机器或结构的破坏，造成严重事故。例如，在 19 世纪末，一辆客车通过瑞士的一座铁桥时，由于桥的桁架中的压杆失稳，致使桥发生灾难性坍塌，造成约 200 人遇难。又如 1907 年，加拿大圣劳伦斯河上长达 548 米的魁北克大铁桥，也是因为桁架中的一根受压弦杆的突然失稳，引起大桥坍塌。在北京，1983 年某科研楼工地的脚手架在距地面 5～6 米高处突然外弓（图 6-5 中虚线所示），致使高 54.2m、长 17.25m、总重 56.5 吨的脚手架坍塌，造成 5 人死亡、7 人受伤的重大事故。其主要原因就是脚手架压杆的失稳。

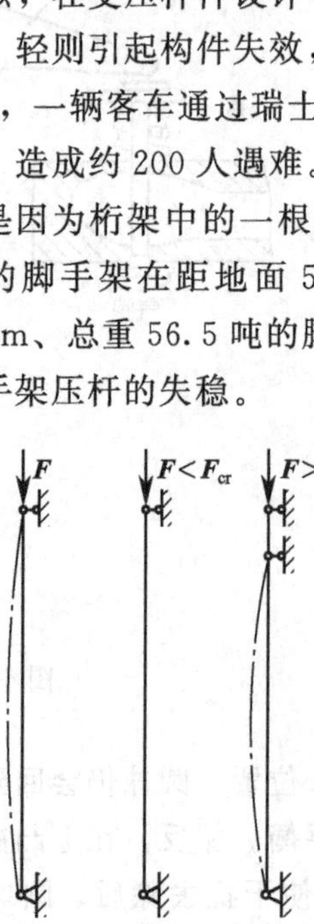

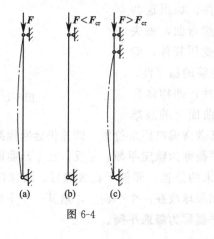

图 6-4

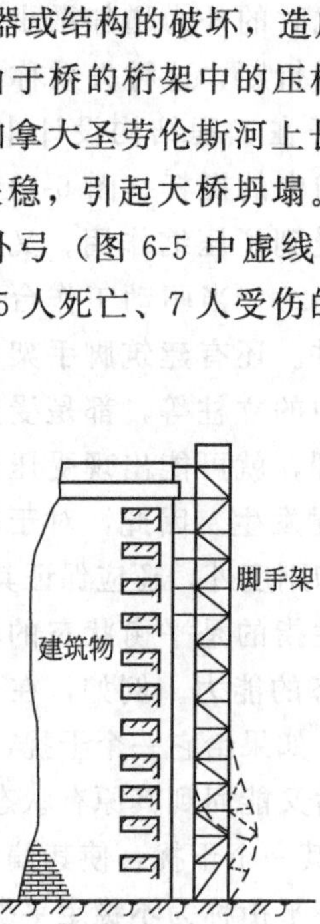

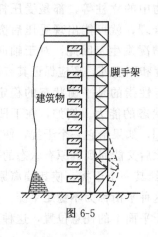

图 6-5

解决压杆稳定问题的关键是确定其临界力，如果将压杆工作压力控制在临界力许用范围内，则压杆就安全。下面讨论如何确定压杆的临界力。

6.2 两端球铰支细长压杆的临界力

如图 6-6 所示，两端球形铰支连接的细长等直杆，在其两端作用压力 F，压力方向与轴线重合。当压力增大到某一临界值 F_{cr} 时，杆的轴线由直线变为小变形的微弯平衡状态，此时 F_{cr} 为临界力，又是压杆保持微弯状态的最小轴向力。

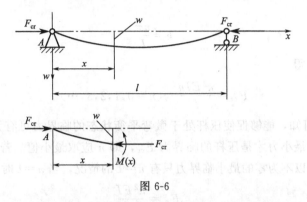

图 6-6

在图示坐标系中，从处于平衡状态的微弯杆中取出一段，则该段也必然处于平衡状态。设该段左截面（距 A 端距离为 x）的挠度为 w，由挠度符号规定可知，w 为负。从静力平衡可知，该截面上形心处作用着轴力 F_{cr} 和弯矩 $M(x)$，由弯矩的符号规定可知，$M(x)$ 为正，则

$$M(x) = -F_{cr}w \tag{6-1}$$

由于杆件是微弯曲，根据弯曲变形理论，挠曲线的近似微分方程式为

$$\frac{\mathrm{d}^2 w}{\mathrm{d}x^2} = \frac{M(x)}{EI} \tag{6-2}$$

因为两端为球铰支，则压杆可在任意平面内发生弯曲变形，因而杆件的微小变形一定发生在抗弯能力最小的纵向平面内，所以式（6-2）中的 I 应是横截面最小的轴惯性矩，将式（6-1）代入式（6-2），可得

$$\frac{\mathrm{d}^2 w}{\mathrm{d}x^2} = -\frac{F_{cr}w}{EI} \tag{6-3}$$

为方便起见，令

$$k^2 = \frac{F_{cr}}{EI} \tag{6-4}$$

于是，式（6-3）可写为

$$\frac{\mathrm{d}^2 w}{\mathrm{d}x^2} + k^2 w = 0 \tag{6-5}$$

式（6-5）为二阶齐次常微分方程，其通解为

$$w = a\sin kx + b\cos kx \tag{6-6}$$

式中，a、b 和 k 为待定常数。为确定这些常数，可利用杆两端位移约束条件。在杆的

A 端，$x=0$，位移 $w=0$，可得出 $b=0$，将 $b=0$ 代入式（6-6）得

$$w=a\sin kx \tag{6-7}$$

在杆的 B 端，$x=l$，位移 $w=0$，代入式（6-7），得

$$a\sin kx=0$$

上式成立的条件是 $a=0$ 或 $\sin kl=0$。如果 $a=0$，则通解 $w(x)=0$，即杆的挠度处处为零，表示杆始终处于直线平衡状态，不发生弯曲，显然与事实不符。所以要使上述方程成立，只能是 $\sin kl=0$，则 kl 必须满足的条件为

$$kl=n\pi,(n=0,1,2,3,\cdots) \tag{6-8}$$

于是，得

$$k=\frac{n\pi}{l}$$

代入式（6-4），得

$$F_{cr}=\frac{\pi^2 EIn^2}{l^2},(n=0,1,2,3,\cdots) \tag{6-9}$$

分析式（6-9）可知，能够促使压杆处于微弯平衡状态的临界力可有无数多个，其中只有使杆保持微弯平衡的最小力才是压杆的临界力 F_{cr}，即 n 应取最小值。若取 $n=0$，则 $F_{cr}=0$，与原始条件不符，所以不为零的最小临界力只有 $n=1$ 的情况，当 $n=1$ 时，式（6-9）成为

$$F_{cr}=\frac{\pi^2 EI}{l^2} \tag{6-10}$$

式（6-10）即为计算两端球铰支细长压杆临界力或临界载荷的表达式。该式是瑞士数学家欧拉（1707～1783）于 1744 年提出的，为了纪念他，此式又称为计算临界力的**欧拉公式**。

欧拉公式表明，压杆临界力 F_{cr} 与压杆的弹性模量 E 和杆横截面惯性矩 I 成正比，与压杆长度 l 的平方成反比。

需要指出的是，当压杆截面在不同方向有不同的轴惯性矩时（如工字形截面或矩形截面等），应取最小的惯性矩代入欧拉公式，因为在杆端约束相同情况下，失稳将发生在惯性矩最小的方向上。

当 $n=1$ 时，由式（6-8）得 $k=\dfrac{\pi}{l}$，代入式（6-7），得

$$w=a\sin\frac{\pi}{l}x \tag{6-11}$$

可见，在临界力作用下，两端球铰支杆的微弯状态为半波正弦曲线，其最大幅值为 a，最大挠度出现在杆的中点处，即 $x=l/2$ 处。

由于欧拉公式的推导是建立在梁的弹性曲线近似微分方程的基础之上，所以方程成立的前提条件是：杆变形为小变形、材料符合胡克定律，即杆中应力不超过材料比例极限。

6.3　杆端不同约束条件下细长压杆的临界力

6.2 节推导了两端球铰支细长压杆的临界力的计算公式，但工程中的压杆两端会有各种不同的约束。约束条件不同，压杆的临界力也不同，但不管杆端约束情况如何，其临界力的推导方法与两端球铰支时是相同的，只是对不同的杆端约束其弯矩表达式及位移边界条件是

不同的，因而临界力计算式也不同。下面，以一端固支一端自由的压杆为例，推导其临界力计算公式。

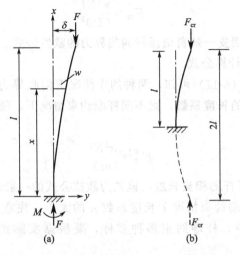

图 6-7

如图 6-7 所示，当轴向力 F 达到临界力 F_{cr} 时，杆处于微弯平衡状态，则距固定端 x 处的截面上的弯矩为

$$M(x)=F(\delta-w) \tag{6-12}$$

式中，δ 为自由端的挠度，将 $M(x)$ 代入式（6-2），得到该压杆的挠曲线近似微分方程为

$$\frac{\mathrm{d}^2 w}{\mathrm{d}x^2}+k^2 w=k^2\delta \tag{6-13}$$

式中，$k^2=F/(EI)$。该微分方程的通解为

$$w=a\sin kx+b\cos kx+\delta \tag{6-14}$$

该结构位移边界条件为：在 $x=0$ 处（固定端），位移 $w=0$，截面转角 $\dfrac{\mathrm{d}w}{\mathrm{d}x}=0$。

将式（c）对 x 求一阶导数后，得

$$\frac{\mathrm{d}w}{\mathrm{d}x}=ak\cos kx-bk\sin kx \tag{6-15}$$

将边界条件代入式（6-14）和式（6-15），得

$$b=-\delta \ \text{及} \ a=0$$

于是，挠曲线方程式（6-14）成为

$$w=\delta(1-\cos kx)$$

将 $x=l$、$w=\delta$ 代入式（6-14），得

$$\delta\cos kl=0 \tag{6-16}$$

由于 $\delta\neq0$，则使式（6-16）成立，必须有

$$\cos kl=0$$

满足此条件的 kl 值为

$$kl=\frac{n\pi}{2} \quad (n=1,3,5,\cdots)$$

$n=1$ 时，压杆存在最小临界力，于是，得到保持压杆微弯平衡状态的最小轴向压力，即临界力为

$$F_{cr}=\frac{\pi^2 EI}{(2l)^2} \tag{6-17}$$

式（6-17）即为**一端固支一端自由压杆的临界力的欧拉公式**，用类似求解方法可得其他约束情况下的压杆临界力计算公式。

比较式（6-10）和式（6-17）可知，两种约束情况下的临界力只相差一个系数 2，若用 μ 表示不同杆端约束情况的**长度系数**，则不同杆端约束情况下，细长压杆临界力的计算公式可统一表示为

$$F_{cr}=\frac{\pi^2 EI}{(\mu l)^2} \tag{6-18}$$

式中，乘积 μl 称为压杆的**相当长度**，该式为欧拉公式的一般表达式。

表 6-1 给出了不同杆端约束情况下长度系数 μ 的大小。注意，表中给出的都是理想约束情况，实际工程问题中，杆端约束多种多样，要根据实际情况和有关设计规范选取 μ 值。

表 6-1 不同杆端约束情况下的长度系数值

约束条件	挠曲线形状	F_{cr}	μ
两端铰支		$\dfrac{\pi^2 EI}{l^2}$	1.0
一端固定 一端自由		$\dfrac{\pi^2 EI}{(2l)^2}$	2.0
两端固定		$\dfrac{\pi^2 EI}{(0.5l)^2}$	0.5

续表

约束条件	挠曲线形状	F_{cr}	μ
一端铰支 一端固定		$\dfrac{\pi^2 EI}{(0.7l)^2}$	0.7

例 6-1　某公司用图 6-8 所示各压杆支承相同重量的重物，已知各压杆均为细长杆，其横截面形状、尺寸、材料均相同。试判断哪根压杆最安全。

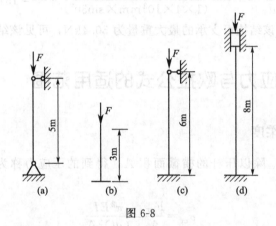

图 6-8

解　临界力最大的压杆最安全。四根压杆的 EI 均相同，根据欧拉公式，只要比较它们的相当长度即可，相当长度越小越安全。

图（a）　　　　　　　$\mu l = 1.0 \times 5\text{m} = 5\text{m}$

图（b）　　　　　　　$\mu l = 2.0 \times 3\text{m} = 6\text{m}$

图（c）　　　　　　　$\mu l = 0.7 \times 6\text{m} = 4.2\text{m}$

图（d）　　　　　　　$\mu l = 0.5 \times 8\text{m} = 4\text{m}$

比较可知，图（d）最安全。

例 6-2　如图 6-9 所示，某工程师设计的一支承结构，已知 AB 及 AC 均为圆截面细长杆，直径 $d = 50\text{mm}$，材料为低碳钢，弹性模量 $E = 2.0 \times 10^5 \text{MPa}$，试问：用该结构支承 50kN 的重物是否安全？

解　分别计算出各杆可承担的临界载荷，由此可判断结构是否安全。

（1）计算各杆轴力

由 A 点的静力平衡方程，得

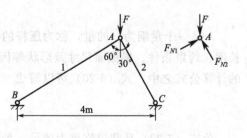

图 6-9

$$F_{N1}=F\cos60°=\frac{1}{2}F, \quad F=2F_{N1}$$

$$F_{N2}=F\sin60°=\frac{\sqrt{3}}{2}F, \quad F=1.15F_{N2}$$

（2）用欧拉公式计算各杆临界力

各杆均为两端铰支结构，$\mu=1.0$。

按 1 杆计算，该结构最大可支承

$$F_{N1}=\frac{\pi^2EI}{(\mu l_1)^2}=\frac{\pi^2\times2.0\times10^5\text{MPa}\times\dfrac{\pi\times(50\text{mm})^4}{64}}{(1\times4\times10^3\text{mm}\times\cos30°)^2}=50.4(\text{kN})$$

按 2 杆计算，该结构最大可支承

$$F_{N2}=\frac{\pi^2EI}{(\mu l_2)^2}=\frac{\pi^2\times2.0\times10^5\text{MPa}\times\dfrac{\pi\times(50\text{mm})^4}{64}}{(1\times4\times10^3\text{mm}\times\sin30°)^2}=151.2(\text{kN})$$

取两者最小值，即该结构可支承的最大重量为 50.4kN，可见该结构是安全的。

6.4 压杆临界应力与欧拉公式的适用范围

6.4.1 临界应力和柔度

将压杆的临界力 F_{cr} 除以压杆的横截面积 A，得到的压应力称为压杆的**临界应力**，用 σ_{cr} 表示。显然

$$\sigma_{cr}=\frac{F_{cr}}{A}=\frac{\pi^2EI}{(\mu l)^2A} \tag{6-19}$$

将横截面的惯性矩 I 写成

$$I=i^2A$$

式中，i 为横截面的最小惯性半径。于是，式（6-19）可以写成

$$\sigma_{cr}=\frac{\pi^2E}{\left(\dfrac{\mu l}{i}\right)^2} \tag{6-20}$$

令

$$\lambda=\frac{\mu l}{i} \tag{6-21}$$

λ 是一个量纲为一的量，称为**压杆的柔度**，又称为压杆的长细比。它综合反映了压杆的长度、约束条件、横截面尺寸及形状等因素对临界应力的影响。将柔度 λ 引入临界应力 σ_{cr} 的计算公式之中，式（6-20）可以写成

$$\sigma_{cr}=\frac{\pi^2E}{\lambda^2} \tag{6-22}$$

公式（6-22）是欧拉临界力的另一种表达式，与式（6-18）并无本质上的区别。

由式（6-22）可见，临界应力 σ_{cr} 与压杆材料、杆端约束、长度、横截面大小及形状有关。对于压杆局部有削弱，如在局部很小范围变细或者杆上有小孔等，它一般不影响失稳后

压杆挠曲线的波形，不影响临界力和临界应力的大小，所以计算临界应力时可以不计横截面局部削弱，但局部削弱对压杆的强度有影响。

6.4.2　欧拉公式的适用范围

由于欧拉公式是由梁弯曲变形的挠曲线近似微分方程导出的，因此挠曲线近似微分方程的适用条件就是欧拉公式的适用条件。所以，欧拉公式只适用于小变形且压杆内应力不超过材料比例极限 σ_p 的情况，即

$$\sigma_{cr} \leqslant \sigma_p$$

将式（6-22）代入，得

$$\frac{\pi^2 E}{\lambda^2} \leqslant \sigma_p$$

即

$$\lambda \geqslant \sqrt{\frac{\pi^2 E}{\sigma_p}}$$

上式右端为只与压杆材料性能有关的量，为一材料常数。

令

$$\lambda_p = \sqrt{\frac{\pi^2 E}{\sigma_p}} \tag{6-23}$$

λ_p 为由某材料制造的压杆是否可用欧拉公式的限定值，则欧拉公式成立的条件可简写为

$$\lambda \geqslant \lambda_p$$

如果压杆柔度不满足上式要求，则不能使用欧拉公式。把满足上式条件的压杆称为**大柔度杆**或**细长压杆**。

λ_p 只与材料的性质有关，材料不同，λ_p 数值不同。以 Q235 钢为例，弹性模量 $E = 206\text{GPa}$，比例极限 $\sigma_p = 200\text{MPa}$，则由式（6-23）得，Q235 钢的 λ_p 为

$$\lambda_p = \sqrt{\frac{\pi^2 E}{\sigma_p}} = \sqrt{\frac{3.14^2 \times 206 \times 10^3}{200}} \approx 100$$

所以，用 Q235 钢制造的压杆，只有当压杆柔度 $\lambda \geqslant 100$ 时，才能应用欧拉公式（6-18）或式（6-22）计算压杆临界力或临界应力。又如铝合金，$E = 70\text{GPa}$，$\sigma_p = 175\text{MPa}$，于是 $\lambda_p = 62.8$。可见，由铝合金制作的压杆，只有当 $\lambda \geqslant 62.8$ 时，才可以应用欧拉公式来计算 σ_{cr} 或者 F_{cr}。因此，在压杆设计计算中必须先判断能否使用欧拉公式，若不加判断盲目使用，就可能导致设计完全错误的严重后果。

6.4.3　中柔度压杆的临界应力公式

当压杆柔度 $\lambda < \lambda_p$ 时，压杆临界应力大于材料的比例极限 $\sigma_{cr} > \sigma_p$，此时欧拉公式已不适用。对于这样的压杆，目前设计中多采用经验公式确定临界应力。常用的经验公式有**直线公式**和**抛物线公式**。

（1）直线公式（又称雅辛斯基公式）

对于柔度 $\lambda < \lambda_p$ 的压杆，试验发现，其临界应力 σ_{cr} 与柔度 λ 之间可近似用线性关系表示

$$\sigma_{cr} = a - b\lambda \tag{6-24}$$

式中，a、b 为与压杆材料力学性能有关的材料常数。一些材料的 a、b 值列入表 6-2 中。由式（6-24）可知，压杆临界应力 σ_{cr} 随柔度 λ 的减小而增大。

事实上，当压杆柔度小于某一值 λ_0 时，不管施加多大轴向压力，压杆都不会发生失稳，这种压杆不存在稳定性问题，其危险应力是 σ_s 或 σ_b。例如压缩试验中，低碳钢短圆柱试件，直到最终被压扁也不会失稳，此时只考虑压杆的强度问题即可。由此可见，直线公式适用条件也有限制，以塑性材料为例，有

$$\sigma_{cr} = a - b\lambda \leqslant \sigma_s$$

$$\lambda \geqslant \frac{a - \sigma_s}{b}$$

当压杆临界应力达到材料屈服点 σ_s 时，压杆即失效，所以有

$$\sigma_{cr} = \sigma_s$$

将 $\sigma_{cr} = \sigma_s$ 代入式（6-24）中，可得

$$\lambda_0 = \frac{a - \sigma_s}{b} \tag{6-25}$$

一般将 $\lambda < \lambda_0$ 的压杆称为**小柔度杆**或**短压杆**，将 $\lambda_0 < \lambda < \lambda_p$ 的压杆称为**中柔度杆**。

表 6-2　直线公式的系数 a、b 和柔度值 λ_p

材　料	σ_s/MPa	σ_b/MPa	a/MPa	b/MPa	λ_p
Q235 钢	235	372	304	1.12	100
优质碳钢	(306)	(470)	460	2.57	100
硅钢	353	510	577	3.74	100
铬钼钢			980	5.29	55
硬铝			392	3.26	50
铸铁			332	1.45	80
松木			28.7	0.2	59

综上所述，根据压杆柔度值的大小可将压杆分为三类：

$\lambda < \lambda_0$ 为小柔度杆，按强度问题计算；

$\lambda_0 < \lambda < \lambda_p$ 为中柔度杆，按直线公式计算压杆临界应力；

$\lambda \geqslant \lambda_p$ 为大柔度杆，按欧拉公式计算压杆临界应力。

以柔度 λ 为横坐标，临界应力 σ_{cr} 为纵坐标，将临界应力与柔度的关系曲线绘于图中，即可得到大、中、小柔度压杆的临界应力随柔度 λ 变化的**临界应力总图**，见图 6-10。图中表明，当 $\lambda \geqslant \lambda_p$ 时，是细长杆，属于在材料比例极限范围内的稳定性问题，临界应力用欧拉公式计算。当 $\lambda_0 < \lambda < \lambda_p$ 时，是中长杆，属于超过材料比例极限的稳定性问题，临界应力用直线公式计算。当 $\lambda < \lambda_0$ 时，是粗短杆，不存在稳定性问题，只有强度问题，临界应力就是屈服极限或者强度极限。

（2）抛物线公式

在我国的钢结构规范中，对于临界应力超出材料比例极限的中、小柔度杆，根据大量试验结果，采用了临界应力 σ_{cr} 与柔度 λ 间的抛物线型经验公式

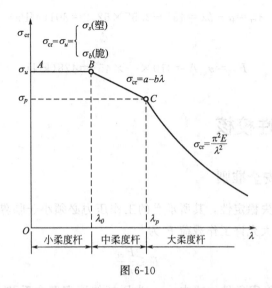

图 6-10

$$\sigma_{cr} = \sigma_s \left[1 - \alpha \left(\frac{\lambda}{\lambda_c} \right)^2 \right] \quad (\lambda \leqslant \lambda_c) \tag{6-26}$$

式中，α 是与材料性质有关的系数，对低碳钢，$\alpha = 0.43$。λ_c 是欧拉公式与抛物线公式适用范围的分界柔度值，对低碳钢而言，λ_c 为

$$\lambda_c = \sqrt{\frac{\pi^2 E}{0.57 \sigma_s}} \tag{6-27}$$

所以，对于 Q235 钢（$\sigma_s = 235\text{MPa}$，$E = 206\text{GPa}$）和 Q345 钢（$\sigma_s = 345\text{MPa}$，$E = 206\text{GPa}$），λ_c 分别等于 123 和 102，故相应的抛物线公式可分别简化为

Q235 钢 $\qquad \sigma_{cr} = 235 - 0.00666\lambda^2 \quad (\lambda \leqslant 123)$

Q345 钢 $\qquad \sigma_{cr} = 345 - 0.0142\lambda^2 \quad (\lambda \leqslant 102)$

对于铸铁（$\sigma_b = 392\text{MPa}$，$E = 108\text{GPa}$）

$$\sigma_{cr} = 392 - 0.0361\lambda^2 \quad (\lambda \leqslant 74)$$

例 6-3 空气压缩机活塞杆由 45 钢制成，$\sigma_s = 380\text{MPa}$，$\sigma_p = 300\text{MPa}$，$E = 210\text{GPa}$。长度 $l = 700\text{mm}$，直径 $d = 45\text{mm}$。杆端近似球铰支，试计算活塞杆的临界力。

解 先计算压杆柔度 λ

$$\lambda = \frac{\mu l}{i} = \frac{700}{\sqrt{I/A}} = \frac{700}{45/4} \approx 62.2$$

$$\lambda_p = \sqrt{\frac{\pi^2 E}{\sigma_p}} = \sqrt{\frac{3.14^2 \times 210 \times 10^3}{300}} \approx 83.1$$

$$\lambda < \lambda_p$$

所以，不能使用欧拉公式计算临界力。如用直线公式，由表 6-2 查得，优质碳钢的 a 和 b 分别是 $a = 461\text{MPa}$，$b = 2.57\text{MPa}$。由此可求得

$$\lambda_0 = \frac{a - \sigma_s}{b} = \frac{461 - 380}{2.57} = 31.5$$

可见，活塞杆柔度 λ 介于 λ_0 和 λ_p 之间，是中柔度压杆。由直线公式可得压杆的临界应力为

$$\sigma_{cr} = a - b\lambda = 461 - 2.57 \times 62.2 = 301 (\text{MPa})$$

活塞杆的临界力为

$$F_{cr} = \sigma_{cr} A = 310 \times \frac{\pi}{4} \times 45^2 = 478 (\text{kN})$$

6.5 压杆稳定性校核

6.5.1 压杆稳定性安全准则

为了保证压杆不丧失稳定性，其所承受的工作压力必须小于临界力 F_{cr}，同时还应有必要的安全储备，则其最大允许工作载荷 F 为

$$F \leqslant \frac{F_{cr}}{n_{st}} \qquad (6\text{-}28)$$

式（6-28）为**压杆稳定条件**，式中，n_{st} 为压杆的**稳定安全系数**。如果用稳定的许用应力 $[\sigma_{st}]$ 表示，压杆稳定条件又可表示为

$$[\sigma_{st}] \leqslant \frac{\sigma_{cr}}{n_{st}}$$

通常压杆稳定安全系数 n_{st} 的值规定得比强度安全系数 n_s 或 n_b 高，其原因如下。

ⅰ. 一些难以避免的因素（如压杆的初弯曲、材料的不均匀、压力偏心及支座缺陷等）对压杆稳定性的影响远远超过对强度的影响；

ⅱ. 由于压杆失稳大都具有突发性，危害性比较大。

设计时，可根据压杆具体工作情况从相应的专业手册确定稳定安全系数。表 6-3 列出了几种常用的钢制压杆的稳定安全系数。

表 6-3　常用压杆的稳定安全系数

实际压杆	稳定安全系数 n_{st}	实际压杆	稳定安全系数 n_{st}
金属结构中的压杆	1.8～3.0	高速发动机挺杆	2.5～5
矿山和冶金设备中的压杆	4～8	拖拉机转向机构的推杆	≥5
机床的走刀丝杠	2.5～4	起重螺旋	3.5～5
磨床油缸活塞杆	4～6		

6.5.2 压杆稳定性校核的安全系数法

令

$$n = \frac{\sigma_{cr}}{\sigma} = \frac{F_{cr}}{F}$$

式中，n 称为压杆实际具有的工作安全系数，则稳定条件可表示为

$$n = \frac{\sigma_{cr}}{\sigma} = \frac{F_{cr}}{F} \geqslant [n_{st}] \qquad (6\text{-}29)$$

式中，$[n_{st}]$ 为规定的许用稳定安全系数。

与强度条件类似，压杆稳定条件同样可以解决三类问题，即压杆的稳定性校核、设计压

杆尺寸和确定压杆许用载荷，下面通过例题说明稳定条件的应用。

例 6-4　如图 6-11 所示，化工厂某车间欲用一长 5m，直径为 60mm 的支柱支承重 5kN 的重物。已知支柱材料弹性模量 $E=2.0\times10^5\,\text{MPa}$，比例极限 $\sigma_p=220\,\text{MPa}$，支承结构近似为底端固定约束，上端自由，稳定安全系数 n_{st} 为 3，问该支承结构是否安全？

解　（1）计算压杆柔度

$$\lambda=\frac{\mu l}{i}=\frac{2\times5\times10^3}{\sqrt{I/A}}=\frac{10000}{60/4}\approx666.7$$

$$\lambda_p=\sqrt{\frac{\pi^2 E}{\sigma_p}}=\sqrt{\frac{3.14^2\times2.0\times10^5}{220}}\approx94.7$$

$\lambda>\lambda_p$，欧拉公式适用。

（2）计算压杆最大允许支撑重量 G

$$G=\frac{\pi^2 EI}{n_{cr}(\mu l)^2}=\frac{\pi^2\times2.0\times10^5\times\dfrac{\pi\times60^4}{64}}{3\times(2\times5\times10^3)^2}=4.18(\text{kN})$$

最大允许支承重量小于 5kN，结构不安全。

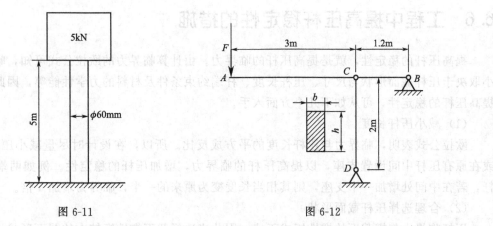

图 6-11　　　　　　　　　　　　　　　　　图 6-12

例 6-5　如图 6-12 所示结构中，假设 AB 为刚性杆，支柱 DC 为矩形截面，$b=60\,\text{mm}$，$h=100\,\text{mm}$。支柱材料为 Q235 钢，$E=2.0\times10^5\,\text{MPa}$，$\sigma_p=220\,\text{MPa}$，压杆稳定安全系数 n_{st} 为 4，试求 A 端允许的最大载荷。

解　（1）计算矩形压杆惯性矩

由于压杆是矩形截面，其存在两个方向惯性矩 I_z、I_y。

$$I_z=\frac{bh^3}{12}=\frac{60\times100^3}{12}=5.0\times10^6(\text{mm}^4)$$

$$I_y=\frac{hb^3}{12}=\frac{100\times60^3}{12}=1.8\times10^6(\text{mm}^4)$$

矩形压杆将首先在惯性矩最小的平面内失稳，所以设计应按 I_y 计算。

（2）计算矩形压杆惯性半径

$$i=\sqrt{\frac{I}{A}}=\sqrt{\frac{1.8\times10^6}{60\times100}}=17.3(\text{mm})$$

（3）计算压杆柔度 λ 与 λ_p

压杆两端铰支，$\mu = 1$

$$\lambda = \frac{\mu l}{i} = \frac{1 \times 2.0 \times 10^3}{17.3} = 115.6$$

$$\lambda_p = \sqrt{\frac{\pi^2 E}{\sigma_p}} = \sqrt{\frac{3.14^2 \times 2.0 \times 10^5}{220}} \approx 94.7$$

$\lambda > \lambda_p$，欧拉公式适用。

（4）计算支柱许用压力 F_1

支柱临界力 $\qquad F_{cr} = \dfrac{\pi^2 EI}{(\mu l)^2} = \dfrac{3.14^2 \times 2.0 \times 10^5 \times 1.8 \times 10^6}{(1 \times 2 \times 10^3)^2} = 887 (\text{kN})$

支柱许用压力 $\qquad\qquad\qquad F_1 = F_{cr} / n_{st} = 221.8 \text{kN}$

（5）A 端最大许用载荷 F

$$4.2F = 1.2F_1$$

$$F = 63.4 \text{kN}$$

6.6 工程中提高压杆稳定性的措施

提高压杆的稳定性，就是提高压杆的临界力。由计算临界力的欧拉公式可知，临界力大小取决于压杆截面形状与尺寸、压杆长度、杆端约束条件及材料的力学性能等，因此，为了提高压杆的稳定性，可从如下几个方面入手。

（1）减小压杆长度

欧拉公式表明，临界力与压杆长度的平方成反比。所以，在设计时尽量减小压杆长度，或在原有压杆中间设置支座，以提高压杆的临界力，增加压杆的稳定性。例如两端铰支压杆，若在中间处增加一个支座，则其相当长度变为原来的一半，临界力增加 4 倍。

（2）合理选择压杆截面形状

压杆临界力与横截面的惯性矩成正比。因此应选择截面惯性矩较大的截面形状，当杆端各方向约束条件相同或相差不大时，应尽可能使杆截面在各方向惯性矩相等。比如，采用圆形或正方形截面。

在横截面面积一定的情况下，应尽量把材料放在离截面形心较远处，以增加截面的惯性矩。因此，工程上采用的空心圆形截面 ［图 6-13（b）］ 比相同横截面积的实心圆截面 ［图 6-13（a）］ 更为合理。图 6-14（b）所示槽钢制成的压杆，其惯性矩要大于图 6-14（b）所示结构的惯性矩。

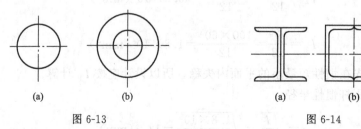

| (a) | (b) | | (a) | (b) |

图 6-13 　　　　　　　　　　　　　　　图 6-14

（3）加强杆端支座约束

对细长压杆，临界力与反映杆端约束条件的长度系数 μ 的平方成反比。通过加强杆端约束程度，降低 μ 值，从而提高压杆临界力。如将两端铰支压杆变为两端固支，其临界力可提高 4 倍。

（4）合理选择材料

欧拉公式表明，临界力与压杆材料的弹性模量成正比。由弹性模量高的材料所制成的压杆稳定性好。普通钢材的弹性模量比铜、铝、木材等的弹性模量大，故压杆常选钢材。高强度钢的强度指标比普通低碳钢高，但两者弹性模量相差无几。所以，大柔度杆选择高强度材质对提高压杆稳定性作用不大，而对中、小柔度压杆，其临界力与材料强度有关，强度高，其失稳压力也高。

6.7　其他构件的稳定性问题简介

对于轴向拉伸杆件，不存在发生直线情况下的平衡失稳问题。然而，轴向压缩的直杆其失效常常并非强度不够，而是由于失稳造成的，即稳定性不够。工程中的一些薄壁构件，如薄壁圆管受扭转；金属件的成型加工中，薄板在拉延过程中出现的局部褶皱现象；承受外压作用的薄壁壳体（如化工厂使用的外压容器）的失稳破坏；薄壁管道在弯管过程中，其受压侧管壁也会产生褶皱，而且在发生明显的塑性变形后，这种褶皱更为突出。严重的会造成工件质量低劣，甚至报废。为了进一步了解压杆之外其他构件的失稳情形，就此做简单讨论。

图 6-15 所示狭长矩形截面悬臂梁（高度 $h \geqslant$ 宽度 b），当自由端受到集中力 F 作用时，若 $F < F_{cr}$，梁绕中性轴 z 发生平面弯曲；$F > F_{cr}$ 时，梁既弯又扭，梁的轴线侧移，不再位于纵向对称面内，此乃所谓的"平面弯曲形式失稳"。图 6-16 表示圆柱形薄壳在均匀外压力 p 的作用下，壳体承受压应力。当外压力达到临界值时，其圆形平衡就变得不稳定，会突然变成由图中虚线所示的长圆形结构。这是一类典型的稳定性问题，称之为压力容器的外压失稳。失稳后的形状随 p 的大小不同而变化。这类实验同学们也可以自己尝试一下。如采用软质的长柱型圆瓶（饮料瓶），加入部分开水后密封，等到水冷却后就可以在瓶内产生一定的真空度，瓶子就会出现类似图 6-16 所示的情形。

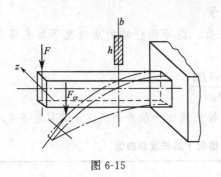

图 6-15

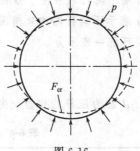

图 6-16

除上述两个例子外，还可以列举出很多。图 6-17 表示的双铰支圆弧拱受水的静压力作用。当 $q < q_{cr}$ 时，它的正常形状为圆弧，只发生轴向压缩变形。但是当 $q = q_{cr}$ 时，一旦拱受到哪怕轻微的干扰力，就会变成如图中点画线形状所示的失稳破坏。再如图 6-18 所示的薄

壁圆筒在轴向压力 $F=F_{cr}$ 时，也同样会丧失其原有的稳定性。表现在外形上可以看到，整个圆筒壁都将由直线凹凸成波纹形曲线。读者可以通过自行设计的类似小实验来进行验证。此节内容为本课程的拓展部分，有兴趣的同学可以进一步查阅相关资料进行自学。

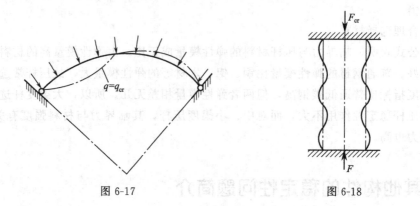

图 6-17   图 6-18

本章小结

所谓稳定性，指的是平衡状态的稳定性，即物体保持当前平衡状态的能力。本章着重介绍了压杆稳定的基本概念、不同约束条件下压杆临界力和临界应力的计算方法。还对压杆的分类进行了讨论。明确稳定性问题设计的安全系数和强度设计安全系数的差异。要求掌握压杆柔度的判别，熟练各类压杆的工程计算公式，并能够应用压杆稳定条件进行设计计算。对于其他构件的稳定性问题可以作为拓展内容，做一般性了解。

（1）两端球铰支细长压杆的临界力

$$F_{cr}=\frac{\pi^2 EI}{l^2}$$

通常称上式为欧拉公式。欧拉公式表明，压杆临界力 F_{cr} 与压杆的弹性模量 E 和杆横截面惯性矩 I 成正比，与压杆长度 l 的平方成反比。由于欧拉公式的推导是建立在梁的弹性曲线近似微分方程基础上，所以方程成立的前提条件是：杆变形为小变形、材料符合胡克定律，即杆中应力不超过材料比例极限。

（2）杆端不同约束条件下细长压杆的临界力

若用 μ 表示不同杆端约束情况下的长度系数，则不同杆端约束情况下细长压杆临界力的计算公式可统一表示为

$$F_{cr}=\frac{\pi^2 EI}{(\mu l)^2}$$

式中，μl 称为压杆的相当长度，该式为欧拉公式的一般表达式。μ 值见表 6-4。

表 6-4 不同杆端约束情况下的长度系数值

约束条件	F_{cr}	μ
两端铰支	$\dfrac{\pi^2 EI}{l^2}$	1.0
一端固定一端自由	$\dfrac{\pi^2 EI}{(2l)^2}$	2.0

约束条件	F_{cr}	μ
两端固定	$\dfrac{\pi^2 EI}{(0.5l)^2}$	0.5
一端铰支 一端固定	$\dfrac{\pi^2 EI}{(0.7l)^2}$	0.7

（3）压杆临界应力与欧拉公式的适用范围

将柔度 λ 引入临界应力 σ_{cr} 的计算公式之中，得到欧拉临界力的另一种表达式

$$\sigma_{cr} = \frac{\pi^2 E}{\lambda^2}$$

可见，临界应力 σ_{cr} 与压杆材料、杆端约束、长度、横截面大小及形状有关。

欧拉公式判别条件可用参数 λ_p 来表示

$$\lambda_p = \sqrt{\frac{\pi^2 E}{\sigma_p}}$$

λ_p 为由某材料制造的压杆是否可用欧拉公式的限定值，则欧拉公式成立的条件可简写为

$$\lambda \geqslant \lambda_p$$

当压杆柔度 $\lambda < \lambda_p$ 时，压杆临界应力大于材料的比例极限 $\sigma_{cr} > \sigma_p$，此时，欧拉公式不适用。对于这样的压杆，目前设计中多采用直线公式和抛物线公式确定临界应力。

根据压杆柔度值的大小，可将压杆分为三类：

$\lambda < \lambda_0$ 为小柔度杆，按强度问题计算

$\lambda_0 < \lambda < \lambda_p$ 为中柔度杆，按直线公式计算压杆临界应力

$\lambda \geqslant \lambda_p$ 为大柔度杆，按欧拉公式计算压杆临界应力

（4）压杆稳定性校核

压杆稳定条件可表示为 $\qquad [\sigma_{st}] \leqslant \dfrac{\sigma_{cr}}{n_{st}}$

式中，n_{st} 为压杆的稳定安全系数。

（5）工程中提高压杆稳定性的措施

减小长度；合理选择截面形状；加强支座约束；合理选择材料。

（6）其他构件稳定问题

除压杆以外，其他结构（如外压容器、受扭的薄壁圆管等）也存在稳定性问题。本章只做一般性讨论，作为扩展知识面要求。

思 考 题

（1）某设计者按强度条件设计一受压杆件，并得出构件完全安全的结论，问其结论是否可靠？

（2）一受压杆件，杆端约束近似与固支和铰支之间的一种约束，问从安全角度出发，应按什么约束对结构进行设计？

（3）某设计者设计一两端铰支的细长顶杆，材料选用低碳钢。在稳定性校核时发现，构件稳定性不够，他提出将材料换成强度级别高的钢来提高顶杆的稳定性，问是否可行？如不可行，应采用什么措施（假设顶杆的尺寸不能改变）？

（4）构件的强度、刚度及稳定性失效有什么区别？

（5）脆性材料压杆和塑性材料压杆在压力超过临界力时，杆件将出现什么样破坏？

（6）若其他条件不变，细长压杆长度增加一倍时，它的临界力有什么变化？直径增加一倍，临界力又有怎样的变化？

（7）按照柔度大小，压杆分为几类？它们的临界应力如何计算？

（8）稳定性安全系数大于强度安全系数，为什么？

（9）本章的知识对潜艇设计有什么指导意义？

（10）什么是失稳？如何区别压杆的稳定平衡和不稳定平衡？

习 题

6-1　三根细长压杆，它们的直径、材料均相同。杆一两端铰支；杆二两端固支；杆三一端固支、一端自由。长度为 $l_1 = 2l_2 = 3l_3$，试求各杆临界力之间关系。

6-2　如图 6-19 所示，某机器的铰接杆系，由两根抗弯刚度均为 EI 的细长压杆组成。载荷 F 与 AB 杆轴线夹角为 $\theta = 30°$，试求载荷 F 最大允许值。

6-3　如图 6-20 所示之细长压杆，两端为球铰支，压杆材料的弹性模量 $E = 200\text{GPa}$，试计算下面三种不同截面形状时的临界力：（1）圆形截面，直径 $d = 30\text{mm}$，$l = 1.5\text{m}$；（2）矩形截面，$h = 2b = 50\text{mm}$，$l = 2\text{m}$；（3）16 号工字钢，$l = 3\text{m}$。

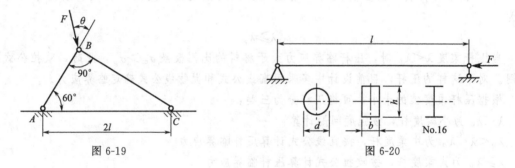

图 6-19　　　　　　　　　　　　　　　图 6-20

6-4　如图 6-21 所示的正方形桁架，共由五根直径相同的圆截面杆件组成，已知杆直径 $d = 40\text{mm}$，杆长 $a = 1.2\text{m}$，材料为 Q235 钢，弹性模量 $E = 200\text{GPa}$。试求桁架最大允许压力 F。若将载荷 F 方向反向，那么，该桁架的临界力又如何？

6-5　两端固支空心圆柱形压杆，材料为 Q235 钢，$E = 200\text{GPa}$，$\lambda_p = 100$，外径与内径之比 $D/d = 1.5$。试确定能用欧拉公式时，压杆长度与内径最小比值，并计算此时压杆临界力。

6-6　如图 6-22 所示，两端铰支压杆，由 20a 号工字钢制成。已知 $l = 3.5\text{m}$，$F = 180\text{kN}$，材料为 Q235 钢，$E = 200\text{GPa}$，稳定安全系数为 $n_{st} = 3$。试校核压杆稳定性。

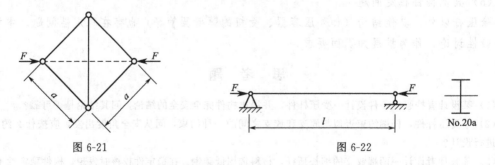

图 6-21　　　　　　　　　　　　　　　图 6-22

6-7　如图 6-23 所示的三角桁架，两杆均由 Q235 钢制成，圆形截面。已知杆直径均为 $d = 30\text{mm}$，材料的 $\sigma_s = 235\text{MPa}$，强度安全系数 $n = 1.5$，稳定安全系数 $n_{st} = 3$，试确定结构的最大允许载荷，当力 F 方向相反时，结构最大允许载荷为多少。

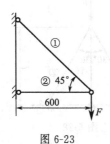

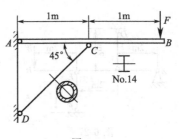

图 6-23　　　　　　　　　　　　　　图 6-24

6-8　如图 6-24 所示结构，AB 横梁用 14 号工字钢制成，许用应力 $[\sigma]=160\text{MPa}$，CD 杆由圆环形截面 Q235 钢制成，外径 $D=40\text{mm}$，内径 $d=30\text{mm}$，$E=200\text{GPa}$，稳定安全系数 $n_{st}=3$。试确定结构的最大允许载荷。

6-9　如图 6-25 所示的悬臂回转吊车，斜杆 AB 由钢管制成，A、B 点为铰支；钢管外、内径之比 $D/d=1.2$，杆长 $l=3\text{m}$。材料为 Q235 钢，$E=200\text{GPa}$，起重量 $G=30\text{kN}$，稳定安全系数 $n_{st}=3$。试计算 AB 杆为细长杆时所需最小的钢管内、外径。

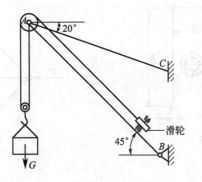

图 6-25

6-10　如图 6-26 所示的组合压杆，AB 为圆截面，直径 $d=90\text{mm}$，BC 杆为正方形截面，边长 $a=80\text{mm}$，两杆材料均为 Q235 钢，$l=4\text{m}$，稳定安全系数 $n_{st}=3$。试确定该组合压杆的许用载荷。

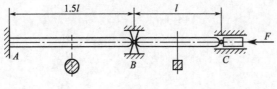

图 6-26

6-11　如图 6-27 所示结构中，AB 横梁可视为刚体，CD 为圆截面钢杆，直径 $d_1=40\text{mm}$，材料为 Q235 钢，$[\sigma]=160\text{MP}$，$E=200\text{GPa}$，EF 为圆截面铸铁杆，直径 $d_2=80\text{mm}$，许用压应力 $[\sigma]=200\text{MP}$，$E=120\text{GPa}$，稳定安全系数 $n_{st}=3$。试求许用载荷 $[W]$。

6-12　一根被两端固定了的管道，长为 3m，内径 $d=30\text{mm}$，外径 $D=40\text{mm}$，材料为 Q235 钢，$E=200\text{GPa}$，线膨胀系数 1.25×10^{-5} 1/℃。已知安装管道时的温度为 25℃，试求不引起管道失稳的最高温度及管道中的应力。

6-13　如图 6-28 所示结构，由三根直径和材料均相同的杆组成，已知 $d=30\text{mm}$，$l=1\text{m}$，材料为 Q235 钢，$E=200\text{GPa}$，三根杆处于同一平面内。试求结构失稳时，载荷 F 的临界值。

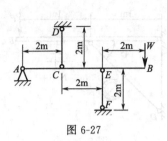

图 6-27

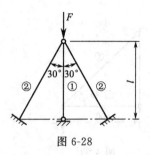

图 6-28

6-14 如图 6-29 所示结构，材料均为 Q235 钢，横梁为 25a 号工字钢，立柱为钢管，外径 $D=50\text{mm}$，内径 $d=30\text{mm}$，$E=200\text{GPa}$，$\sigma_s=235\text{MPa}$，$\lambda_p=100$，$\lambda_0=60$，强度安全系数 $n=2$，稳定安全系数 $n_{st}=3$，试求许用载荷 $[F]$。

6-15 如图 6-30 所示六根杆的正方形桁架，各杆直径均为 $d=40\text{mm}$ 的圆截面，四根边杆长 $a=1.2\text{m}$，各杆材料为 Q235 钢，$E=200\text{GPa}$，稳定安全系数 $n_{st}=3$。试求结构临界载荷。

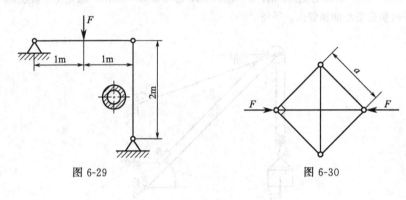

图 6-29   图 6-30

附 录

附录 A 内压薄壁容器的应力

在石油、化工、轻工、纺织、食品加工等行业中普遍应用的塔器、换热器、反应器、储罐等设备，其外壳称为容器。在内部介质压力作用下是内压容器，而在外部介质压力作用下则属于外压容器。当容器的壁厚 t 远小于容器壳体中面的最小曲率半径 ρ_{min}（如 $t/\rho_{min}<$ 1/10）称为薄壁容器，否则称为厚壁容器。此处，重点来讨论薄壁容器在内压力 p 作用下器壁内的应力分布问题。由于器壁很薄，所以，可以忽略弯曲应力而假设应力沿截面厚度是均匀分布的。

常见薄壁容器的几何形状为圆筒形、球形、圆锥形、椭球形、碟形以及它们的组合。这里将只讨论圆筒形和球形容器的应力分析。

（1）圆筒形内压薄壁容器的应力分析

如图 A-1（a）所示，一圆筒形薄壁容器受到介质压力 p 的作用，圆筒的平均直径为 D，壁厚为 t。若不计容器自重和介质重力的作用，则筒体内只产生轴向伸长和圆周方向的膨胀变形。因此在筒壁的纵、横两截面上只有正应力，而无切应力。纵截面上的正应力称为周向

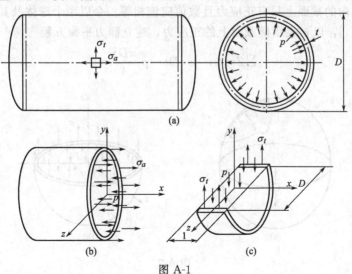

图 A-1

应力，以 σ_t 表示；横截面上的正应力称为轴向应力，以 σ_a 表示。

① 求解轴向应力 σ_a 用截面法沿横截面将圆筒截开，取筒体左边部分连同对应的介质作为分离体 [图 A-1 (b)]，建立静力平衡方程

$$\sum X = 0, \quad \sigma_a \pi D t - p \frac{\pi}{4} D^2 = 0$$

得

$$\sigma_a = \frac{pD}{4t} \tag{A-1}$$

② 周向应力 σ_t。在距离封头（即端盖）稍远处用两个相邻的横截面从筒体中截取一段单位长度的分离体，然后用过筒体轴线的纵向截面将其分解成两半，以下半部连同介质作为分离体 [图 A-1 (c)]。列静力平衡方程

$$\sum Y = 0, \quad 2(\sigma_t t \times 1) - pD \times 1 = 0$$

得

$$\sigma_t = \frac{pD}{2t} \tag{A-2}$$

由式（A-2）可知，薄壁圆筒受内压作用时，周向应力和轴向应力都是拉应力，而且周向应力是轴向应力的 2 倍。在外壁上的点处于平面应力状态，三个主应力分别为

$$\left. \begin{array}{l} \sigma_1 = \sigma_t = \dfrac{pD}{2t} \\[2mm] \sigma_2 = \sigma_a = \dfrac{pD}{4t} \\[2mm] \sigma_3 = 0 \end{array} \right\} \tag{A-3}$$

在内壁上的点虽然存在 $\sigma_3 = -p$，但其绝对值远小于 σ_1 和 σ_2，一般可以将 σ_3 忽略不计，认为与外壁处于同样的应力状态。如此，内压薄壁圆筒的应力状态便可以用图 A-1 (a) 中的单元体来表示。

（2）球形内压薄壁容器的应力分析

如图 A-2 (a) 所示，球形薄壁容器受介质内压力 p 的作用，球壳的平均直径为 D，壁厚为 t。若不计容器自重和介质重力的作用，则球壳只产生均匀的膨胀变形。因此在过球心所选取的任意方向的截面上只有正应力且数值应该相等。今以半个球体及其中的介质为分离体 [图 A-2 (b)]，以 σ 表示横截面上的正应力，建立静力平衡方程

$$\sum Z = 0, \quad \sigma \pi D t - p \frac{\pi D^2}{4} = 0$$

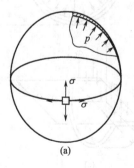
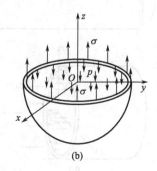

(a)　　　　　　　　(b)

图 A-2

得

$$\sigma = \frac{pD}{4t} \tag{A-4}$$

因此，球壳内的三个主应力分别为

$$\left.\begin{array}{l} \sigma_1 = \sigma_2 = \dfrac{pD}{4t} \\[2mm] \sigma_3 = 0 \end{array}\right\} \tag{A-5}$$

其应力状态单元体如图 A-2（a）所示。

读者如果对于其他形状壳体的应力分析有兴趣的话，那么还可以查阅有关书籍或手册做进一步深入的研究，此处不再赘述。

附录 B　型钢表

表 B-1　热轧等边角钢（GB/T 706—2008）

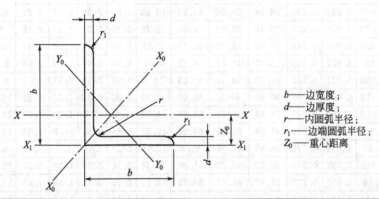

b——边宽度；
d——边厚度；
r——内圆弧半径；
r_1——边端圆弧半径；
Z_0——重心距离

型号	截面尺寸/mm			截面面积/cm²	理论质量/(kg/m)	外表面积/(m²/m)	惯性矩/cm⁴				惯性半径/cm			截面模数/cm³			重心距离/cm
	b	d	r				I_x	I_{x1}	I_{x0}	I_{y0}	i_x	i_{x0}	i_{y0}	W_x	W_{x0}	W_{y0}	Z_0
2	20	3	3.5	1.132	0.889	0.078	0.4	0.81	0.63	0.17	0.59	0.75	0.39	0.29	0.45	0.2	0.6
		4		1.459	1.145	0.077	0.5	1.09	0.78	0.22	0.58	0.73	0.38	0.36	0.55	0.24	0.64
2.5	25	3		1.432	1.124	0.098	0.82	1.57	1.29	0.34	0.76	0.95	0.49	0.46	0.73	0.33	0.73
		4		1.859	1.459	0.097	1.03	2.11	1.62	0.43	0.74	0.93	0.48	0.59	0.92	0.4	0.76
3	30	3		1.749	1.373	0.117	1.46	2.71	2.31	0.61	0.91	1.15	0.59	0.68	1.09	0.51	0.85
		4		2.276	1.786	0.117	1.84	3.63	2.92	0.77	0.9	1.13	0.58	0.87	1.37	0.62	0.89
3.6	36	3	4.5	2.109	1.656	0.141	2.58	4.68	4.09	1.07	1.11	1.39	0.71	0.99	1.61	0.76	1
		4		2.756	2.163	0.141	3.29	6.25	5.22	1.37	1.09	1.38	0.7	1.28	2.05	0.93	1.04
		5		3.382	2.654	0.141	3.95	7.84	6.24	1.65	1.08	1.36	0.7	1.56	2.45	1.09	1.07
4	40	3		2.359	1.852	0.157	3.59	6.41	5.69	1.49	1.23	1.55	0.79	1.23	2.01	0.96	1.09
		4		3.086	2.422	0.157	4.6	8.56	7.29	1.91	1.22	1.54	0.79	1.6	2.58	1.19	1.13
		5		3.791	2.976	0.156	5.53	10.74	8.76	2.3	1.21	1.52	0.78	1.96	3.1	1.39	1.17
4.5	45	3	5	2.659	2.088	0.177	5.17	9.12	8.2	2.14	1.4	1.76	0.89	1.58	2.58	1.24	1.22
		4		3.486	2.736	0.177	6.65	12.18	10.56	2.75	1.38	1.74	0.89	2.05	3.32	1.54	1.26
		5		4.292	3.369	0.176	8.04	15.25	12.74	3.33	1.37	1.72	0.88	2.51	4	1.81	1.3
		6		5.076	3.985	0.176	9.33	18.36	14.76	3.89	1.36	1.7	0.88	2.95	4.64	2.06	1.33

续表

型号	截面尺寸 /mm			截面面积 /cm²	理论质量 /(kg/m)	外表面积 /(m²/m)	惯性矩/cm⁴				惯性半径/cm			截面模数/cm³			重心距离 /cm
	b	d	r				I_x	I_{x1}	I_{x0}	I_{y0}	i_x	i_{x0}	i_{y0}	W_x	W_{x0}	W_{y0}	Z_0
5	50	3	5.5	2.971	2.332	0.197	7.18	12.5	11.37	2.98	1.55	1.96	1	1.96	3.22	1.57	1.34
		4		3.897	3.059	0.197	9.26	16.69	14.7	3.82	1.54	1.94	0.99	2.56	4.16	1.96	1.38
		5		4.803	3.77	0.196	11.21	20.9	17.79	4.64	1.53	1.92	0.93	3.13	5.03	2.31	1.42
		6		5.688	4.465	0.196	13.05	25.14	20.68	5.42	1.52	1.91	0.93	3.68	5.85	2.63	1.46
5.6	56	3	6	3.343	2.624	0.221	10.19	17.56	16.14	4.24	1.75	2.2	1.13	2.48	4.08	2.02	1.48
		4		4.39	3.116	0.22	13.18	23.43	20.92	5.46	1.73	2.18	1.11	3.24	5.28	2.52	1.53
		5		5.415	4.251	0.22	16.02	29.33	25.42	6.61	1.72	2.17	1.1	3.97	6.42	2.98	1.57
		6		6.42	5.04	0.22	18.69	35.26	29.66	7.73	1.71	2.15	1.1	4.68	7.49	3.40	1.61
		7		7.404	5.821	0.219	21.23	41.23	33.63	8.82	1.69	2.13	1.09	5.36	8.49	3.80	1.64
		8		8.367	6.568	0.219	23.63	47.24	37.37	9.89	1.68	2.11	1.09	6.03	9.44	4.16	1.68
6	60	5	6.5	5.829	4.576	0.236	19.89	36.05	31.57	8.21	1.85	2.33	1.19	4.59	7.44	3.48	1.67
		6		6.914	5.427	0.235	23.25	43.33	36.89	9.6	1.83	2.31	1.18	5.41	8.70	3.98	1.70
		7		7.977	6.262	0.235	26.44	50.65	41.92	10.96	1.82	2.29	1.17	6.21	9.88	4.45	1.74
		8		9.020	7.081	0.235	29.47	58.02	46.66	12.28	1.81	2.27	1.17	6.98	11	4.88	1.78
6.3	63	4	7	4.978	3.907	0.248	19.03	33.35	30.17	7.89	1.96	2.46	1.26	4.13	6.78	3.29	1.7
		5		6.143	4.822	0.248	23.17	41.73	36.77	9.57	1.94	2.45	1.25	5.08	8.25	3.9	1.74
		6		7.288	5.721	0.247	27.12	50.14	43.03	11.2	1.93	2.43	1.24	6	9.66	4.46	1.78
		7		8.412	6.603	0.247	30.87	58.6	48.98	12.79	1.92	2.41	1.23	5.88	10.99	4.98	1.82
		8		9.515	7.469	0.247	34.46	67.11	54.56	14.33	1.9	2.4	1.23	7.75	12.25	5.47	1.85
		10		11.657	9.151	0.246	41.09	84.31	64.85	17.33	1.88	2.36	1.22	9.39	14.56	6.36	1.93
7	70	4	8	5.57	4.372	0.275	26.39	45.74	41.8	10.99	2.18	2.76	1.4	5.14	8.44	4.17	1.86
		5		6.875	5.397	0.275	32.21	57.21	51.08	13.34	2.16	2.73	1.39	6.32	10.32	4.95	1.91
		6		8.16	6.406	0.275	37.77	68.73	59.93	15.61	2.15	2.71	1.38	7.48	12.11	5.67	1.95
		7		9.424	7.398	0.275	43.09	80.29	68.35	17.82	2.14	2.69	1.38	8.59	13.81	6.34	1.99
		8		10.667	8.373	0.274	48.17	91.92	76.37	19.98	2.12	2.68	1.37	9.68	15.43	6.98	2.03
7.5	75	5	9	7.412	5.818	0.295	39.97	70.56	63.3	16.63	2.33	2.92	1.5	7.32	11.94	5.77	2.04
		6		8.797	6.905	0.294	46.95	84.55	74.38	19.51	2.31	2.9	1.49	8.64	14.02	6.67	2.07
		7		10.16	7.976	0.294	53.57	98.71	84.96	22.18	2.3	2.89	1.48	9.93	16.02	7.44	2.11
		8		11.503	9.03	0.294	59.96	112.97	95.07	24.86	2.28	2.88	1.47	11.2	17.93	8.19	2.15
		9		12.825	10.068	0.294	66.10	127.3	104.71	27.48	2.27	2.86	1.46	12.43	19.75	8.89	2.18
		10		14.126	11.089	0.293	71.98	141.71	113.92	30.05	2.26	2.84	1.46	13.64	21.48	9.56	2.22
8	80	5	9	7.912	6.211	0.315	48.79	85.36	77.33	20.25	2.48	3.13	1.6	8.34	13.67	6.66	2.15
		6		9.397	7.376	0.314	57.35	102.5	90.98	23.72	2.47	3.11	1.59	9.87	16.08	7.65	2.19
		7		10.86	8.525	0.314	65.58	119.7	104.07	27.09	2.16	3.1	1.58	11.37	18.4	8.58	2.23
		8		12.303	9.658	0.314	73.49	136.97	116.6	30.39	2.44	3.08	1.57	12.83	20.61	9.46	2.27
		9		13.725	10.774	0.314	81.11	154.31	128.6	33.61	2.43	3.06	1.56	14.25	22.73	10.29	2.31
		10		15.126	11.874	0.313	88.43	171.74	140.09	36.77	2.42	3.04	1.56	15.64	24.76	11.08	2.35
9	90	6	10	10.637	8.35	0.354	82.77	145.87	131.26	34.28	2.79	3.51	1.8	12.61	20.63	9.95	2.44
		7		12.301	9.656	0.354	94.83	170.3	150.47	39.18	2.78	3.5	1.78	14.54	23.64	11.19	2.48
		8		13.944	10.946	0.353	106.47	194.8	168.97	43.97	2.76	3.48	1.78	16.42	26.55	12.35	2.52
		9		15.566	12.219	0.353	117.22	219.39	186.77	48.66	2.75	3.46	1.77	18.27	29.35	13.46	2.56
		10		17.167	13.476	0.353	128.58	244.07	203.9	53.26	2.74	3.45	1.76	20.07	32.04	14.52	2.59
		12		20.306	15.94	0.352	149.22	293.76	236.21	62.22	2.71	3.41	1.75	23.57	37.12	16.49	2.67

续表

型号	截面尺寸/mm			截面面积/cm²	理论质量/(kg/m)	外表面积/(m²/m)	惯性矩/cm⁴				惯性半径/cm			截面模数/cm³			重心距离/cm
	b	d	r				I_x	I_{x1}	I_{x0}	I_{y0}	i_x	i_{x0}	i_{y0}	W_x	W_{x0}	W_{y0}	Z_0
10	100	6		11.932	9.366	0.393	114.95	200.07	181.98	47.92	3.1	3.9	2	15.68	25.74	12.69	2.67
		7		13.796	10.83	0.393	131.86	233.54	208.97	54.74	3.09	3.89	1.99	18.1	29.55	14.26	2.71
		8		15.638	12.276	0.393	148.24	267.09	235.07	61.41	3.08	3.88	1.98	20.47	33.24	15.75	2.76
		9		17.462	13.708	0.392	164.12	300.73	260.3	67.95	3.07	3.86	1.97	22.79	36.81	17.18	2.8
		10		19.261	15.12	0.392	179.51	334.48	284.68	74.35	3.05	3.84	1.96	25.06	40.26	18.54	2.84
		12		22.8	17.898	0.391	208.9	402.34	330.95	86.84	3.03	3.81	1.95	29.48	46.8	21.08	2.91
		14	12	26.256	20.611	0.391	236.53	470.75	374.06	99	3	3.77	1.94	33.73	52.9	23.44	2.99
		16		29.627	23.257	0.39	262.53	539.8	414.16	110.89	2.98	3.74	1.94	37.82	58.57	25.63	3.06
11	110	7		15.196	11.928	0.433	177.16	310.64	280.94	73.38	3.41	4.3	2.2	22.05	36.12	17.51	2.96
		8		17.238	13.532	0.433	199.46	355.2	316.49	82.42	3.4	4.28	2.19	24.95	40.69	19.39	3.01
		10		21.261	16.69	0.432	242.19	444.65	384.39	99.98	3.38	4.25	2.17	30.6	49.42	22.91	3.09
		12		25.2	19.782	0.431	282.55	534.6	448.17	116.93	3.35	4.22	2.15	36.05	57.62	26.15	3.16
		14		29.056	22.809	0.431	320.71	625.16	508.01	133.4	3.32	4.18	2.14	41.31	65.31	29.14	3.24
12.5	125	8		19.75	15.504	0.492	297.03	521.01	470.89	123.16	3.88	4.88	2.5	32.52	53.28	25.86	3.37
		10		24.373	19.133	0.491	361.37	651.93	537.89	149.46	3.85	4.85	2.48	39.97	64.93	30.62	3.45
		12		28.912	22.696	0.491	423.16	783.42	671.44	174.88	3.83	4.82	2.46	41.17	75.96	35.03	3.53
		14		33.367	26.193	0.49	481.65	915.61	763.73	199.57	3.8	4.78	2.45	54.16	86.41	39.13	3.61
		15		37.739	29.625	0.489	537.31	1048.62	850.98	223.65	3.77	4.75	2.43	60.93	96.28	42.96	3.68
14	140	10	14	27.373	21.488	0.551	514.65	915.11	817.27	212.04	4.34	5.46	2.78	50.58	82.56	39.2	3.82
		12		32.512	25.522	0.551	603.68	1099.28	958.79	248.57	4.31	5.43	2.76	59.8	96.85	45.02	3.9
		14		37.567	29.49	0.55	688.81	1284.22	1093.56	284.06	4.28	5.4	2.75	68.75	110.47	50.45	3.98
		16		42.539	33.393	0.549	770.24	1470.07	1221.81	318.67	4.26	5.36	2.74	77.46	123.42	55.55	4.06
15	150	8		23.750	18.644	0.592	521.37	899.55	827.49	215.25	4.69	5.9	3.01	47.36	78.02	38.14	3.99
		10		29.373	23.058	0.591	637.5	1125.09	1012.79	262.21	4.66	5.87	2.99	58.35	95.49	45.51	4.08
		12		34.912	27.406	0.591	748.85	1351.26	1189.97	307.73	4.53	5.84	2.97	69.04	112.19	52.38	4.158
		14		40.367	31.688	0.59	855.64	1578.25	1359.3	351.98	4.6	5.8	2.95	79.45	128.16	58.83	4.23
		15		43.063	33.804	0.59	907.39	1692.10	1441.09	373.69	4.59	5.78	2.95	84.56	135.87	61.9	4.27
		16		45.736	35.905	0.589	958.08	1806.21	1521.02	395.14	4.58	5.77	2.94	89.59	143.4	64.89	4.31
16	160	10	16	31.502	24.729	0.63	779.53	1365.33	1237.3	321.76	4.98	6.27	3.2	66.7	109.36	52.76	4.31
		12		37.441	29.391	0.63	916.58	1639.57	1455.68	377.49	4.95	6.24	3.18	78.98	128.67	60.74	4.39
		14		43.296	33.987	0.629	1048.36	1914.68	1665.02	431.7	4.92	6.2	3.16	90.95	147.17	68.24	4.47
		16		49.067	38.518	0.629	1175.08	2190.82	1865.57	484.59	4.89	6.17	3.14	102.63	164.89	75.31	4.55
18	180	12		42.241	33.159	0.71	1321.35	2332.8	2100.1	542.61	5.59	7.05	3.58	100.82	165	78.41	4.89
		14		48.896	38.383	0.709	1514.48	2723.48	2407.42	621.53	5.56	7.02	3.58	116.25	189.14	88.38	4.97
		16		55.467	43.542	0.709	1700.99	3115.29	2703.37	698.6	5.54	6.98	3.55	131.13	212.4	97.83	5.05
		18		61.955	48.634	0.708	1875.12	3502.43	2988.24	762.01	5.5	6.94	3.51	145.64	234.78	105.41	5.13
20	200	14	18	54.642	42.894	0.788	2103.55	3734.1	3343.26	863.83	6.2	7.82	3.98	144.7	236.4	111.82	5.46
		16		62.013	48.68	0.788	2366.15	4270.39	3760.89	971.41	6.18	7.79	3.96	163.65	265.93	123.96	5.54
		18		69.301	54.401	0.787	2620.64	4808.13	4164.54	1076.74	6.15	7.75	3.94	182.22	294.48	135.52	5.62
		20		76.505	60.056	0.787	2867.3	5347.51	4554.55	1180.04	6.12	7.72	3.93	200.42	322.06	146.55	5.69
		24		90.661	71.168	0.785	3338.25	6457.16	5294.97	1381.53	6.07	7.64	3.9	236.17	374.41	166.55	5.87

注：截面图中 $r_1=1/3d$ 及表中 r 值的数据用于孔型设计，不作交货条件。

表 B-2 热轧不等边角钢（GB/T 706—2008）

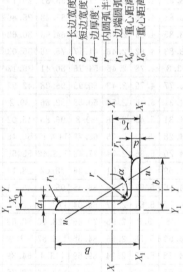

B——长边宽度；
b——短边宽度；
d——边厚度；
r——内圆弧半径；
r_1——边端圆弧半径；
X_0——重心距离；
Y_0——重心距离。

型号	截面尺寸/mm				截面面积/cm²	理论质量/(kg/m)	外表面积/(m²/m)	惯性矩/cm⁴					惯性半径/cm			截面模数/cm³			tanα	重心距离/cm	
	B	b	d	r				I_x	I_{x1}	I_y	I_{y1}	I_u	i_x	i_y	i_u	W_x	W_y	W_u		X_0	Y_0
2.5/1.6	25	16	3	3.5	1.162	0.912	0.08	0.7	1.56	0.22	0.43	0.14	0.78	0.44	0.34	0.43	0.19	0.16	0.392	0.42	0.86
			4		1.499	1.176	0.079	0.88	2.09	0.27	0.59	0.17	0.77	0.43	0.34	0.55	0.24	0.2	0.381	0.46	0.9
3.2/2	32	20	3		1.492	1.171	0.102	1.53	3.27	0.46	0.82	0.28	1.01	0.55	0.43	0.72	0.3	0.25	0.382	0.49	1.08
			4		1.939	1.522	0.101	1.93	4.37	0.57	1.12	0.35	1	0.54	0.42	0.93	0.39	0.32	0.374	0.53	1.12
4/2.5	40	25	3	4	1.89	1.484	0.127	3.08	5.39	0.93	1.59	0.56	1.28	0.7	0.54	1.15	0.49	0.4	0.386	0.59	1.32
			4		2.467	1.936	0.127	3.93	8.53	1.18	2.14	0.71	1.36	0.69	0.54	1.49	0.63	0.52	0.381	0.63	1.37
4.5/2.8	45	28	3	5	2.149	1.687	0.143	4.45	9.1	1.34	2.23	0.8	1.44	0.79	0.61	1.47	0.62	0.51	0.383	0.64	1.47
			4		2.806	2.203	0.143	5.69	12.13	1.7	3	1.02	1.42	0.78	0.6	1.91	0.8	0.66	0.38	0.68	1.51
5/3.2	50	32	3	5.5	2.431	1.908	0.161	6.24	12.49	2.02	3.31	1.2	1.6	0.91	0.7	1.84	0.82	0.68	0.404	0.73	1.6
			4		3.177	2.494	0.16	8.02	16.65	2.58	4.45	1.53	1.59	0.9	0.69	2.39	1.06	0.87	0.402	0.77	1.65
5.6/3.6	56	36	3	6	2.743	2.153	0.181	8.88	17.54	2.92	4.7	1.73	1.8	1.03	0.79	2.32	1.05	0.87	0.408	0.8	1.78
			4		3.59	2.818	0.18	11.45	23.39	3.76	6.33	2.23	1.79	1.02	0.79	3.03	1.37	1.13	0.408	0.85	1.82
			5		4.415	3.466	0.18	13.86	29.25	4.49	7.94	2.67	1.77	1.01	0.78	3.71	1.65	1.36	0.404	0.88	1.87
6.3/4	63	40	4	7	4.058	3.185	0.202	16.49	33.3	5.23	8.63	3.12	2.02	1.14	0.88	3.87	1.7	1.4	0.398	0.92	2.04
			5		4.993	3.92	0.202	20.02	41.63	6.31	10.86	3.76	2	1.12	0.87	4.74	2.71	1.71	0.396	0.95	2.08
			6		5.908	4.638	0.201	23.36	49.98	7.29	13.12	4.34	1.96	1.11	0.86	5.59	2.43	1.99	0.393	0.99	2.12
			7		6.802	5.339	0.201	26.53	59.07	8.24	15.47	4.97	1.98	1.1	0.86	6.4	2.78	2.29	0.389	1.03	2.15

续表

型号	截面尺寸/mm				截面面积/cm^2	理论质量/(kg/m)	外表面积/(m^2/m)	惯性矩/cm^4					惯性半径/cm			截面模数/cm^3			$\tan\alpha$	重心距离/cm	
	B	b	d	r				I_x	I_{x1}	I_y	I_{y1}	I_u	i_x	i_y	i_u	W_x	W_y	W_u		X_0	Y_0
7/4.5	70	45	4	7.5	4.547	3.57	0.226	23.17	45.92	7.55	12.26	4.4	2.26	1.29	0.98	4.86	2.17	1.77	0.41	1.02	2.24
			5		5.609	4.403	0.225	27.95	57.1	9.13	15.39	5.4	2.23	1.28	0.98	5.92	2.65	2.19	0.407	1.06	2.28
			6		6.647	5.218	0.225	32.54	68.35	10.62	18.58	6.35	2.21	1.26	0.98	6.95	3.12	2.59	0.404	1.09	2.32
			7		7.657	6.011	0.225	37.22	79.99	12.01	21.84	7.16	2.2	1.25	0.97	8.03	3.57	2.94	0.402	1.13	2.36
7.5/5	75	50	5	8	6.125	4.808	0.245	34.86	70	12.61	21.04	7.41	2.39	1.44	1.1	6.83	3.3	2.74	0.435	1.17	2.4
			6		7.26	5.699	0.245	41.12	84.3	14.7	25.37	8.54	2.38	1.42	1.08	8.12	3.88	3.19	0.435	1.21	2.44
			8		9.467	7.431	0.244	52.39	112.5	18.53	34.23	10.87	2.35	1.4	1.07	10.52	4.99	4.1	0.429	1.29	2.52
			10		11.59	9.098	0.244	62.71	140.8	21.96	43.43	13.1	2.33	1.38	1.06	12.79	6.04	4.99	0.423	1.36	2.6
8/5	80	50	5	8.5	6.375	5.005	0.255	41.96	85.21	12.82	21.06	7.66	2.56	1.42	1.1	7.78	3.32	2.74	0.388	1.14	2.6
			6		7.56	5.935	0.255	49.49	102.53	14.95	25.41	8.85	2.56	1.41	1.08	9.25	3.91	3.2	0.387	1.18	2.65
			7		8.724	6.848	0.255	56.16	119.33	16.96	29.82	10.18	2.54	1.39	1.08	10.58	4.48	3.7	0.384	1.21	2.69
			8		9.867	7.745	0.254	62.83	136.41	18.85	34.32	11.38	2.52	1.38	1.07	11.92	5.03	4.16	0.381	1.25	2.73
9/5.6	90	56	5	9	7.212	5.661	0.287	60.45	121.32	18.32	29.53	10.93	2.9	1.59	1.23	9.92	4.21	3.49	0.385	1.25	2.91
			6		8.557	6.717	0.286	71.03	145.59	21.42	35.58	12.9	2.88	1.58	1.23	11.74	4.96	4.13	0.384	1.29	2.95
			7		9.88	7.756	0.286	81.01	169.6	24.36	41.71	14.67	2.86	1.57	1.22	13.49	5.7	4.72	0.382	1.33	3
			8		11.183	8.779	0.286	91.03	194.17	27.15	47.93	16.34	2.85	1.56	1.21	15.27	6.41	5.29	0.38	1.36	3.04
10/6.3	100	63	6	10	9.617	7.55	0.32	99.06	199.71	30.94	50.5	18.42	3.21	1.79	1.38	14.64	6.35	5.25	0.394	1.43	3.24
			7		11.111	8.722	0.32	113.45	233	35.26	59.14	21	3.2	1.78	1.38	16.88	7.29	6.02	0.393	1.47	3.28
			8		12.584	9.878	0.319	127.37	266.32	39.39	67.88	23.5	3.18	1.77	1.37	19.08	8.21	6.78	0.391	1.5	3.32
			10		15.467	12.142	0.319	153.81	333.06	47.12	85.73	28.33	3.15	1.74	1.35	23.32	9.98	8.24	0.387	1.58	3.4
10/8	100	80	6	10	10.637	8.35	0.354	107.04	199.83	61.24	102.68	31.65	3.17	2.4	1.72	15.19	10.16	8.37	0.627	1.97	2.95
			7		12.301	9.656	0.354	122.73	233.2	70.08	119.98	36.17	3.16	2.39	1.72	17.52	11.71	9.6	0.626	2.01	3
			8		13.944	10.946	0.353	137.92	266.61	78.58	137.37	40.58	3.14	2.37	1.71	19.81	13.21	10.8	0.625	2.05	3.04
			10		17.167	13.476	0.353	166.87	333.63	94.65	172.48	49.1	3.12	2.35	1.69	24.24	16.12	13.12	0.622	2.13	3.12
11/7	110	70	6	10	10.637	8.35	0.354	133.37	265.78	42.92	69.08	25.36	3.54	2.01	1.54	17.85	7.9	6.53	0.403	1.57	3.53
			7		12.301	9.656	0.353	153	310.07	49.01	80.82	28.95	3.53	2	1.53	20.6	9.09	7.5	0.402	1.61	3.57
			8		13.944	10.946	0.353	172.04	354.39	54.87	92.7	32.45	3.51	1.98	1.53	23.3	10.25	8.45	0.401	1.65	3.62
			10		17.167	13.476	0.353	208.39	443.13	65.88	116.83	39.2	3.48	1.96	1.51	28.54	12.48	10.29	0.397	1.72	3.7

续表

型号	截面尺寸/mm				截面面积/cm²	理论质量/(kg/m)	外表面积/(m²/m)	惯性矩/cm⁴					惯性半径/cm			截面模数/cm³			tanα	重心距离/cm	
	B	b	d	r				I_x	I_{x1}	I_y	I_{y1}	I_u	i_x	i_y	i_u	W_x	W_y	W_u		X_0	Y_0
12.5/8	125	80	7	11	14.096	11.066	0.403	227.98	454.99	74.42	120.32	43.81	4.02	2.3	1.76	26.86	12.01	9.92	0.408	1.8	4.01
			8		15.989	12.551	0.403	256.77	519.99	83.49	137.85	49.15	4.01	2.28	1.75	30.41	13.56	11.18	0.407	1.84	4.06
			10		19.712	15.474	0.402	312.04	650.09	100.67	173.4	59.45	3.98	2.26	1.74	37.33	16.56	13.64	0.404	1.92	4.14
			12		23.351	18.33	0.402	364.41	780.39	116.67	209.67	69.35	3.95	2.24	1.72	44.01	19.43	16.01	0.4	2	4.22
14/9	140	90	8	12	18.038	14.16	0.453	365.64	730.53	120.69	197.79	70.83	4.5	2.59	1.98	38.48	17.34	14.31	0.411	2.04	4.5
			10		22.261	17.475	0.452	445.5	913.2	146.03	243.92	85.82	4.47	2.56	1.96	47.31	21.22	17.48	0.409	2.12	4.58
			12		26.4	20.724	0.451	521.59	1096.09	169.79	296.89	100.21	4.44	2.54	1.95	55.87	24.95	20.54	0.406	2.19	4.66
			14		30.456	23.908	0.451	594.1	1279.2	192.1	348.82	114.13	4.42	2.51	1.94	64.18	28.54	23.52	0.403	2.27	4.74
15/9	150	90	8	12	18.839	14.788	0.473	442.05	898.35	122.8	195.96	74.14	4.84	2.55	1.98	43.86	17.47	14.48	0.364	1.97	4.92
			10		23.261	18.26	0.472	539.24	1122.85	149.362	246.26	89.86	4.81	2.53	1.97	53.97	21.38	17.69	0.362	2.05	5.01
			12		27.6	21.666	0.471	632.08	1347.5	172.85	297.46	104.95	4.79	2.5	1.95	63.79	25.14	20.8	0.359	2.12	5.09
			14		31.856	25.007	0.471	720.77	1572.38	195.62	349.74	119.53	4.76	2.48	1.94	73.33	28.77	23.84	0.356	2.2	5.17
			15		33.952	26.652	0.471	763.62	1684.93	205.5	376.33	136.67	4.74	2.47	1.93	77.99	30.53	25.33	0.354	2.24	5.21
			16		36.027	28.281	0.47	805.51	1797.55	217.07	403.24	199.72	4.73	2.45	1.93	82.6	32.27	26.82	0.352	2.27	5.25
16/10	160	100	10	13	25.315	19.872	0.512	668.69	1362.89	205.03	336.59	121.74	5.14	2.85	2.19	62.13	26.56	21.92	0.39	2.28	5.24
			12		30.054	23.592	0.511	784.91	1635.56	239.06	405.94	142.33	5.11	2.82	2.17	73.49	31.28	25.79	0.388	2.36	5.32
			14		34.709	27.247	0.51	896.3	1908.5	271.2	476.42	162.23	5.08	2.8	2.16	84.56	35.83	29.56	0.385	2.43	5.4
			16		39.281	30.835	0.51	1003.04	2181.79	301.6	548.22	182.57	5.05	2.77	2.16	95.33	40.24	33.44	0.382	2.51	5.48
18/11	180	110	10	14	28.373	22.273	0.571	956.25	1940.4	278.11	447.22	166.5	5.8	3.13	2.42	78.96	32.49	26.88	0.376	2.44	5.89
			12		33.712	26.464	0.571	1124.72	2328.38	325.03	538.94	194.87	5.78	3.1	2.4	93.53	38.32	31.66	0.374	2.52	5.98
			14		38.967	30.589	0.57	1286.91	2716.66	369.55	631.95	222.3	5.75	3.08	2.39	107.76	43.97	36.32	0.372	2.59	6.06
			16		44.139	34.649	0.569	1443.06	3105.15	411.85	726.46	248.94	5.72	3.06	2.38	121.64	49.44	40.87	0.369	2.67	6.14
20/12.5	200	125	12	14	37.912	29.761	0.641	1570.9	3193.85	483.16	787.74	285.79	6.44	3.57	2.74	116.73	49.99	41.23	0.392	2.83	6.54
			14		43.867	34.436	0.64	1800.97	3726.17	550.83	922.47	326.58	6.41	3.54	2.73	134.65	57.44	47.34	0.39	2.91	6.62
			16		49.739	39.045	0.639	2023.35	4258.86	615.44	1058.86	366.21	6.38	3.52	2.71	152.18	64.69	53.32	0.388	2.99	6.7
			18		55.526	43.588	0.639	2238.3	4792	677.19	1197.13	404.83	6.35	3.49	2.7	169.33	71.74	59.18	0.385	3.06	6.78

注：截面图中 $r_1=1/3d$ 及表中 r 值的数据用于孔型设计，不作交货条件。

表 B-3　热轧工字钢（GB/T 706—2008）

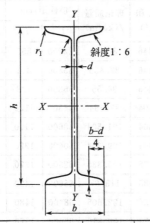

h——高度；
b——腿宽度；
d——腰厚度；
t——平均腿厚度；
r——内圆弧半径；
r_1——腿端圆弧半径。

型号	截面尺寸/mm						截面面积 /(cm²)	理论质量 /(kg/m)	惯性矩/cm⁴		惯性半径/cm		截面模数/cm³	
	h	b	d	t	r	r_1			I_x	I_y	i_x	i_y	W_x	W_y
10	100	68	4.5	7.6	6.5	3.3	14.345	11.261	245	33	4.14	1.52	49	9.72
12	120	74	5	8.4	7	3.5	17.818	13.987	436	46.9	4.95	1.62	72.7	12.7
12.6	126	74	5	8.4	7	3.5	18.118	14.223	488	46.9	5.2	1.61	77.5	12.7
14	140	80	5.5	9.1	7.5	3.8	21.516	16.89	712	64.4	5.76	1.73	102	16.1
16	160	88	6	9.9	8	4	26.131	20.513	1130	93.1	6.58	1.89	141	21.2
18	180	94	6.5	10.7	8.5	4.3	30.756	24.143	1660	122	7.36	2	185	26
20a	200	100	7	11.4	9	4.5	35.756	27.929	2370	158	8.15	2.12	237	31.5
20b	200	102	9	11.4	9	4.5	39.578	31.069	2500	169	7.96	2.06	250	33.1
22a	220	110	7.5	12.3	9.5	4.8	42.128	33.07	3400	225	8.99	2.31	309	40.9
22b	220	112	9.5	12.3	9.5	4.8	46.528	36.524	3570	239	8.78	2.27	325	42.7
24a	240	116	8	13	10	5	47.741	37.477	4570	280	9.77	2.42	381	48.4
24b	240	118	10	13	10	5	52.541	41.245	4800	297	9.57	2.38	400	50.4
25a	250	116	8	13	10	5	48.541	38.105	5020	280	10.2	2.4	402	48.3
25b	250	118	10	13	10	5	53.541	42.03	5280	309	9.94	2.4	423	52.4
27a	270	122	8.5	13.7	10.5	5.3	54.554	42.825	6550	345	10.9	2.51	485	56.6
27b	270	124	10.5	13.7	10.5	5.3	59.954	47.064	6870	366	10.7	2.47	509	58.9
28a	280	122	8.5	13.7	10.5	5.3	55.404	43.492	7110	345	11.3	2.5	508	56.6
28b	280	124	10.5	13.7	10.5	5.3	61.004	47.888	7480	379	11.1	2.49	534	61.2
30a	300	126	9	14.4	11	5.5	61.254	48.084	8950	400	12.1	2.55	597	63.5
30b	300	128	11	14.4	11	5.5	67.251	52.794	9400	422	11.8	2.5	627	65.9
30c	300	130	13	14.4	11	5.5	73.254	57.504	9850	445	11.6	2.46	657	68.5
32a	300	130	9.5	15	11.5	5.8	67.156	52.717	11100	460	12.8	2.62	692	70.8
32b	300	132	11.5	15	11.5	5.8	73.556	57.741	11600	502	12.6	2.61	726	76
32c	300	134	13.5	15	11.5	5.8	79.956	62.765	12200	544	12.3	2.61	760	81.2
36a	360	136	10	15.8	12	6	76.48	60.037	15800	552	14.4	2.69	875	81.2
36b	360	138	12	15.8	12	6	83.68	65.689	16500	582	14.1	2.64	919	84.3
36c	360	140	14	15.8	12	6	90.88	71.341	17300	612	13.8	2.6	962	87.4
40a	400	142	10.5	16.5	12.5	6.3	86.112	67.598	21700	660	15.9	2.77	1090	93.2
40b	400	144	12.5	16.5	12.5	6.3	94.112	73.878	22800	692	15.6	2.71	1140	96.2
40c	400	146	14.5	16.5	12.5	6.3	102.112	80.158	23900	727	15.2	2.65	1190	99.6

续表

型号	截面尺寸/mm						截面面积 /(cm²)	理论质量 /(kg/m)	惯性矩/cm⁴		惯性半径/cm		截面模数/cm³	
	h	b	d	t	r	r_1			I_x	I_y	i_x	i_y	W_x	W_y
45a	450	150	11.5	18	13.5	6.8	102.446	80.42	22200	855	17.7	2.89	1430	114
45b		152	13.5				111.446	87.485	33800	894	17.4	2.84	1500	118
45c		154	15.5				120.446	94.55	35300	938	17.1	2.79	1570	122
50a	500	158	12	20	14	7	119.304	93.654	46500	1120	19.7	3.07	1860	142
50b		160	14				129.304	101.504	48600	1170	19.4	3.01	1940	146
50c		162	16				139.304	109.354	50600	1220	19	2.96	2080	151
55a	550	168	12.5	21	14.5	7.3	134.185	105.335	62900	1370	21.6	3.19	2290	164
55b		168	14.5				145.185	113.97	65600	1420	21.2	3.14	2390	170
55c		170	16.5				156.185	122.605	68400	1480	20.9	3.08	2490	175
56a	560	166	12.5	21	14.5	7.3	135.435	106.316	65600	1370	22	3.18	2340	165
56b		168	14.5				146.635	115.108	68500	1490	21.6	3.16	2450	174
56c		170	16.5				157.835	123.9	71400	1560	21.3	3.16	2550	183
63a	630	176	13	22	15	7.5	154.658	121.407	93900	1700	24.5	3.31	2980	193
63b		178	15				167.258	131.298	98100	1810	24.2	3.29	3160	204
63c		180	17				179.858	141.189	102000	1920	23.8	3.27	3300	214

注：和表中的径 r、r_1 的数据用于孔型设计，不作交货条件。

表 B-4 热轧槽钢 （GB/T 706—2008）

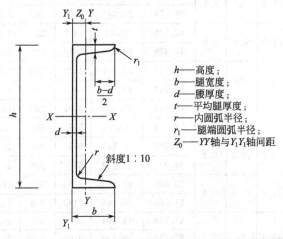

h——高度；
b——腿宽度；
d——腰厚度；
t——平均腿厚度；
r——内圆弧半径；
r_1——腿端圆弧半径；
Z_0——YY轴与Y_1Y_1轴间距

型号	截面尺寸/mm						截面面积 /(cm²)	理论质量 /(kg/m)	惯性矩 /cm⁴			惯性半径 /cm		截面模数 /cm³		重心距离 /cm
	h	b	d	t	r	r_1			I_x	I_y	I_{y1}	i_x	i_y	W_x	W_y	Z_0
5	50	37	4.5	7	7	3.5	6.928	5.438	26	8.3	20.9	1.94	1.1	10.4	3.55	1.35
6.3	63	40	4.8	7.5	7.5	3.8	8.451	6.634	50.8	11.9	28.4	2.45	1.19	16.1	4.5	1.36
8	80	43	5	8	8	4	10.248	8.045	101	16.6	37.4	3.15	1.27	25.3	5.79	1.43
10	100	48	5.3	8.5	8.5	4.2	12.748	10.007	198	25.6	54.9	3.95	1.41	39.7	7.8	1.52
12.6	126	53	5.5	9	9	4.5	15.692	12.318	391	38	77.1	4.95	1.57	62.1	10.2	1.59

续表

型号	截面尺寸/mm						截面面积/(cm²)	理论质量/(kg/m)	惯性矩/cm⁴			惯性半径/cm		截面模数/cm³		重心距离/cm
	h	b	d	t	r	r_1			I_x	I_y	I_{y1}	i_x	i_y	W_x	W_y	Z_0
14a	140	58	6	9.5	9.5	4.8	18.516	14.535	564	53.2	107	5.52	1.7	80.5	13	1.71
14b		60	8				21.316	16.733	609	61.1	121	5.35	1.69	87.1	14.1	1.67
16a	160	63	6.5	10	10	5	21.962	17.24	866	73.3	144	6.28	1.83	108	16.3	1.8
16b		65	8.5				25.162	19.752	935	853.4	161	6.1	1.82	117	17.6	1.75
18a	180	68	7	10.5	10.5	5.2	25.699	20.174	1270	98.6	190	7.04	1.96	141	20	1.88
18b		70	9				29.299	23	1370	111	210	6.84	1.95	152	21.5	1.84
20a	200	73	7	11	11	5.5	28.837	22.637	1780	128	244	7.86	2.11	178	24.2	2.01
20b		75	9				32.837	25.777	1910	144	268	7.64	2.09	191	25.9	1.95
22a	220	77	7	11.5	11.5	5.8	31.846	24.999	2390	158	298	8.67	2.23	218	28.2	2.1
22b		79	9				36.246	28.453	2570	176	326	8.42	2.21	234	30.1	2.03
24a	240	78	7	12	12	6	34.217	26.86	3050	174	325	9.45	3.25	254	30.5	2.1
24b		80	9				39.017	30.628	3280	194	355	9.17	2.23	274	32.5	2.03
24c		82	11				43.817	34.396	3510	213	388	8.96	2.21	293	34.4	2
25a	250	78	7				34.917	27.41	3370	176	322	9.82	2.24	270	30.6	2.07
25b		80	9				39.917	31.335	3530	196	353	9.41	2.22	282	32.7	1.98
25c		82	11				44.917	35.26	3690	218	384	9.07	2.21	295	35.9	1.92
27a	270	82	7.5	12.5	12.5	6.2	39.284	30.838	4350	216	393	10.5	2.34	323	35.5	2.13
27b		84	9.5				44.684	35.077	4690	239	428	10.3	2.31	347	37.7	2.06
27c		86	11.5				50.084	39.316	5020	261	467	10.1	2.28	372	39.8	2.03
28a	280	82	7.5				40.034	31.427	4760	218	388	10.9	2.33	340	35.7	2.1
28b		84	9.5				45.634	35.823	5130	242	428	10.6	2.3	366	37.9	2.02
28c		86	11.5				51.234	40.219	5500	268	463	10.4	2.29	393	40.3	1.95
30a	300	85	7.5	13.5	13.5	6.8	43.902	34.453	6050	260	467	11.7	2.43	403	41.1	2.17
30b		87	9.5				49.902	39.173	6500	289	515	11.4	2.41	433	44	2.13
30c		89	11.5				55.902	43.883	3950	316	560	11.2	2.38	463	46.4	2.09
32a	320	88	8	14	14	7	48.513	38.083	7600	305	552	12.5	2.5	475	46.5	2.24
32b		90	10				54.913	43.107	8140	336	593	12.2	2.47	509	49.2	2.16
32c		92	12				61.313	48.131	8690	374	643	11.9	2.47	543	52.6	2.09
36a	360	96	9	16	16	8	60.916	17.814	11900	455	818	14	2.73	660	63.5	2.44
36b		98	11				68.11	53.466	12700	497	880	13.6	2.7	703	66.9	2.37
36c		100	13				75.31	59.117	13400	536	948	13.4	2.67	746	70	2.34
40a	400	100	10.5	18	18	9	75.068	58.928	17600	592	1070	15.3	2.81	879	78.8	2.49
40b		102	12.5				83.068	65.208	18600	640	1140	15	2.78	932	82.5	2.44
40c		104	14.5				91.068	71.488	19700	688	1220	14.7	2.75	986	86.2	2.42

注：表中 r、r_1 的数据用于孔型设计，不作交货条件。

附录C 部分习题参考答案

第1章

1-7 AB 杆所受压力 $F_{AB} = 18.94$kN，方向沿杆轴线；压块 C 对工件的压力 $F_C = 18.75$kN，水平向右；压块 C 对地面的压力 $F = 2.5$kN，垂直向下。

1-8 摆杆在 A 处约束反力 $F_{Ax} = 1500$N，水平向左，$F_{Ay} = 600$N，垂直向上；摆杆在 B 处约束反力 $F_{Bx} = 1500$N，水平向右。

1-9 钢索拉力 $T = 65.33$kN；AB 梁在 A 处约束反力 $F_{Ax} = 58.5$kN，水平向右，$F_{Ay} = 8.25$kN，垂直向下。

1-10 (a) AB 梁在 A 处约束反力 $F_{Ay} = \dfrac{M}{a}$，垂直向下；AB 梁在 B 处约束反力 $F_{By} = \dfrac{M}{a}$，垂直向上；(b) AB 梁在 A 处约束反力 $F_{Ax} = \dfrac{M}{a}\tan\alpha$，水平向右，$F_{Ay} = \dfrac{M}{a}$，垂直向下；$AB$ 梁在 B 处约束反力 $F_B = \dfrac{M}{a\cos\alpha}$，向左上与垂直方向成 α 角。

1-11 钢丝绳的拉力 $F = 5$kN，轨道对车轮的约束反力 $F_A = 3.58$kN，$F_B = 5.08$kN，垂直斜面指向车轮。

1-12 $F = 23.1$kN，绳子的拉力 $T = 46.2$kN。

1-13 (a) AB 梁在 A 处约束反力 $F_{Ay} = 1.5$kN，垂直向上；AB 梁在 B 处约束反力 $F_{By} = 4.5$kN，垂直向上。(b) AB 梁在 A 处约束反力 $F_{Ay} = 6$kN，垂直向上；$M_A = 2.5$kN·m，逆时针。

1-14 A 处约束反力 $F_{Ax} = 200$kN，水平向右，$F_{Ay} = 50$kN，垂直向上；B 处约束反力 $F_{Bx} = 200$kN，水平向左。

1-15 A 处约束反力 $F_{Ax} = 4$kN，水平向左，$F_{Ay} = 4$kN，垂直向上，$M_A = 20$kN·m，逆时针。

1-16 AB 梁在 A 处约束反力 $F_{Ay} = 42.5$kN，垂直向上；AB 梁在 B 处约束反力 $F_{By} = 32.5$kN，垂直向上。

1-17 AB 梁在 A 处约束反力 $F_{Ax} = 2.66$kN，水平向右，$F_{Ay} = 1.33$kN，垂直向上；AB 梁在 B 处约束反力 $F_B = 0.94$kN，沿 BC 杆轴线，由 B 指向 C。

1-18 A 处约束反力 $F_{Ax} = 20$kN，水平向左，$F_{Ay} = 50$kN，垂直向上，$M_A = 140$kN·m，逆时针。

1-19 A 处约束反力 $F_{Ax} = 0.7$kN，沿斜面向上，$F_{Ay} = 0.375$kN，垂直斜面向上；B 处约束反力 $F_B = 0.625$kN，沿 BC 杆轴线，且 BC 杆受压；C 处约束反力 $F_C = 0.625$kN，沿 BC 杆轴线，且 BC 杆受压。

1-20 ADB 杆在 A 处约束反力 $F_{Ay} = 0.5$kN，垂直向下；ADB 杆在 B 处约束反力 $F_B = 0.5$kN，垂直向下；ADB 杆在 D 处约束反力 $F_D = 1$kN，垂直向上。

第2章

2-1 (a) $F_{N1} = F$, $F_{N2} = 0$, $F_{N\max} = F$；(b) $F_{N1} = F$, $F_{N2} = -F$, $F_{N\max} = F$；(c) $F_{N1} = -2$kN, $F_{N2} = 1$kN, $F_{N3} = 3$kN, $F_{N\max} = 3$kN；(d) $F_{N1} = 1$kN, $F_{N2} = -1$kN,

$F_{Nmax}=1kN$

2-2　(1) $F_{NAB}=10kN$, $F_{NBC}=30kN$, $F_{NCD}=-10kN$；(2) $\sigma_{AB}=31.84MPa$, $\sigma_{BC}=42.46MPa$, $\sigma_{CD}=-14.15MPa$；(3) $\Delta l_{AB}=0.13mm$, $\Delta l_{BC}=0.13mm$, $\Delta l_{CD}=-0.04mm$, $\Delta l=0.22mm$

2-3　$E=208GPa$, $\mu=0.32$

2-4　$\sigma_{BC}=31.85MPa<[\sigma]$, $\sigma_{AB}=110.32MPa<[\sigma]$，所以该支架安全

2-5　(1) $\sigma=60MPa$, $n=5$；(2) 螺栓个数 $n=12$

2-6　$F_{max}=152.76kN$

2-7　$F=17.76kN$, $\sigma_{max}=489MPa>[\sigma]$，所以螺栓强度不够

2-8　(1) $F_C=200kN$；(2) $F_C=152.75kN$

2-9　(a) $\sigma_{max}=85.62MPa$；(b) $\sigma_{max}=500MPa$

2-10　(1) $x=0.6m$；(2) $F_{max}=200kN$。

第 3 章

3-1　剪切强度和挤压强度均可以满足要求

3-2　$\phi=1.02°$；$\tau_A=\tau_B=70MPa$, $\tau_C=35MPa$

3-3　$d=31mm$；$t=8.8mm$

3-4　$p=57kPa$

3-5　22mm

3-6　16mm

3-7　剪切强度不足；$d=32mm$

3-8　$l\geq200mm$, $a\geq20mm$

3-12　$D=56mm$, $d=0.8D=44.8mm$

3-13　$62mm$；$\phi_{B-A}=1.83°$, $\phi_{C-B}=0.69°$, $\phi_{C-A}=2.52°$

3-14　(1) $\tau_{max}=140MPa$, $\theta_{max}=0.816°/m$；(2) $D_1=53mm$；(3) $m_空/m_实=0.311$

3-15　$T_1=\dfrac{M}{1+\dfrac{G_2 I_{p2}}{G_1 I_{p1}}}$, $T_2=\dfrac{M}{1+\dfrac{G_1 I_{p1}}{G_2 I_{p2}}}$

3-16　$M=5.89kN\cdot m$

3-17　$\tau_{max1}=16.2MPa<[\tau]$, $\tau_{max2}=15.8MPa<[\tau]$, $\tau_{max3}=13.1MPa<[\tau]$

3-18　$d=80mm$

第 4 章

4-1　(a) $|M_{Bmax}|=\dfrac{3}{2}ql^2$；(b) $|M_{Bmax}|=Pa$；(c) $|M_{max}|=\dfrac{1}{8}ql^2$；(d) $|M_{max}|=M_D=\dfrac{7}{4}Pa$；(e) $M_{max}=M_B=ql^2$；(f) $M_{max}=3Pa$；(g) $M_{max}=1.4kN\cdot m$；(h) $|M_{max}|=1.4kN\cdot m$

4-2　$\sigma_{max}=117MPa$, $\sigma_{max}<[\sigma]$

4-3　最大弯矩在跨中，$M_{max}=200.34kN\cdot m$；$\sigma_{max}=4.98MPa$

4-4　$F=1024N$

4-5　$b=42mm$；$h=126mm$

4-6 槽钢的最大弯曲应力 $\sigma_{max}=84.5$MPa；螺栓受拉 $\sigma=4.45$MPa；销钉受剪 $\tau=5$MPa

4-7 C 截面：$\sigma_{max压}=13.15$MPa$<[\sigma_压]$，$\sigma_{max拉}=38.9$MPa$<[\sigma_拉]$；B 截面：$\sigma_{max压}=$ 87MPa，$\sigma_{max拉}=29.4$MPa

4-8 (a) $F_{SC}=Fb/(a+b)$，$M_C=Fab/(a+b)$，$F_{SD}=-Fa/(a+b)$，$M_D=Fab/(a+b)$；(b) $F_{SC}=M/(a+b)$，$M_C=Ma/(a+b)$，$F_{SD}=M/(a+b)$，$M_D=-Mb/(a+b)$；(c) $F_{SC}=-qa$，$M_C=-qa^2/2$，$F_{SD}=-qa$，$M_D=-qa^2/2$；(d) $F_{SC}=M/l$，$M_C=M$，$F_{SD}=0$，$M_D=M$

4-11 $a：l=1：2\sqrt{2}$

4-13 钢梁：$\sigma_{max}^+=6Fl/(bh^2)$，$\sigma_{max}^-=6Fl/(bh^2)$；木梁：$\sigma_{max}^+=6Fl/(hb^2)$，$\sigma_{max}^-=6Fl/(hb^2)$

4-14 $\sigma_{max}^+=76.8$MPa（E 截面下缘），$\sigma_{max}^-=-137$MPa（B 截面下缘），$\tau_{max}=24.3$MPa（B 左侧截面中性轴处）

4-15 (1) 2m$\leqslant x\leqslant2.67$m；(2) $50b$

4-16 $M_{zmax}=23.4$kN·m，$\sigma_{max}=3.69$MPa

4-17 $a=1.385$m

4-18 $M=2.04$kN·m

第 5 章

5-1 $\sigma_{max拉}=6.75$MPa，$\sigma_{max}=6.99$MPa（C 点）

5-2 最大许可压力 $F=16.14$kN

5-3 $h=22$mm

5-4 $\sigma_{max}=17.95$MPa$<[\sigma]$，符合强度要求

5-5 $\sigma_e=15.74$MPa$<[\sigma]$，强度符合要求

5-6 $d\geqslant58$mm

5-8 $\sigma_{max}=160.3$MPa，不安全

5-9

应力	A	B	C	D
$\sigma/$MPa	-6	-1	11	6

5-11 $\sigma=159$MPa，不安全

5-12 $d\geqslant65.8$mm

第 6 章

6-1 $1：16：2.25$

6-2 $2\pi EI/(3l^2)$

6-3 (1) 34.83kN，(2) 32kN，(3) 204kN

6-4 243kN，86kN

6-5 $l/d=90$，$194.3d^2$

6-6 $n=1.4<n_{st}$，稳定性不够

6-7 50.5kN，25.7kN

6-8　$F=10\text{kN}$

6-9　52.8mm，63.4mm

6-10　119.9kN

6-11　199kN

6-12　79.8℃，136.9MPa

6-13　286kN

6-14　87.7kN

6-15　109.6kN

参 考 文 献

[1] 陈玉骥，吴文洁，卢华喜，等．材料力学．北京：北京大学出版社，1995.
[2] 聂毓琴，孟广伟．材料力学．北京：机械工业出版社，2007.
[3] 单辉祖．材料力学学习指导．北京：机械工业出版社，1999.
[4] 刘鸿文．材料力学．北京：高等教育出版社，1999.
[5] 孙训方，方孝淑，关来泰．材料力学．北京：高等教育出版社，2009.
[6] 苏翼林．材料力学．北京：高等教育出版社，2005.
[7] 范钦珊．材料力学．北京：清华大学出版社，2008.
[8] 铁摩辛柯．材料力学．北京：科学出版社，1965.

参 考 文 献

[1] 范钦珊，施燮琴，孙汝劼．工程力学．北京：高等教育出版社，1992.
[2] 梁治明，丘侃，陆耀洪．材料力学．北京：人民教育出版社，1978.
[3] 唐尔钧，詹长福．化工设备机械基础．北京：中央广播电视大学出版社，1990.
[4] 西安交通大学材料力学教研室编．材料力学．北京：人民教育出版社，1980.
[5] 江南大学力学教研室编．简明工程力学教程．北京：科学出版社，2005.
[6] 王振发．工程力学．北京：科学出版社，2003.
[7] 王守新．材料力学．大连：大连理工大学出版社，2004.
[8] 银建中．工程力学．大连：大连理工大学出版社，2006.
[9] 银建中．工程力学学习指导．大连：大连理工大学出版社，2008.